따라하며 배우는

건축설계실습

AutoCAD 2019 활용

김 경 수 지음

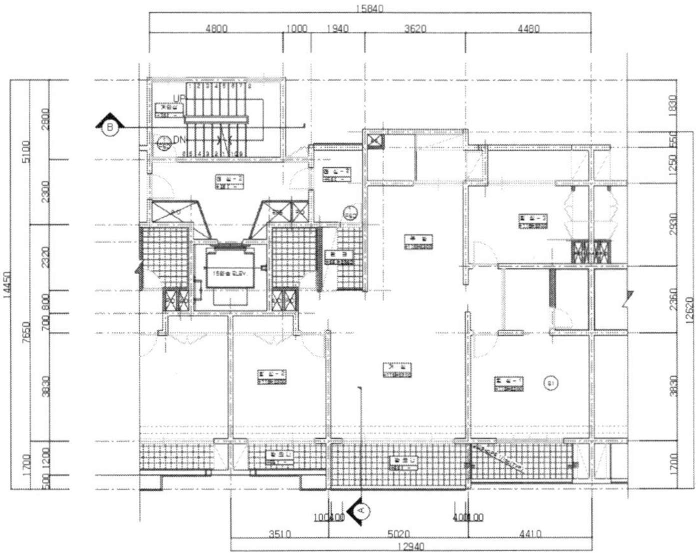

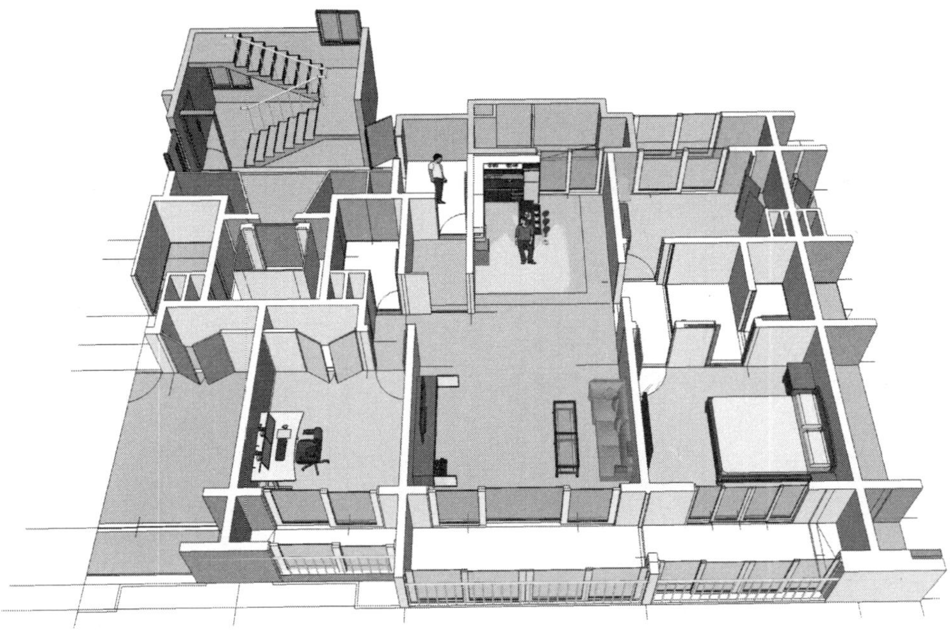

SEOWOO PUBLICATIONS

저자소개

김경수

현) 한국폴리텍대학 광주캠퍼스 그린건축과 교수

건축CAD설계 강의

건축BIM(Revit) 강의

건축 SketchUp 강의

건축 Lumion 강의

폴리텍대학 교과과정개발 전문위원

한국산업기술협회 NCS표면처리 기술위원

직업능력개발훈련 사업심사 평가위원

산업기술학회 정회원

대한건축학회 정회원

기초조형학회 정회원

Preface(머리말)

건축설계분야에서 Auto CAD가 널리 보급되어있고 광범위하게 사용하고 있어 건축분야 설계자들이 CAD데이터로 작성 dwg파일을 공유 및 공동 작업 등으로 활용되고 있다.
컴퓨터를 이용하여 건축설계 작업을 보다 신속 정확하게 작업하는 것으로 CAD를 이용하면 설계 작업 중 중복 및 수정 작업, 설계표준화, 프로젝트 수행 기간단축, 설계정보의 효율적 관리 그리고 다양한 설계안 작성 및 표현력을 증대할 수 있다.

Auto CAD는 미국의 Autodesk사에서 1982년 추계 컴덱스 전시회에서 선보인 이래 계속 업그레이드되었다 이 교재에서는 가장최근 버전인 Auto CAD2019 프로그램을 사용할 수 있도록 명령어 설명 및 사용방법을 학습자가 스스로 이해하고 도면을 작성할 수 있도록 중점을 두어 편찬하였다.

주요내용은 건축분야의 도면을 작성하는데 중점을 두었으며, 처음 Auto CAD를 접하는 학습자를 위해 명령어를 쉬게 실행할 수 있도록 설명하였고 명령어의 위치와 패널 아이콘도구의 모양과 위치를 표시하였다.
명령어 설명 뒤쪽에 명령어를 이해하기 쉽도록 따라하며 배우는 따라 하기를 수록하여 명령어를 습득하도록 하였고, 건축설계도면 그리기에는 단면도, 입면도그리기에서 key plan를 삽입하여 단면을 쉽게 이해할 수 있도록 하였다.

이 교재를 학습하여 Auto CAD 프로그램 사용에 초석이 되어 건축설계 도면작성에 조금이나마 도움이 되길 바랍니다.

끝으로 이 책이 나올 수 있도록 도움을 주신 도서출판 서우에 감사를 표합니다.

저자 김경수

【목 차】

Ⅰ. AutoCAD 2019 시작하기

01. 시스템 기본사양

AutoCAD 2019의 시스템 요구사항	
운영 체제	Microsoft® Windows® 7 SP1(32비트 및 64비트) Microsoft Windows 8.1(KB2919355 업데이트 포함, 32비트 및 64비트) Microsoft Windows 10(64비트 전용)
CPU 유형	32비트: 1기가헤르츠(GHz) 이상 32비트(x86) 프로세서 64비트: 1기가헤르츠(GHz) 이상 64비트(x64) 프로세서
메모리	32비트: 2GB(4GB 권장) 64비트: 4GB(8GB 권장)
해상도	일반 디스플레이: 1360x768(1920x1080 권장) 트루컬러 고해상도 4K 디스플레이: Windows 10, 64비트 시스템에서 최대 해상도 3840x2160 지원(지원 디스플레이 카드 탑재)
디스플레이 카드	1360x768 트루컬러 기능 및 DirectX® 9[1]를 지원하는 Windows 디스플레이 어댑터. DirectX 11 호환 카드가 권장됩니다. [1] 지원되는 OS에서 DirectX 9 권장
디스크 공간	설치 4.0GB
브라우저	Windows Internet Explorer® 11 이상
네트워크	배포 마법사를 통해 배포 라이센스 서버 및 네트워크 라이센스에 따라 응용프로그램을 실행하는 모든 워크스테이션에서는 TCP/IP 프로토콜을 실행해야 합니다. Microsoft® 또는 Novell TCP/IP 프로토콜 스택을 사용할 수 있습니다. 워크스테이션의 기본 로그인은 Netware 또는 Windows일 수 있습니다. 응용프로그램 지원을 위한 운영 체제 외에 라이센스 서버는 Windows Server® 2012, Windows Server 2012 R2, Windows Server 2008, Windows 2008 R2 Server 버전에서 실행됩니다. Citrix® XenApp™ 7.6, Citrix® XenDesktop™ 7.6.
좌표 입력 장치	MS 마우스 규격
디지타이저	WINTAB 지원
미디어(DVD)	다운로드 또는 DVD에서 설치
ToolClips 미디어 플레이어	Adobe Flash Player 버전 10 이상
.NET Framework	.NET Framework 버전 4.6

대규모 데이터 세트, 포인트 클라우드 및 3D 모델링에 대한 추가 요구사항	
메모리	RAM 8GB 이상
디스크 공간	6GB의 사용 가능한 하드 디스크 여유 공간(설치에 필요한 용량 제외)
디스플레이 카드	1920x1080 이상의 트루컬러 비디오 디스플레이 어댑터, VRAM 128MB 이상, Pixel Shader 3.0 이상, Direct3D® 지원 워크스테이션급 그래픽 카드

참고: 대규모 데이터 세트, 점 구름 및 3D 모델링 작업을 할 경우 64비트 운영 체제를 사용하는 것이 좋습니다. 모형 문서 기능이나 점 구름을 사용할 경우에는 64비트 운영 체제를 사용해야 합니다.

02. AutoCAD 2019 무료다운 받기

오토데스크코리아 홈페이지 https://www.autodesk.co.kr/ 에서 개정작성 후 로그인하고 교육커뮤니티에서 무료 소프트웨어 다운로드 / AutoCAD 2019, 운영체계, 언어 선택/ 지금 다운로드 합니다.

① 상단 무료체험판 또는 우측상단 메뉴 클릭하여 학생 및 교사 선택합니다.

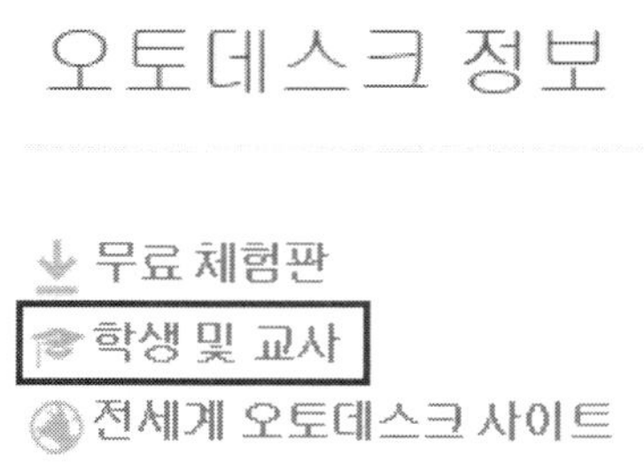

② AutoCAD 지금다운로드 클릭

③ 지금 다운로드하면 오토캐드 교육커뮤니티로 이동합니다. (영문으로만 나옵니다.)

④ 아래 창에서 계정 만들기(I need an account)로 클릭합니다.
※ 계정이 있다면 로그인(SIGN IN) 클릭합니다.

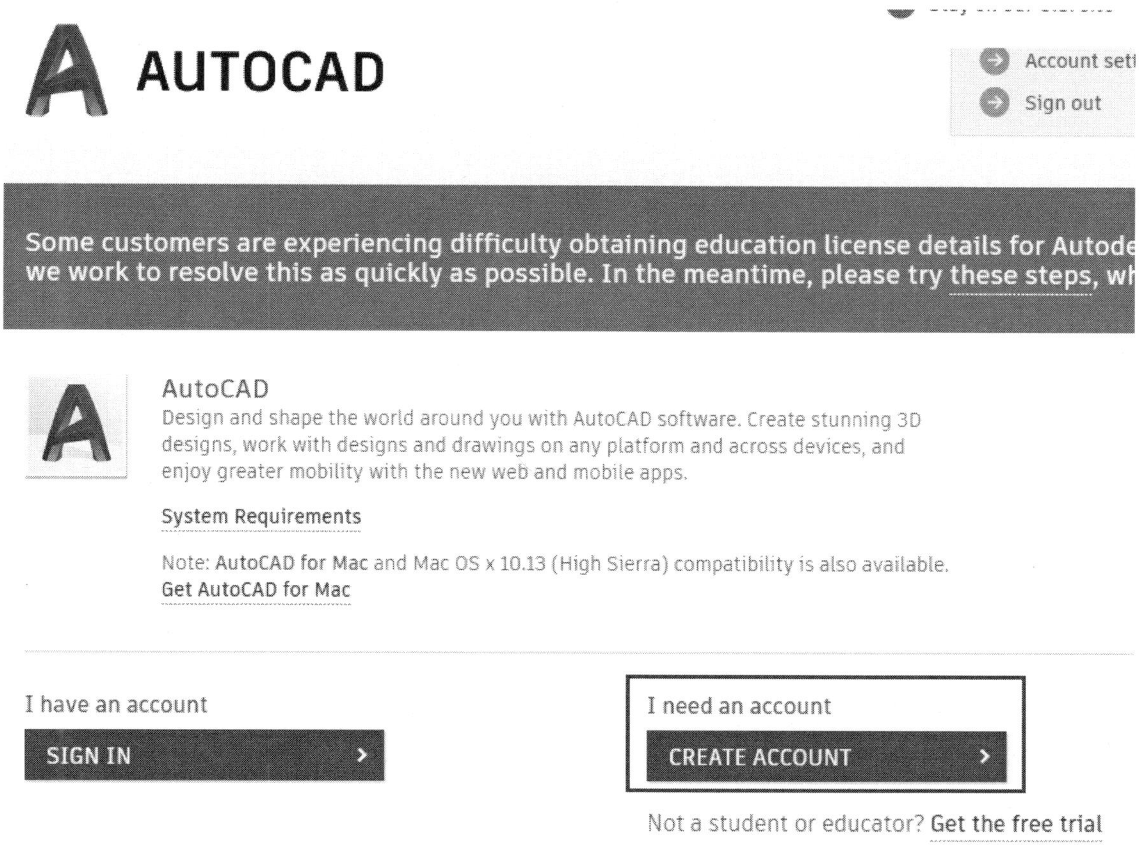

⑤ 국가(south Korea), 학생(Student), 생년월일(월, 일, 년도) 선택하고 **NEXT** 클릭

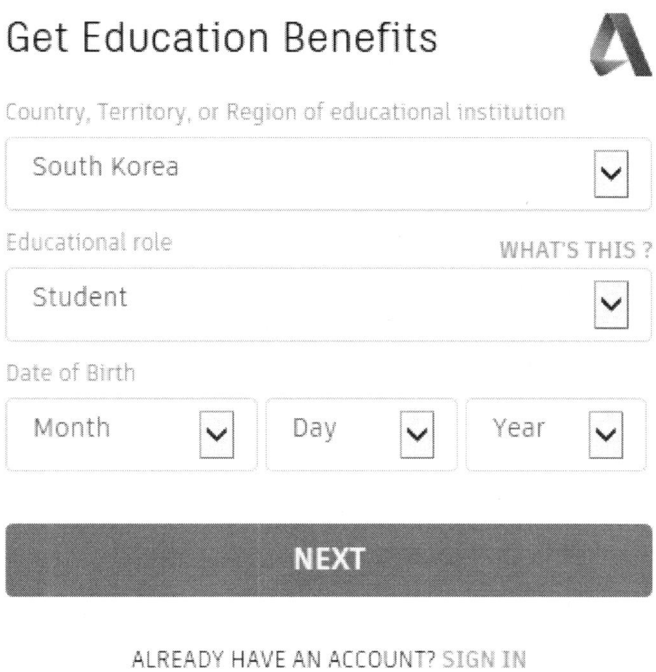

⑥ First name : 이름, Last name : 성
Email(이메일) 주소(이 메일로 연결해야 하므로 정확하게 기록), 이메일 확인
비밀번호(Password) 기록하고
CREATE ACCOUNT(계정 만들기) 클릭합니다.

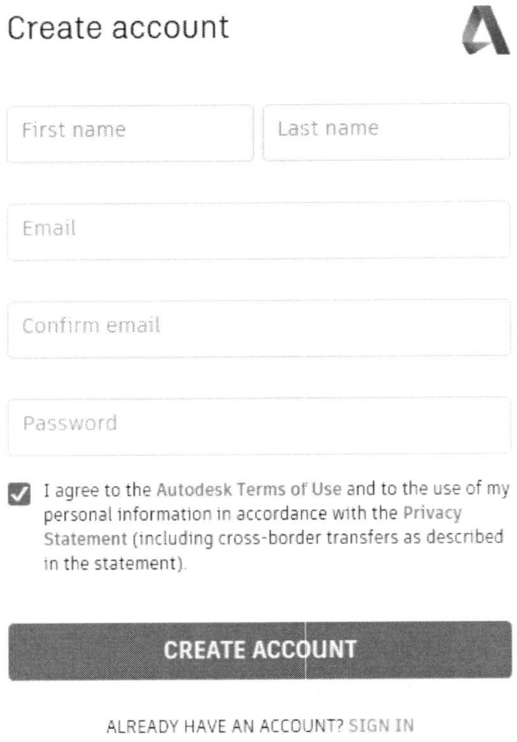

⑦ Verification required(로그인상태 검정)창에서 continue(계속하다) 보냄 확인

⑧ 위에 작성한 메일주소로 이동하여 AUTODESK에서 온 VERIFY EMAIL (확정메일) 클릭

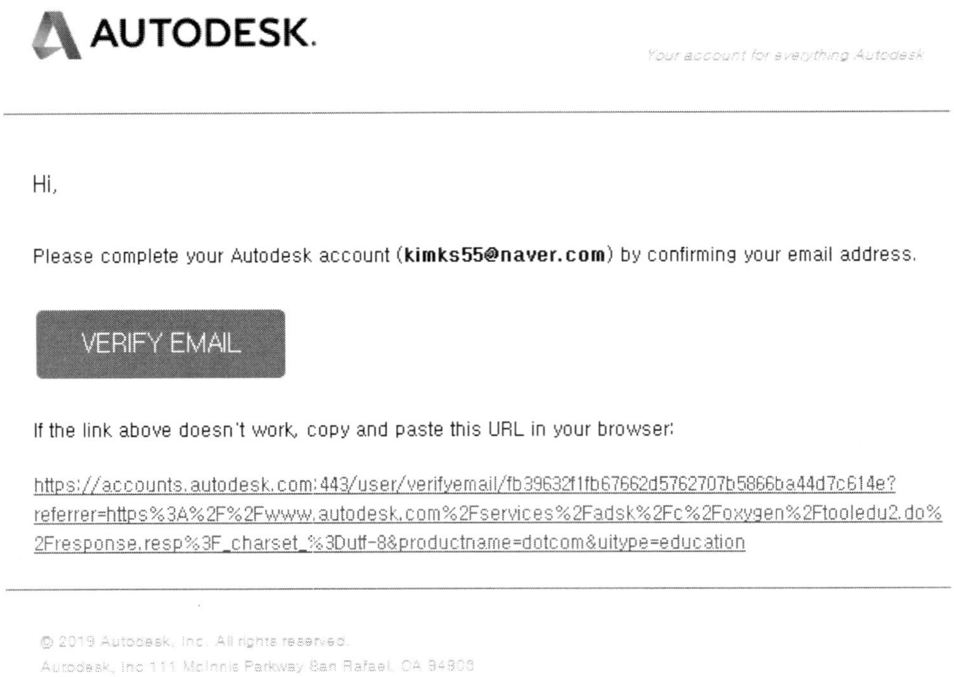

Account verified

This single account gives you access to all your Autodesk products

⑨ 창이 뜨면 DONE 클릭합니다.

⑩ 학교선택, Area of study는 ☑ Architecture, 체크, 입학 연도와 졸업연도 입력 후

NEXT 클릭합니다.

⑪ Account set에서 CONTINUE(계속) 클릭합니다.

⑫ 아래 Autodesk창에서 DOWNLOAD NOW 클릭

⑬ 캐드버전(AutoCAD 2019), 운영체계(Window 64-bit), 언어(한국어), 선택하고 INSTALL NOW 인스톨 나우(지금설치) 클릭합니다.

Welcome back, 경수 김 Sign out Autodesk Account

AutoCAD 2019

Windows 64-bit

한국어

Serial number: 900-1

Product key: 001K1

Files size: 5.27 GB

Authorized usage: Install on up to 2 personal devices

03. AutoCAD 2019 설치하기

AutoCAD_2019_Korean_Win_32bit(64bit)_dlm에서 응용프로그램 설치합니다.

① I Accept(수락하다) 선택하고 Install 인스톨(설치하다) 클릭 후 인터넷 창 아래에 실행, 저장 등 알림 창에서 선택하고 설치합니다.

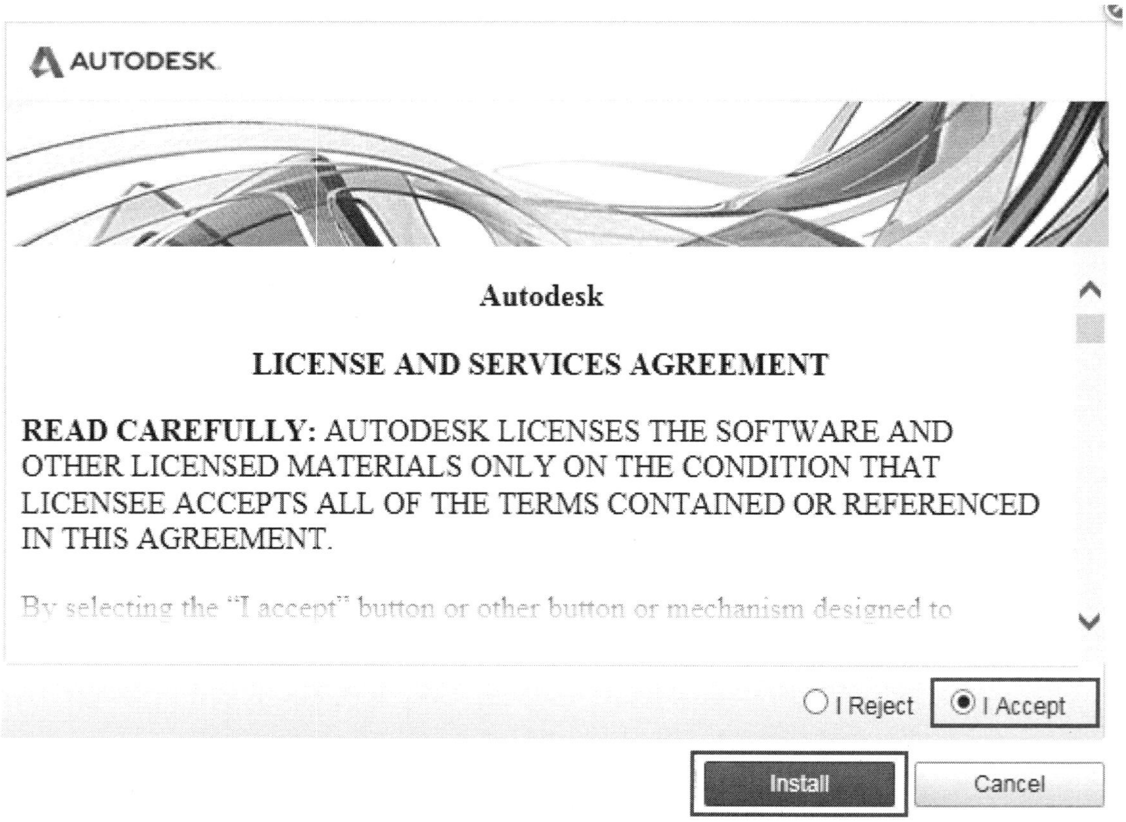

- 설치파일 다운로드 중이란 창이 열린다.

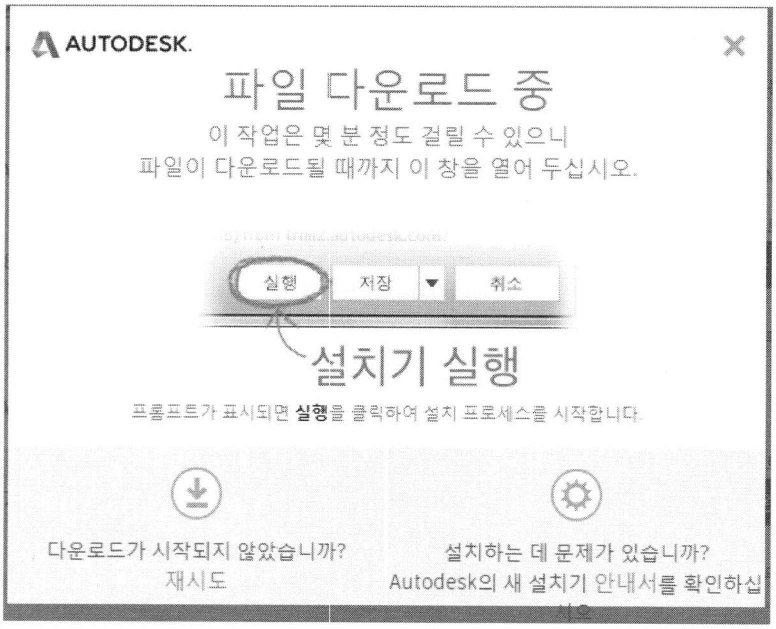

다운로드 중입니다.

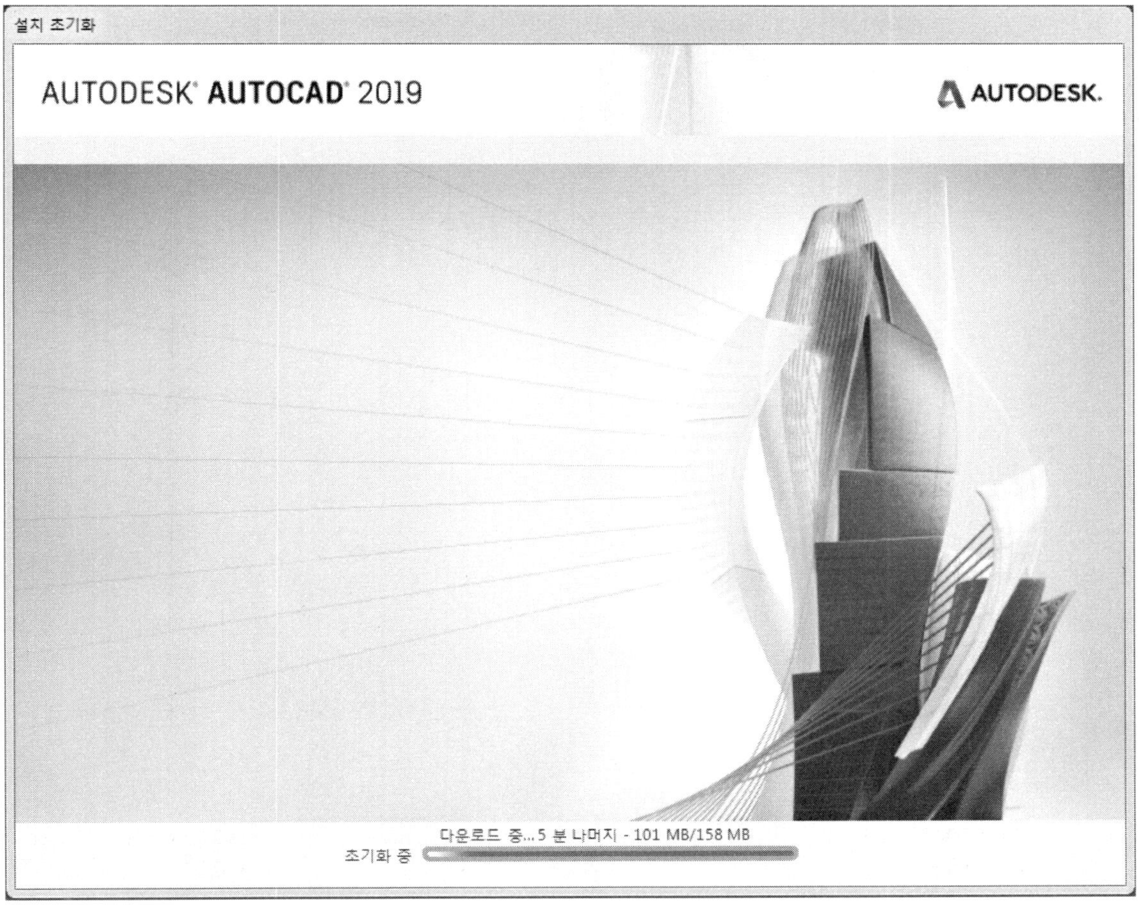

다운로드 후 설치 클릭합니다.

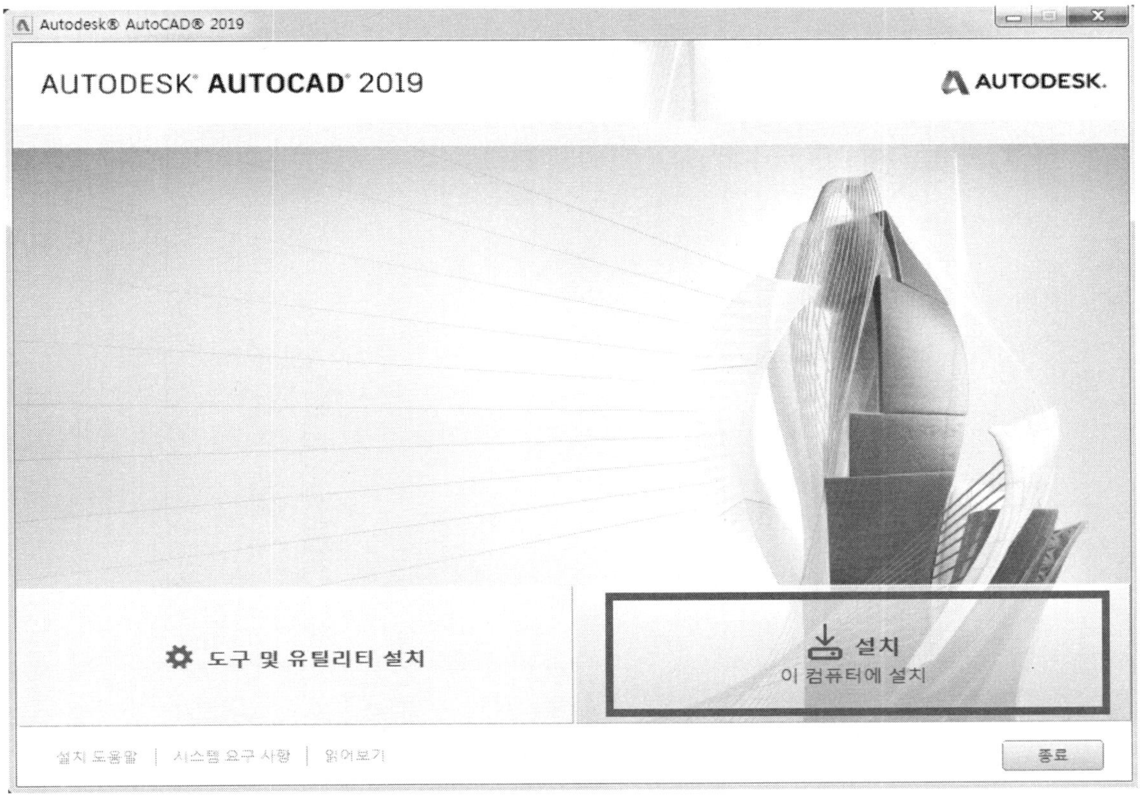

- 설치 구성요소 및 경로 확인 설치합니다.

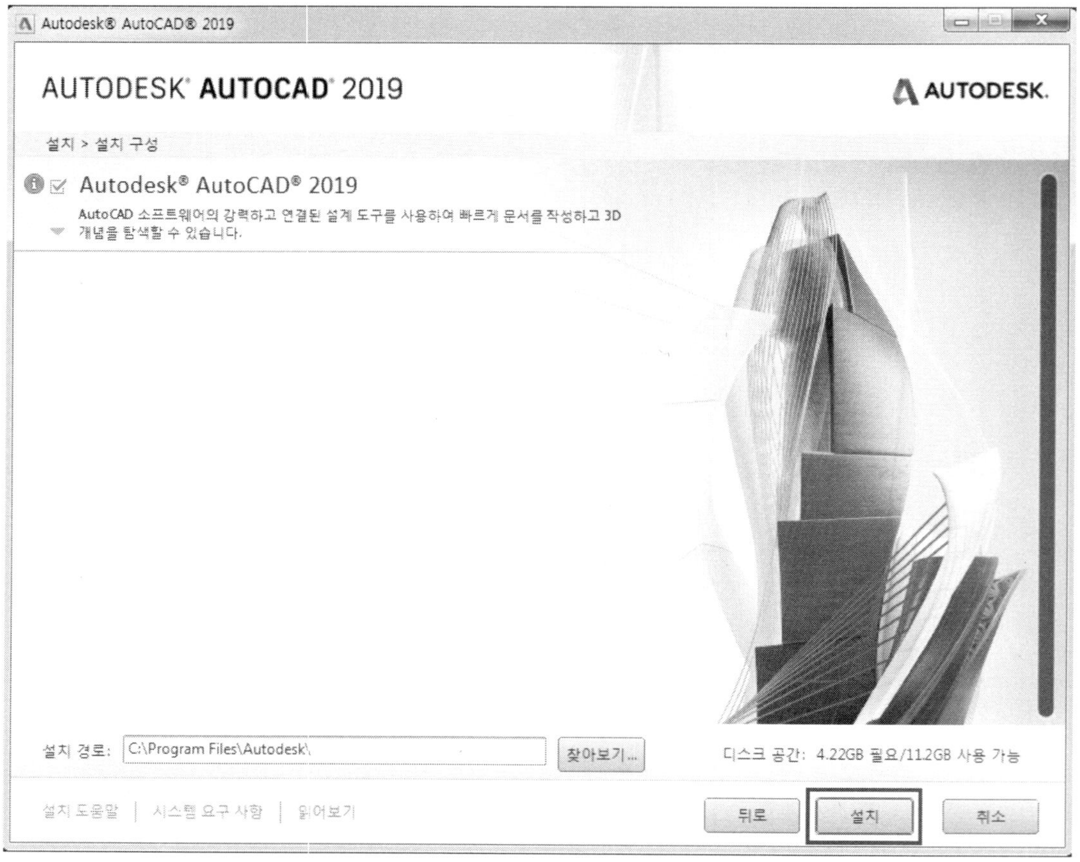

설치 진행 중임

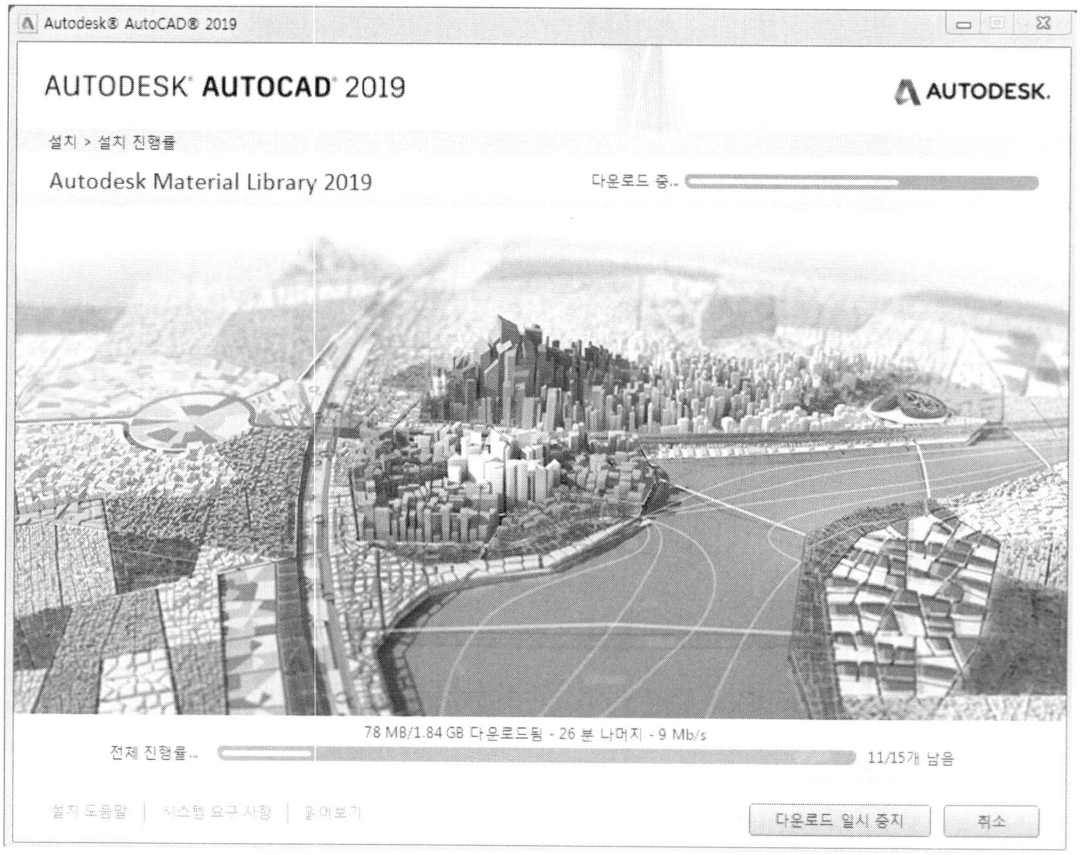

- 선택한 제품을 성공적으로 설치완료 / 마침

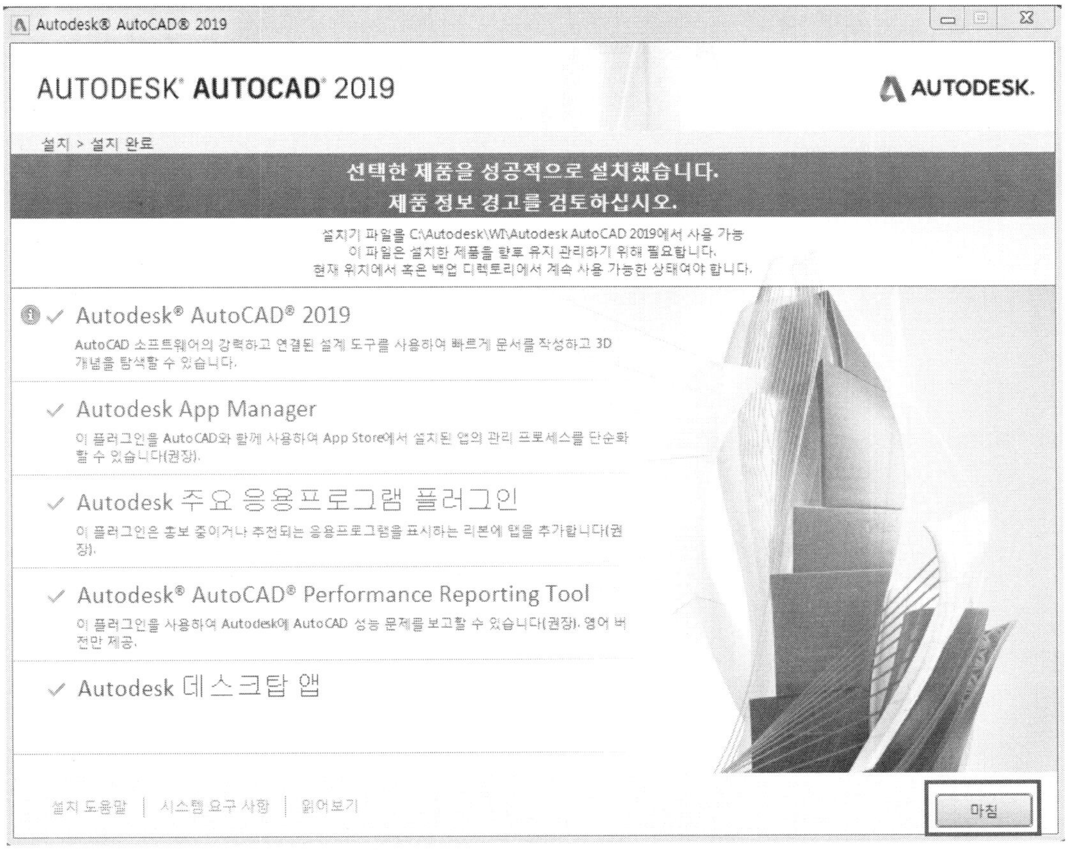

Autodesk 개인정보 보호정책 동의함 클릭

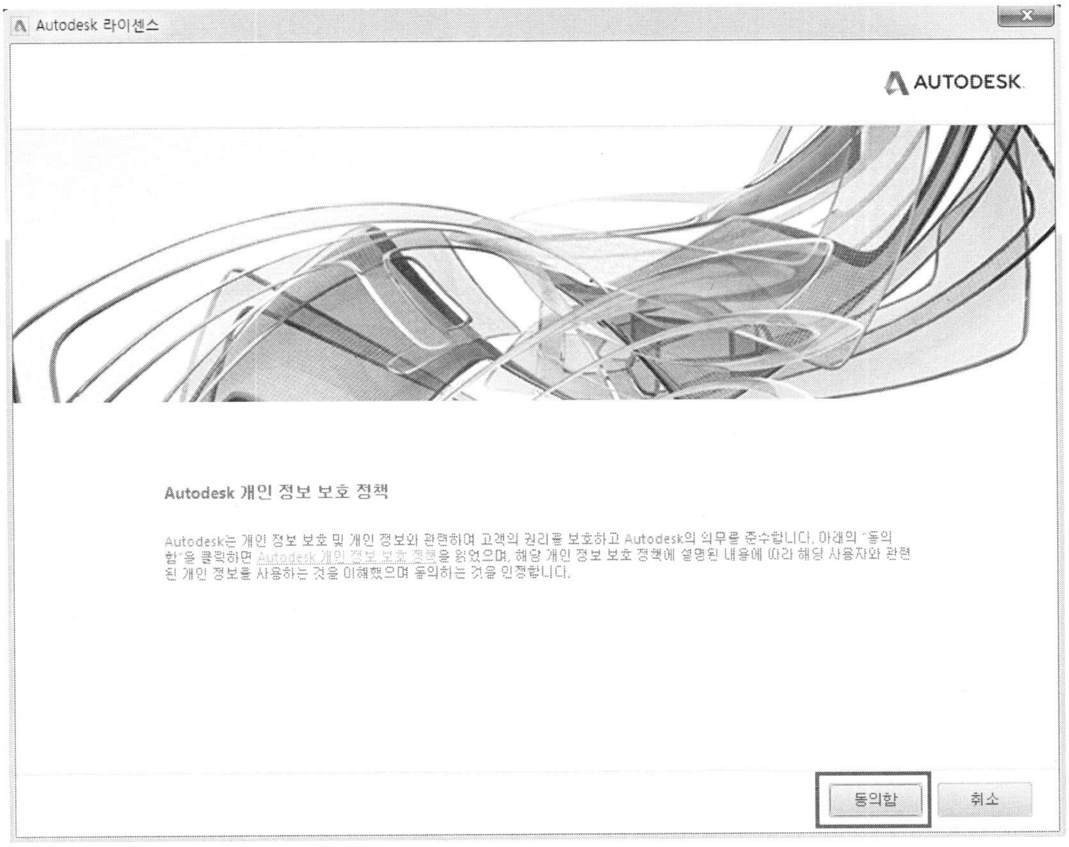

- 활성화을 위해 일련번호 입력

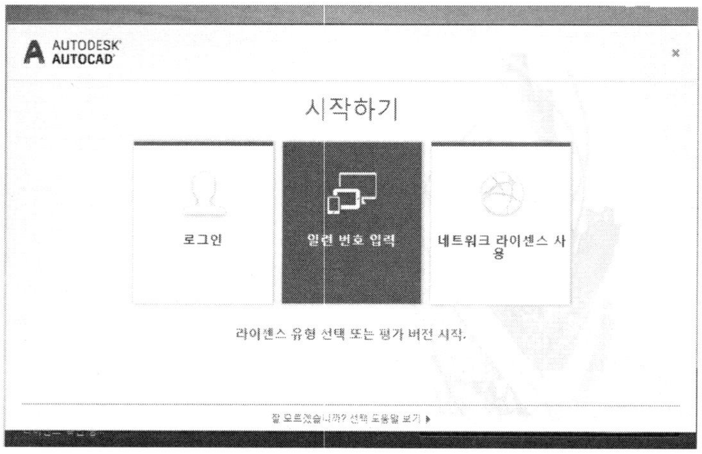

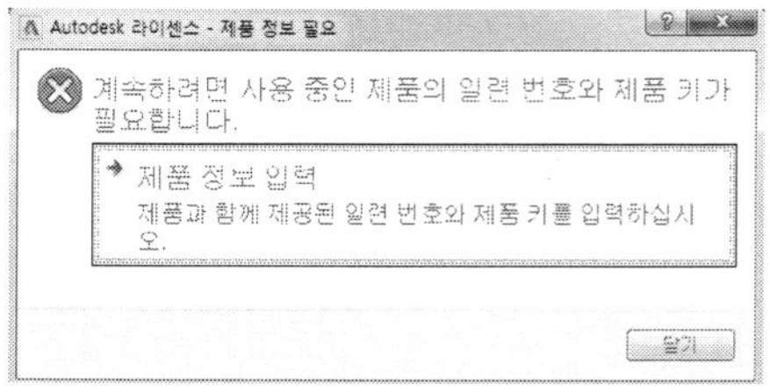

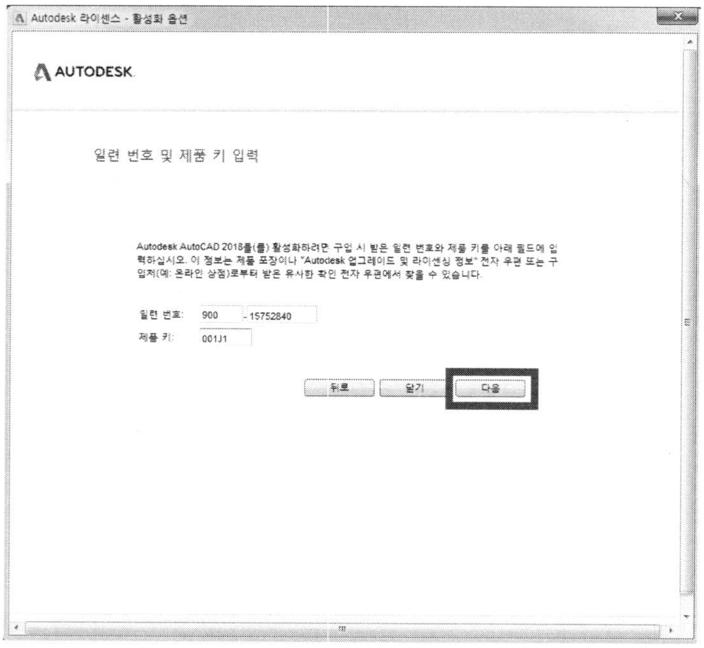

일련번호 및 제품키 입력

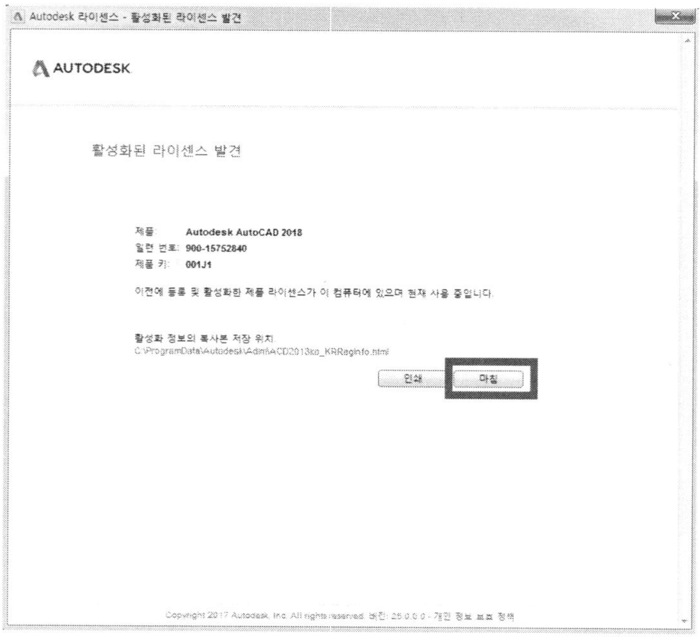

활성화된 라이센스 발견/ 마침

04. AutoCAD 2019 시작하기

1. 실행하기

■ 바탕화면에서의 실행하기

Auto CAD 2019을 정상적으로 설치하면 Windows 바탕화면에 Auto CAD 2019 단축아이콘이 생성된다. 이 단축아이콘을 마우스로 더블클릭하면 Auto CAD 2019가 실행된다.

더블클릭

■ 시작메뉴에서의 실행하기

Windows 화면 아래부분의 작업표시줄에 있는 시작 버튼을 누른 후 〔모든 프로그램 → Autodesk → Auto CAD 2019〕 버튼을 클릭하면 Auto CAD 2019가 실행된다.

■ 제품 활성화하기

Auto CAD 2019 처음실행하면 Auto CAD가 실행되면서 활성화 여부를 물을 때 활성화에서 일련번호, 제품키를 입력하면 활성화됩니다. 이제부터 사용이 가능하며, 도면파일은 'dwg'라는 확장자로 저장이 됩니다.

2. 알아보기 및 작성

■ 알아보기

Auto CAD 2019 프로그램을 실행하여 메인 창에서 알아보기를 클릭해보세요 새로운 내용을 동영상으로 안내합니다.

Auto CAD 새로워진 사항(주요개선사항)에서 시작하기 비디오(인터페이스 둘러보기, 2D 객체 작성 및 수정, 문자 및 치수 작성, 도면배치 플롯, 2D객체를 3D객체로 변환, 메쉬 작성 및 수정, 표면작성 및 수정), 학습 팁, 온라인 지원을 안내합니다.

알아보기에서 새로운 기능을 동영상보기로 알아볼 수 있다.

■ 작성

시작하기 탭(파일열기, 시트 세트 열기, 온라인으로 추가 템플릿 얻기, 샘플 도면 탐색)최근문서 탭, 연결 탭으로 작성합니다.

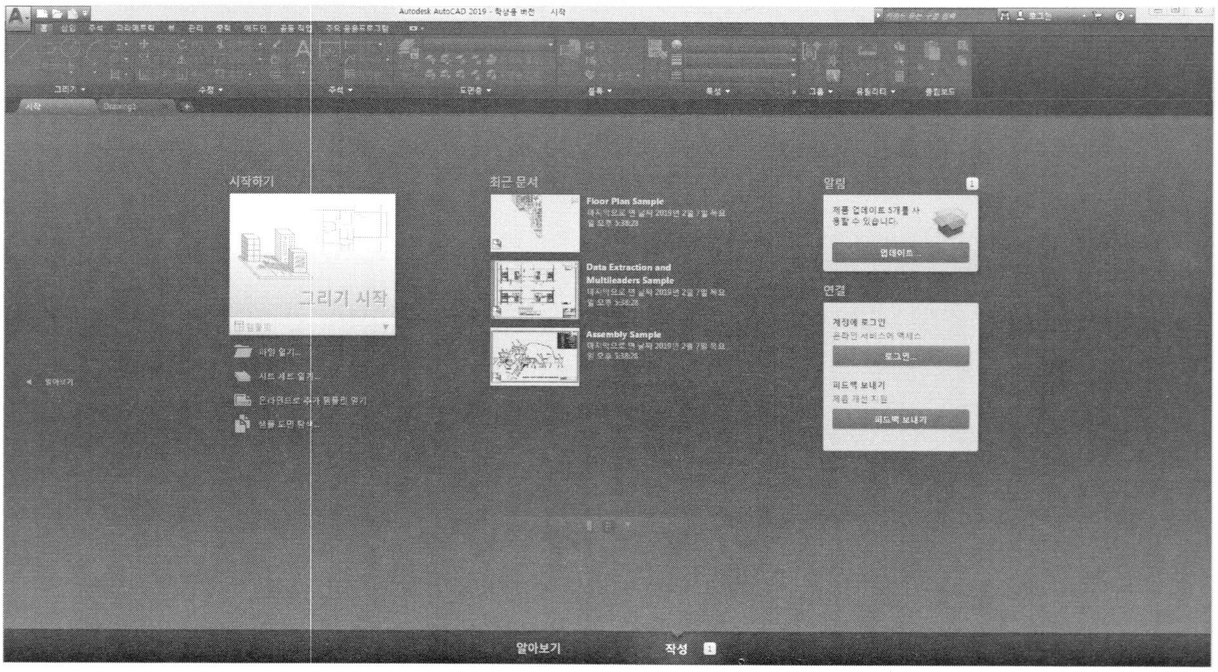

05. Auto CAD 화면구성 인터페이스

1. Auto CAD 2019의 주화면 구성 알아보기

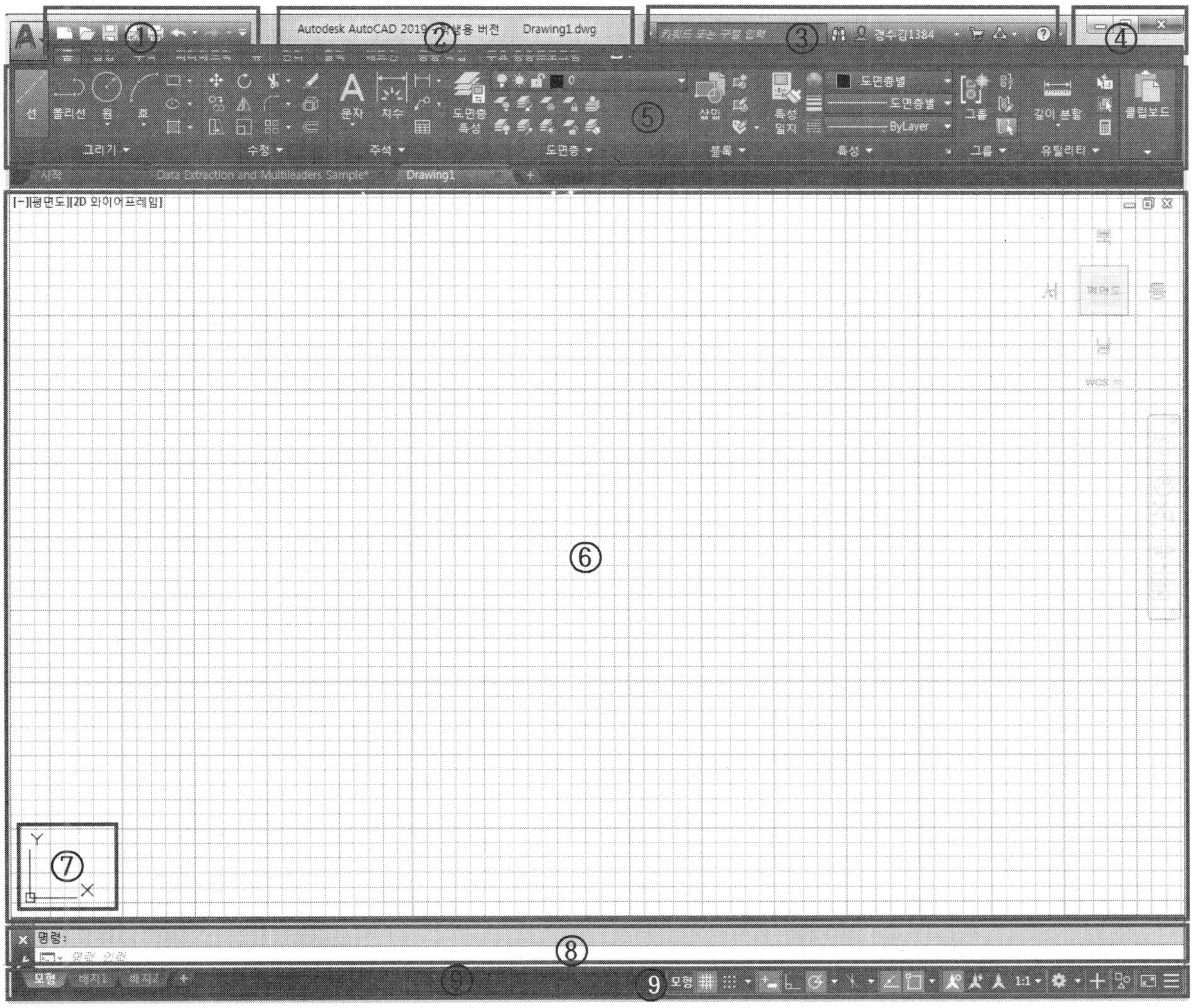

① 신속접근 도구막대 : 자주 사용하는 명령의 아이콘을 등록 및 명령어 실행합니다.
② 제목표시줄 : 현재 열려 있는 도면의 명칭을 표시합니다.
③ 정보센터 : 키워드 입력에 의해 쉽게 정보에 접근할 수 있습니다.
④ 제어버튼 : 윈도우 창을 최소화, 최대화, 종료하는 버튼입니다.
⑤ 리본 패널 : 비슷한 명령어 묶음이 표시됩니다.
⑥ 도면영역 : 설계 도면작업이 이루어지는 영역입니다.
⑦ 좌표계 : 좌표를 표시하는 아이콘입니다.
⑧ 명령어 라인 : 문자 상자에 명령입력하고 Enter 키나 스페이스바를 누릅니다.
⑨ 상태막대 : AutoCAD의 상태를 표시하는 영역입니다.

※ 알아보기 / 시작하기 비디오 

/ 사용자 인터페이스 둘러보기에서 기본도구 학습할 수 있습니다.

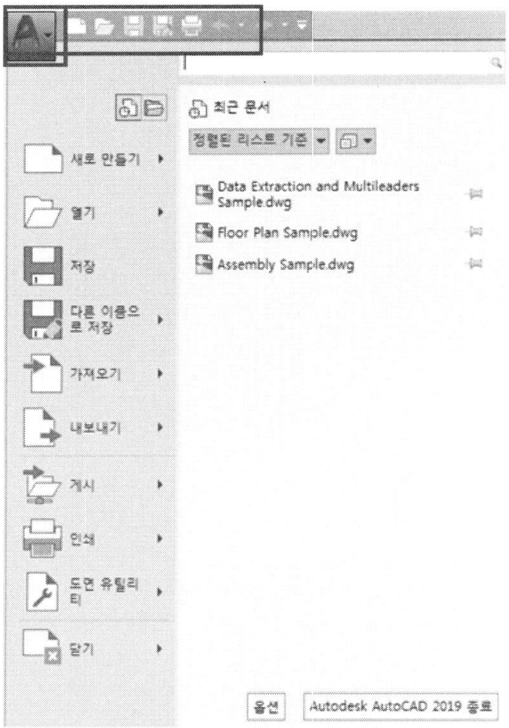

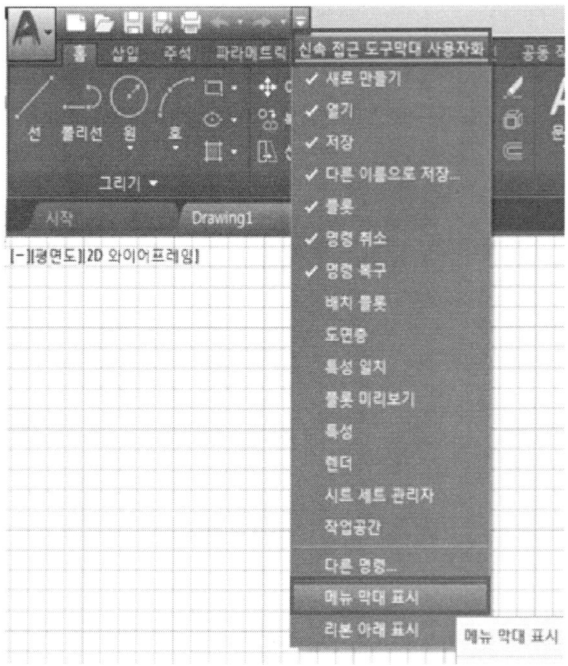

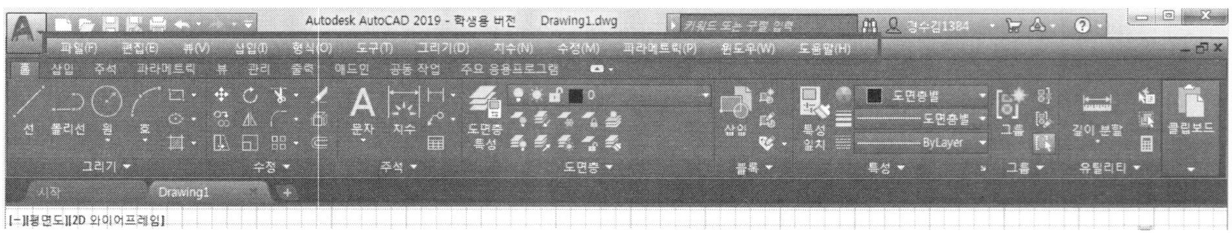

메뉴막대(풀다운 메뉴)

리본 탭

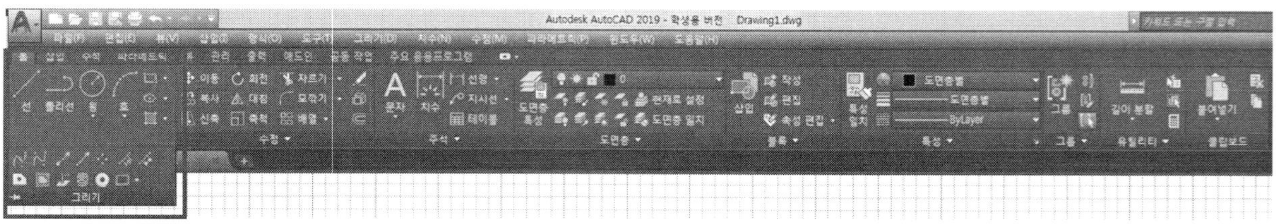

리본 그리기패널

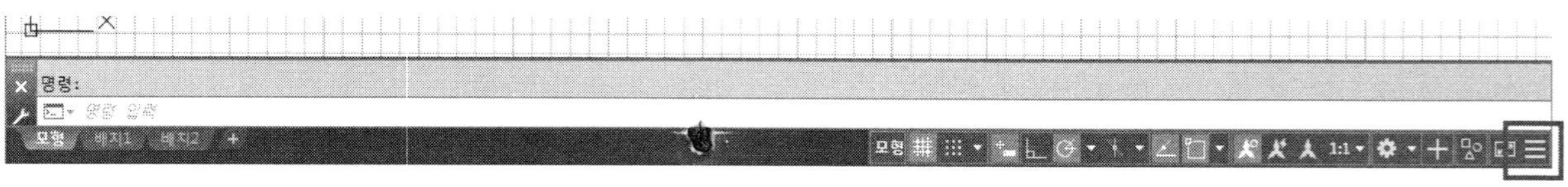

빠른 특성

06. 환경설정하기

설계도면을 쉽고, 빠르게 작도하기 위해 화면상태의 설정과 명령어 입력 및 실행상태를 보조명령을 이용하여 사용자 환경에 알맞게 Option명령, 상태막대 설정, Limit 명령, 화면 조정을 설정할 수 있다.

1. Options 열기

■ 메뉴막대 하단에 옵션 클릭

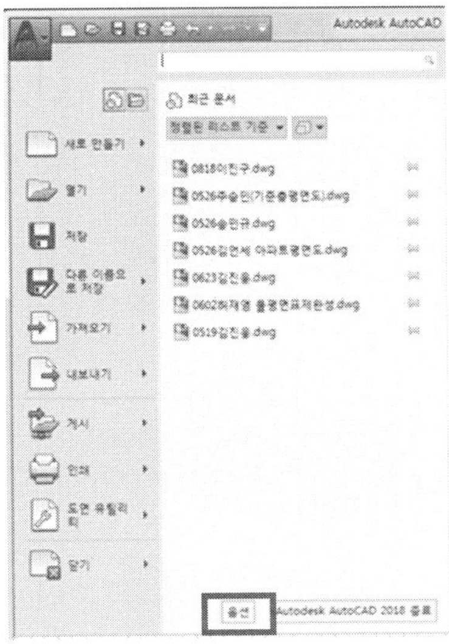

■ 명령행에 Options 입력 엔터(단축명령 OP)

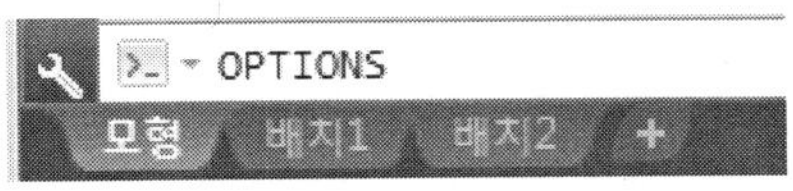

(1) 파일 : 파일 검색경로를 설정한다.

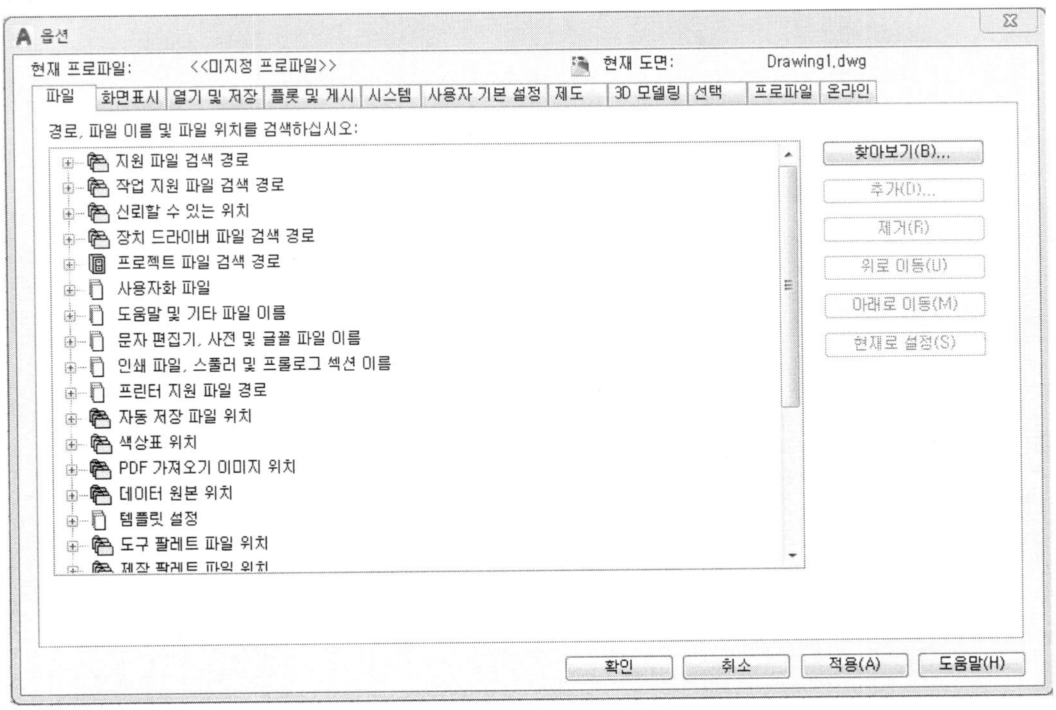

(2) **화면표시** : 도면영역, 문자열, 해상도 등의 표시 환경을 설정한다.

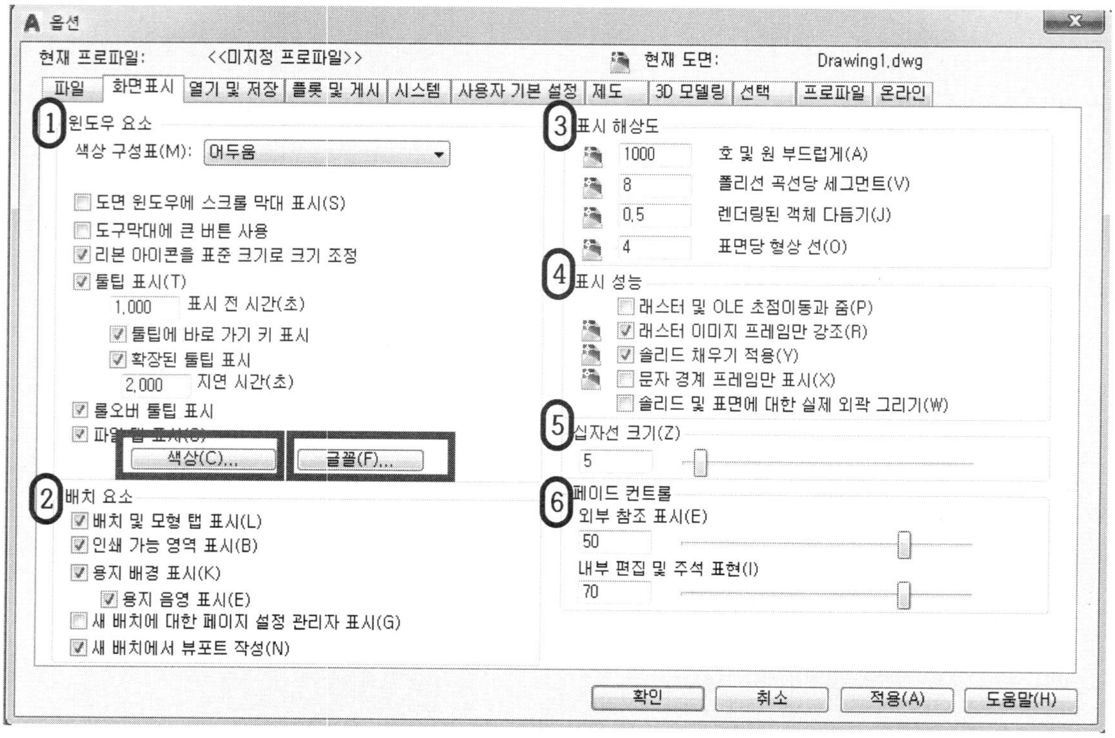

① 윈도우 요소 : 화면 구성에 필요한 요소들을 설정한다.

색상(C)... : 도면영역의 화면 색상을 변경한다.

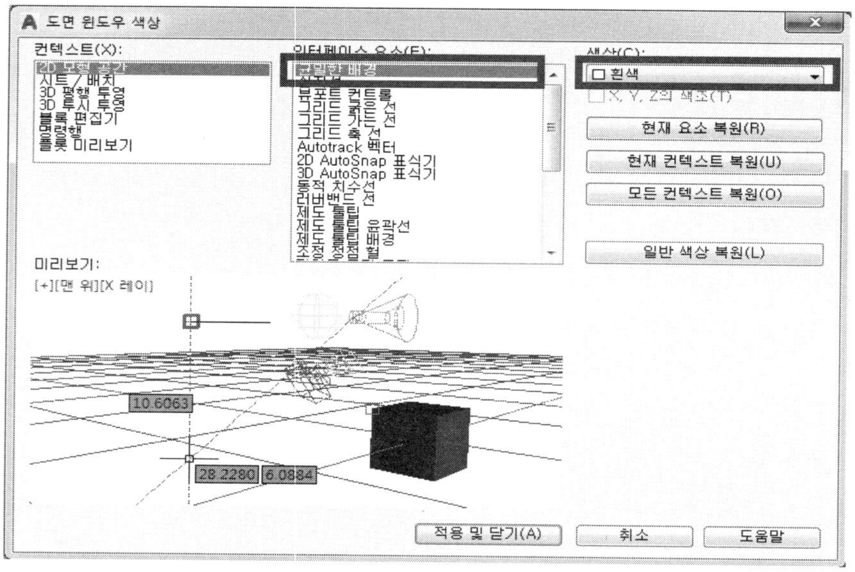

글꼴(F)... : 명령행 윈도우의 글꼴을 변경한다.

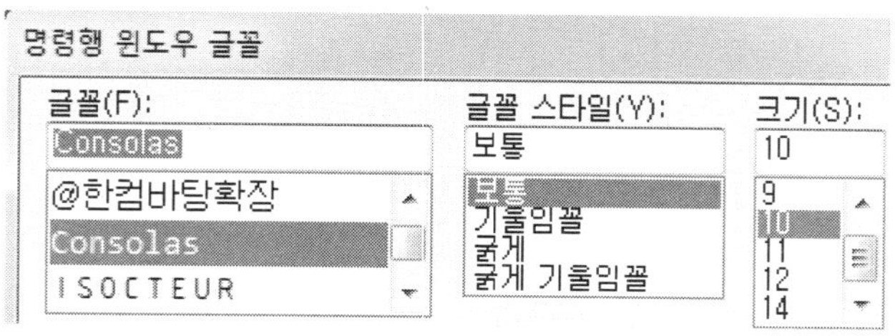

② 배치요소 : 도면요소의 인쇄 및 배경을 설정한다.
③ 표시 해상도 : 도면영역에 도면요소들을 표시하는 품질을 설정한다.
④ 표시성능 : 도면요소들을 도면영역에 표시하는 상태에 따라 작업 성능에 영향을 주는 요소들을 설정한다.
⑤ 십자선 크기 : 커서의 크기를 입력 또는 막대를 이동하여 설정한다.
⑥ 페이드 컨트롤 : 참조 편집하는 동안 객체가 흐리게 표시되는 정도의 값을 설정한다.

(3) **열기 및 저장** : 파일을 열거나 저장의 환경을 설정한다.

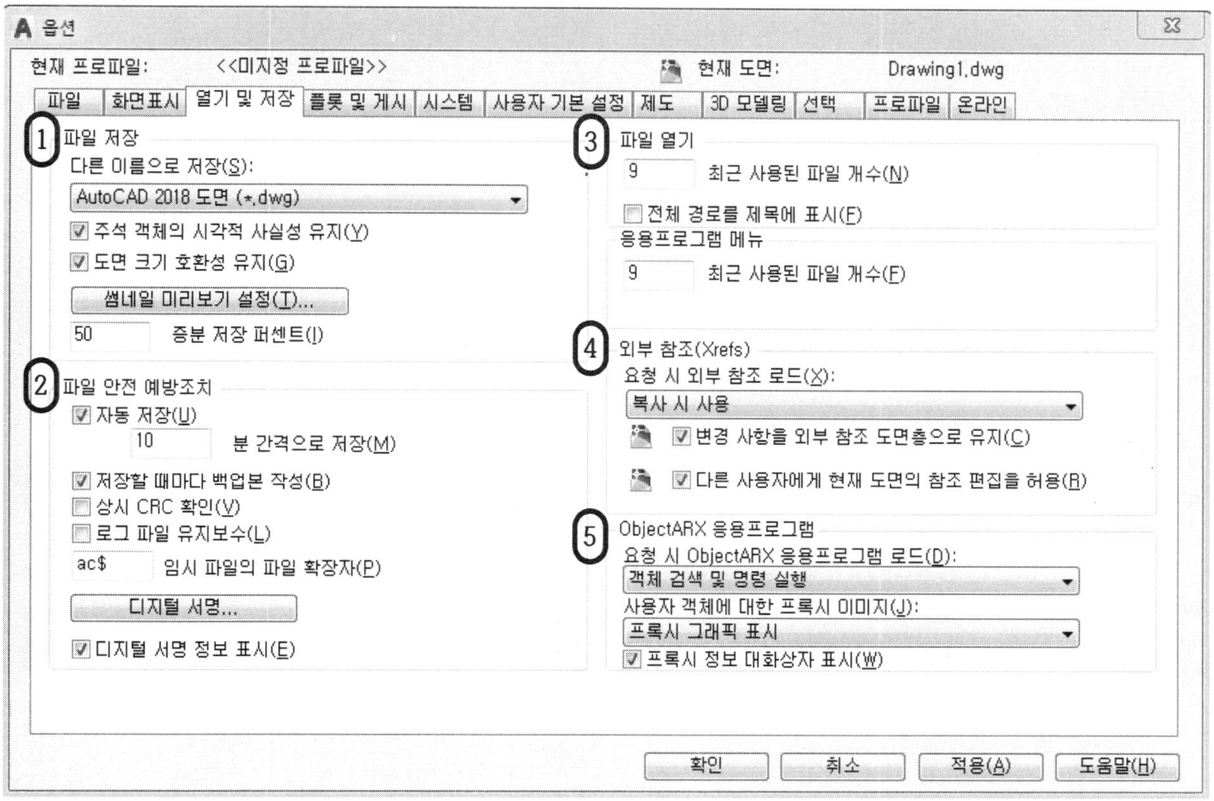

① 파일저장 : 파일을 저장, 다른 이름으로 저장할 때 사용할 파일형식을 지정한다.
→ 저장방법은 저장(save), 빠른 저장(Qsave), 다른 이름으로 저장(Saveas), 자동저장(Auto Save) 방법으로 dwg파일형식 저장한다.
② 파일안전 예방 조치 : 데이터의 손실방지와 오류 발견을 도와주며, 자동저장 시간은 분 단위로 지정 및 저장할 때마다 백업 본을 작성할 수 있다.
③ 파일 열기 : 최근 사용한 파일을 파일메뉴에 나열될 개수를 정수(0~9)로 입력한다. 또한 응용프로그램 메뉴에서 파일개수 조정 유효한 값은 0에서50까지입니다.
④ 외부참조(Xrefs) : 외부 참조 편집 및 열기에 관련된 설정 값을 지정한다.
⑤ Object ARX 응용프로그램 : 응용프로그램 및 프록시 그래픽에 관련된 설정 값을 지정한다.

(4) **플롯 및 게시** : 플로터, 프린터의 설정과 인쇄유형을 설정한다.

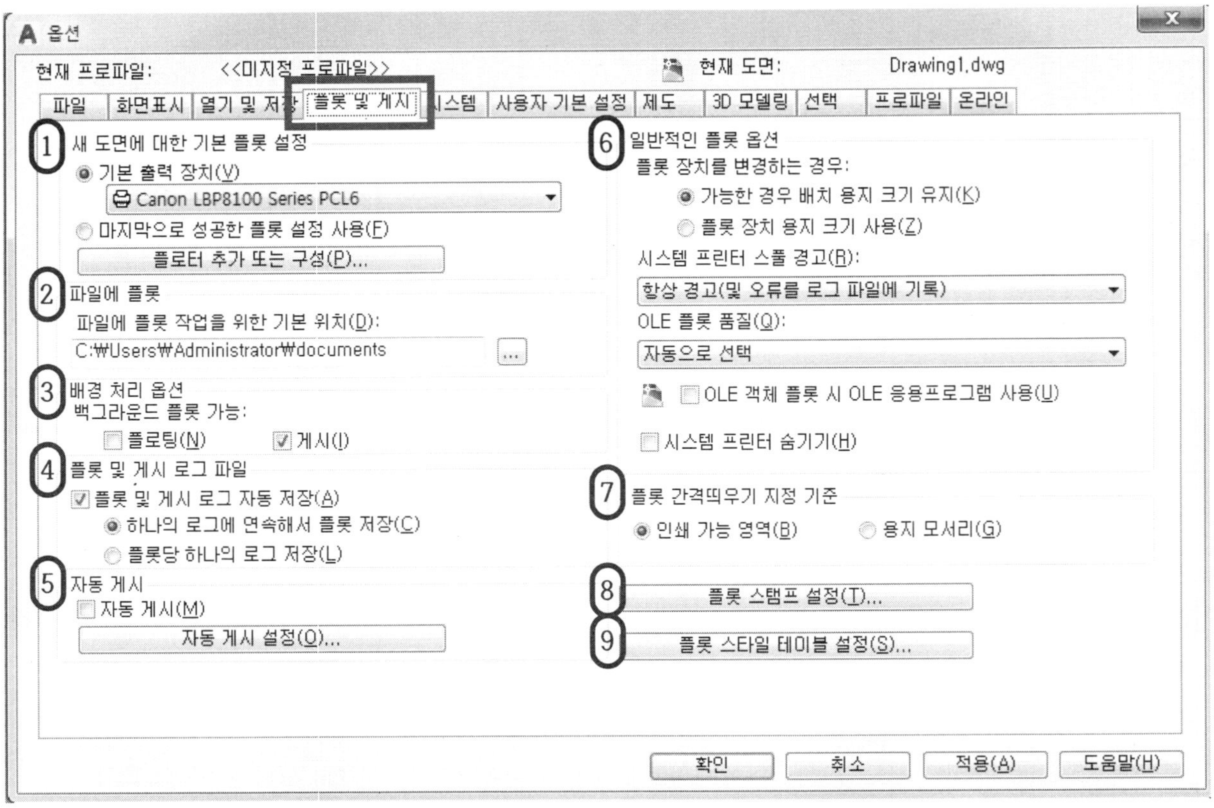

① 새 도면에 대한 기본 플롯 설정 값 : 도면을 출력할 때 사용할 플롯터, 프린터를 지정한다.
② 파일에 플롯 : 플롯을 파일로 저장할 경로를 지정한다.
③ 배경처리 옵션 : 플롯 또는 게시를 지정한다.
④ 플롯 및 게시 로그 파일 : 모든 플롯과 인쇄를 파일 또는 로그 파일로 저장한다.
⑤ 자동게시 : 도면을 지정된 위치에 DWF, DWFx 또는 PDF 파일로 자동으로 게시합니다.
⑥ 일반적인 플롯옵션 : 용지크기의 설정 값, 시스템 프린터의 경고, OLE객체 등 플롯의 환경과 보조명령을 조정한다.
⑦ 플롯 간격띄우기 지정 기준 : 인쇄 가능한 영역을 지정한다.
⑧ 플롯 스탬프 설정 : 파일명, 레이아웃, 출력크기, 날짜 등을 지정한다.
⑨ 플롯 스타일 테이블 설정 : 플롯의 I 테이블 이름, 디더링, 선 형태, 선 두께, 선 스타일 등을 지정한다.

(5) 시스템 : 그래픽 표시 입력장치 등의 시스템 환경을 설정한다.

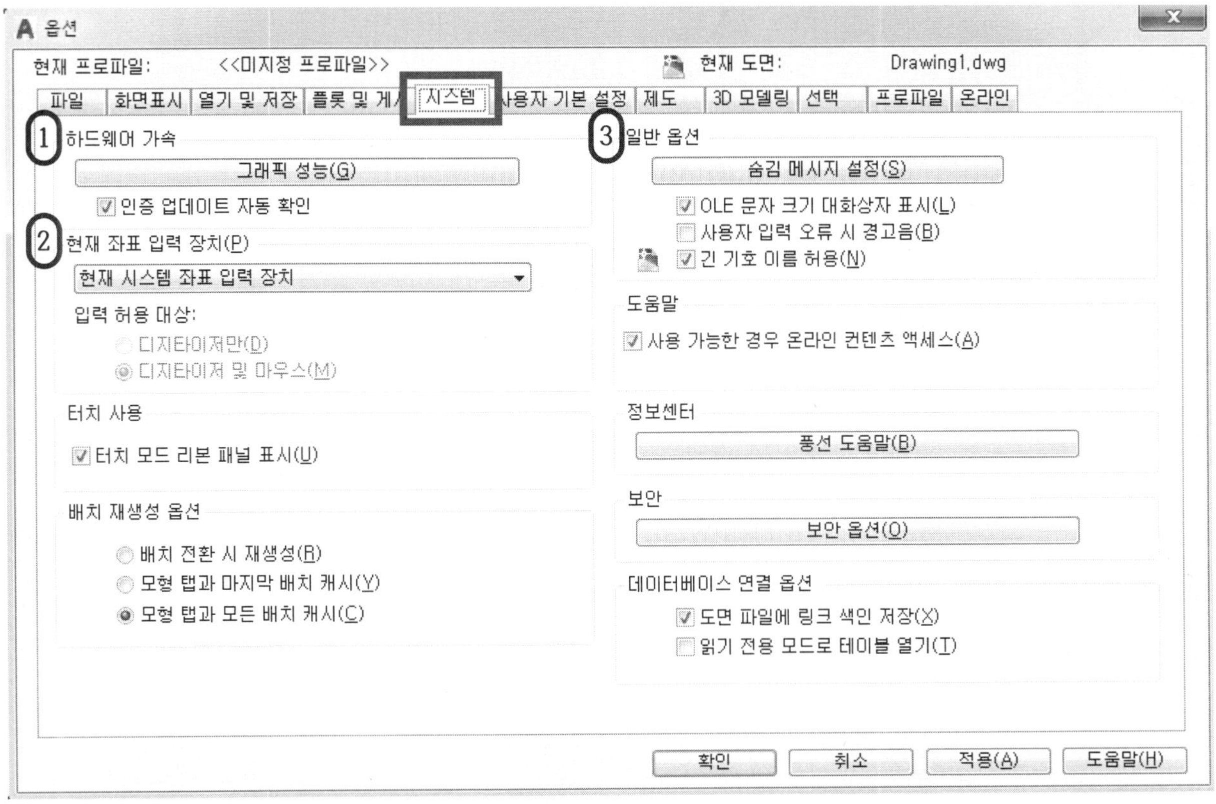

① 하드웨어 가속 : 그래픽 성능 조정을 수행하면 그래픽 카드와 3D 디스플레이 드라이버를 검사하고 소프트웨어 또는 하드웨어 가속의 사용 여부를 결정할 수 있습니다.

② 현재 좌표 입력장치(P) : 좌표 입력 장치에 관련된 보조명령을 조정한다.

- 현재 시스템 좌표 입력 장치 : 사용 가능한 좌표 입력 장치 드라이버의 리스트를 표시합니다.
- 입력 허용 대상 : 프로그램이 마우스와 디지타이저 모두로부터 입력을 허용할지, 디지타이저가 설정된 경우 마우스 입력을 무시할지 여부를 지정합니다.
- 사용자 이름 : Windows 로그인 정보와 함께 사용자 이름을 변경합니다.
- 터치 경험 : 터치 모드 리본 패널 표시
- 배치 재생성 옵션 : 모형 탭 및 배치 탭에서 표시 리스트의 업데이트 방법을 지정합니다.

③ 일반 옵션 : 시스템 설정에 관련된 일반 보조명령을 조정한다.

- 숨김 메시지 설정, OLE 문자 크기 대화상자, 사용자 입력 오류 시 경고음, 긴 기호 이름 허용, 도움말 및 환영 화면, 정보 센터, 보안, 데이터베이스 연결 옵션

(6) **사용자 기본 설정** : 단축키, 단축메뉴, 좌표입력 방법 등의 항목을 설정한다.

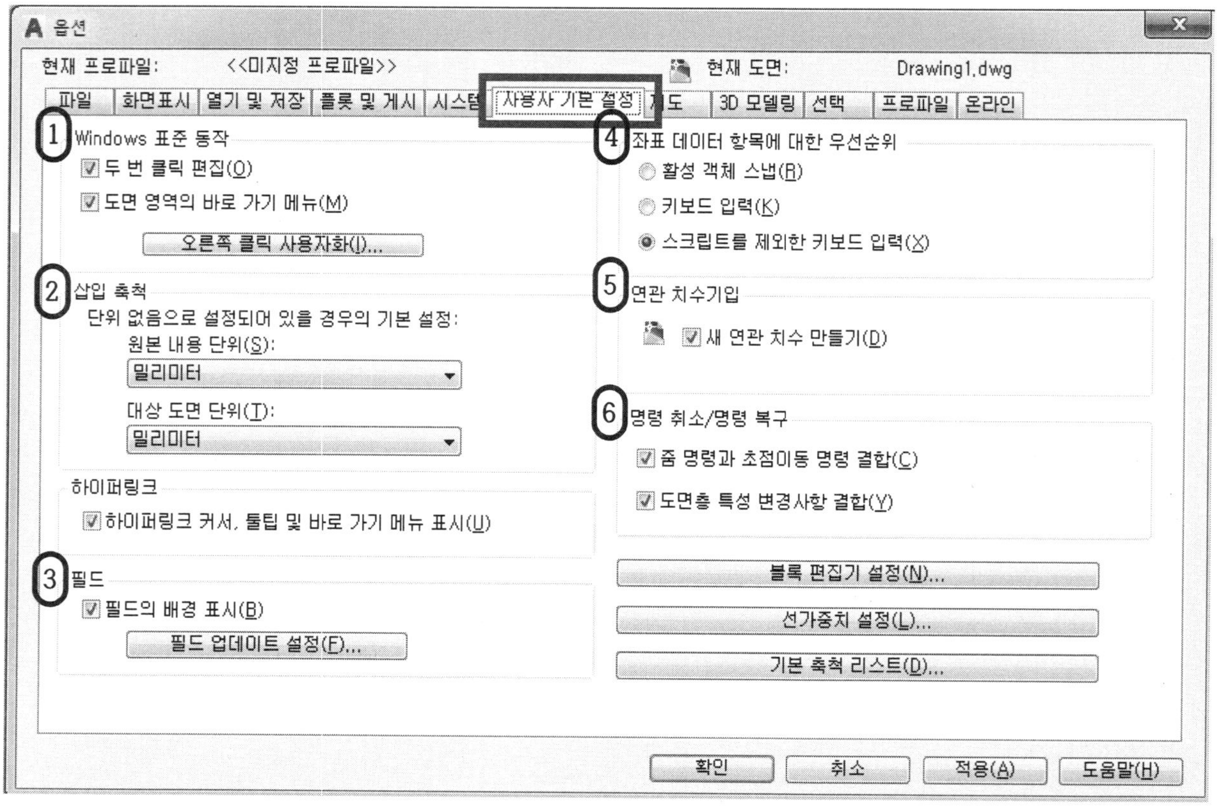

① Windows 표준 동작 : 키 입력 및 마우스 오른쪽 버튼 선택 동작을 설정한다.
② 삽입 축척 : 도면에 블록이나 다른 도면을 삽입할 때의 기본 축척을 설정한다.
③ 필드 : 도면 영역의 배경 표시 및 업데이트를 설정한다.
④ 좌표 데이터 항목에 대한 우선순위 : 좌표 데이터 입력에 대한 우선순위를 설정한다.
⑤ 연관 치수기입 : 연관치수, 비 연관 치수의 적용여부를 조정한다.
⑥ 명령 취소/명령복구 : Zoom과 Pan 명령에 대하여 Undo와 Redo 명령을 동일하게 취급한다.
⑦ 블록 편집기 설정 : 블록 편집기에 대해 색상, 문자, 그립, 구속조건 및 기타 표시 설정을 수정합니다.
⑧ 선가중치 설정 : 현재 선가중치 및 선가중치 단위를 설정하고 선가중치의 표시 및 표시 축척을 조정하고 도면층에 대한 DEFAULT 선가중치 값을 설정합니다.
⑨ 기본축척리스트 :레지스트리에 저장되는 기본 축척 리스트를 조정합니다.

(7) 제도 : 도면 요소 스냅과 좌표 추적 등의 제도 환경을 설정한다.

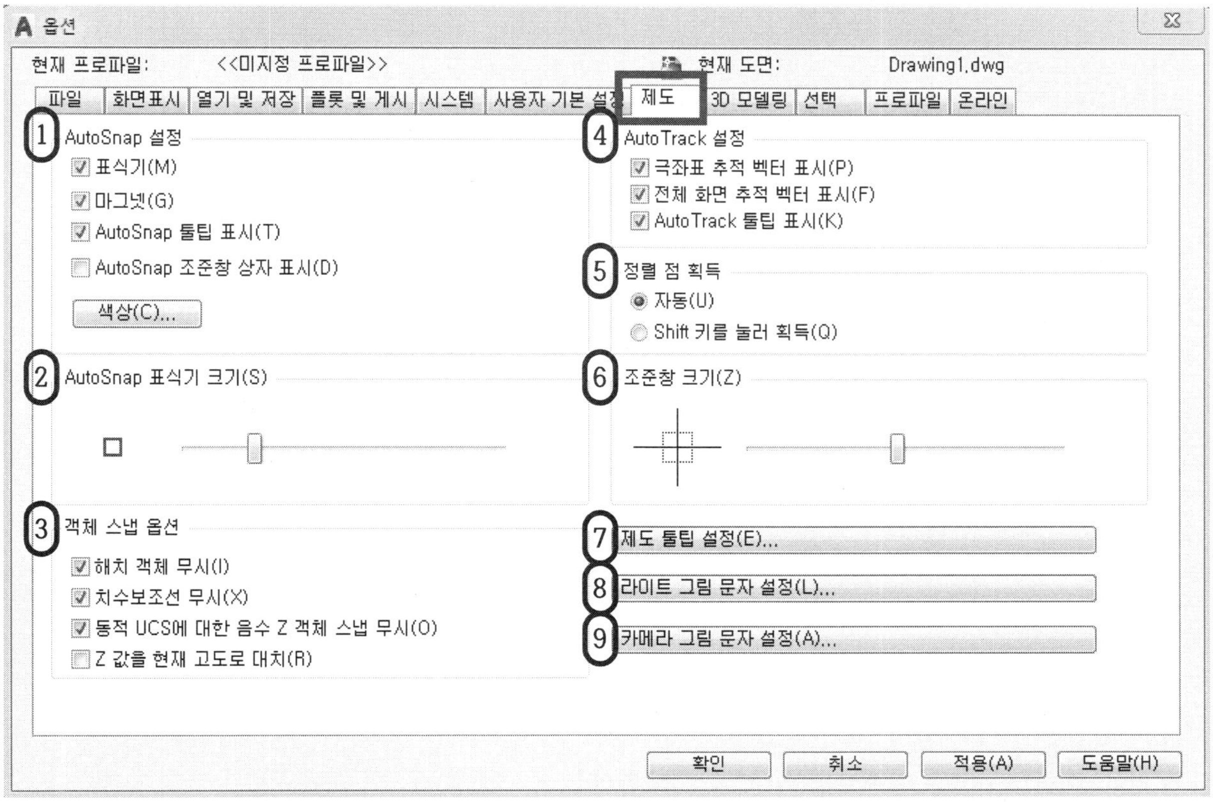

① Auto Snap 설정 : 객체 스냅을 사용할 때 표시되는 설정 값을 설정한다.
- 색상 : 도면 윈도우 색상 대화상자를 표시합니다.

② Auto Snap 표식기 크기 : 스냅 점 표식기의 크기를 조정한다.

③ 객체스냅 옵션 : 객체 스냅 지정할 때 Z값을 현재의 높이로 지정한다.
- 해치 객체 무시 : 해치 객체를 스냅할 수 있는지 여부를 지정합니다. (OSOPTIONS 시스템 변수)
- 치수보조선 무시 :치수에 대한 치수보조선을 스냅할 수 있는지 여부를 지정합니다. (OSOPTIONS 시스템 변수)
- 동적 UCS에 대한 음수 Z 객체 스냅 무시 : AutoCAD LT에서는 사용할 수 없습니다.
- Z 값을 현재 고도로 대치 : AutoCAD LT에서는 사용할 수 없습니다.

④ Auto Track 설정 : 극좌표 추적에 관한 설정 값을 조정한다.

⑤ 정렬 점 획득 : 도면의 정렬 점 표시 방법을 조정한다.

⑥ 조준창 크기(Z) : Auto Snap 조준 창의 표시 크기를 1에서 50까지 설정한다.
- 객체 스냅 대상 상자의 표시 크기를 장치 독립적 픽셀 단위로 설정합니다.

⑦ 제도 툴팁 설정(E) : 제도 작업 툴팁의 색상, 크기, 투명도, 적용위치 등을 지정한다.

⑧ 라이트 그림 문자설정(L) : 조명그림 문자 색상과 크기를 조절한다.

⑨ 카메라 그림 문자 설정(A) : 카메라그림 문자 색상과 크기를 조정한다.

(8) 3D **모델링** : 3D 모델링의 환경을 설정한다.

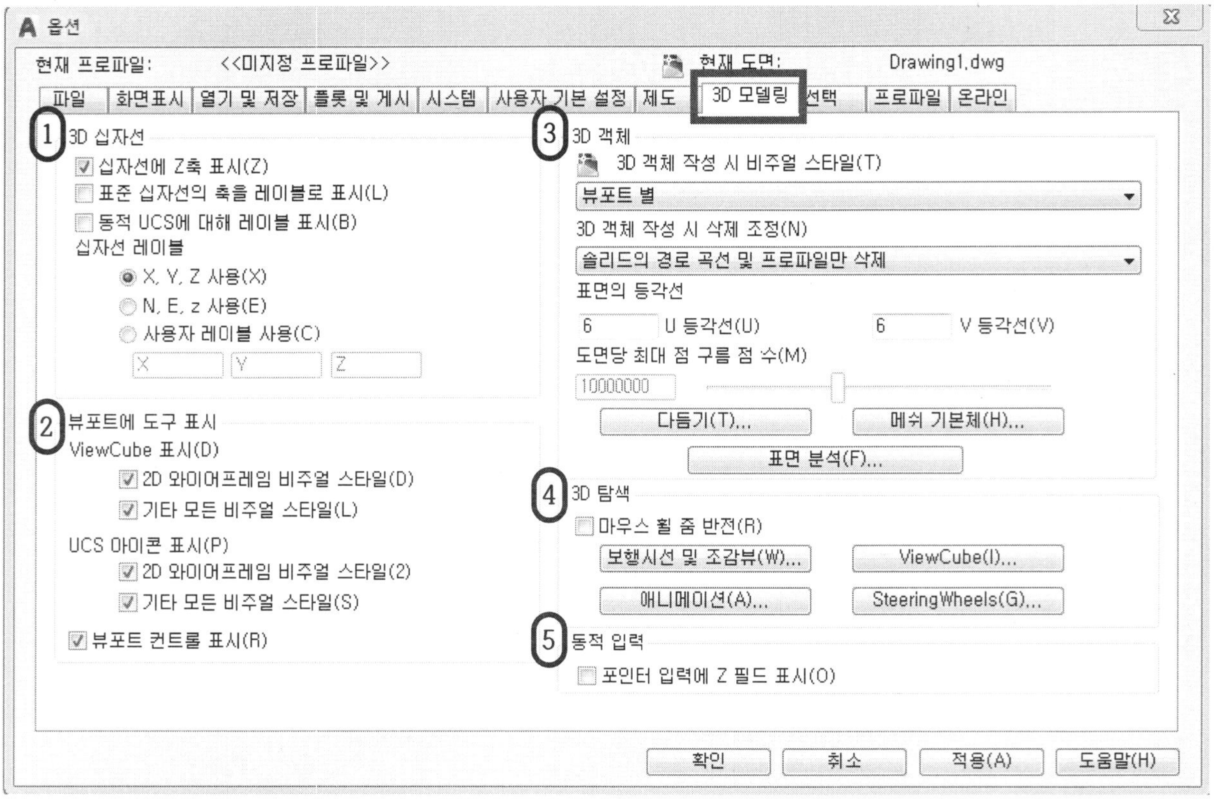

① 3D 십자선 : 3D 작업에서 십자선 포인터의 표시 형식을 조정한다.

② 뷰포트에 도구 표시 :

- View Cube 표시(D) : View Cube설정 및 활성화되는 비주얼 스타일을 조정합니다.
- UCS 아이콘 표시 : UCS 아이콘의 표시를 조절한다.

③ 3D객체 : 3D 솔리드 및 곡면의 표시에 대한 설정 값을 조정한다.

④ 3D탐색 : 보행시선, 조감 뷰, 및 애니메이션의 보조명령을 설정한다.

- 마우스 휠 줌 반전 : 가운데 마우스 휠을 스크롤하면 투명 줌 작업의 방향을 전환합니다. (ZOOMWHEEL 시스템 변수)
- 보행시선 및 조감뷰 : 보행시선 및 조감뷰 설정 대화상자를 표시합니다.
- 애니메이션 : 애니메이션 설정 대화상자를 표시합니다.
- ViewCube : ViewCube 설정 대화상자를 표시합니다.
- SteeringWheel : SteeringWheels 설정 대화상자를 표시합니다.

⑤ 동적입력 : 좌표 입력에 대한 동적입력 입력필드의 표시를 조정한다.

(9) **선택** : 도면 요소의 선택, 그립 등의 환경을 설정한다.

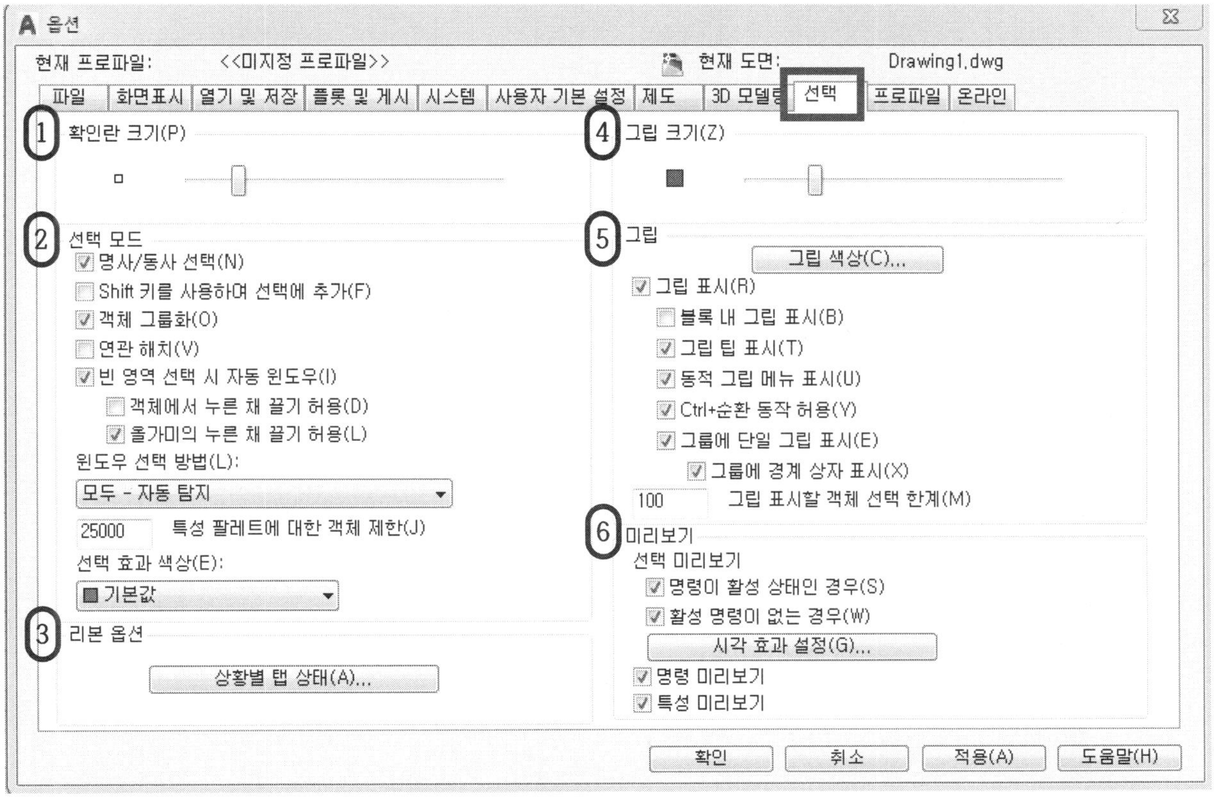

① 확인란의 크기(P) : 선택 상자의 크기를 조정한다.

② 선택모드 : 객체 선택 방법과 관련된 값을 설정한다.

- 명사/동사 선택 : 명령을 호출하기 전에(명사-동사 선택) 객체를 선택할지 또는 호출한 후에 선택할지 여부를 조정합니다.
- Shift 키를 사용하여 선택에 추가 : 현재 선택 세트에 추가될지 여부를 조정합니다.
- 객체 그룹화 : GROUP을 사용하여 선택을 위해 객체 세트를 작성하고 명명할 수 있습니다.
- 연관 해치 : 연관 해치를 선택하면 경계 객체도 선택됩니다.
- 빈 영역 선택 시 자동 윈도우 : 선택 윈도우를 왼쪽, 오른쪽 방향 선택 시작합니다.
- 객체에서 누른 채 끌기 허용 : 윈도우 선택 방법을 조정합니다.
- 올가미의 누른 채 끌기 허용 : 윈도우 선택 방법을 조정합니다.
- 윈도우 선택 방법 : PICKDRAG 시스템 변수 설정을 변경합니다.
- 특성 팔레트에 대한 객체 제한 : 특성 팔레트를 사용하여 한 번에 변경할 수 있는 객체 수의 제한을 결정합니다.

③ 리본 옵션 : 리본 상황별 탭의 화면표시를 위한 객체 선택 설정을 지정합니다.

④ 그립 크기(Z) : 객체의 맞물림 크기를 조정한다.

⑤ 그립 : 객체를 선택했을 때 객체에 표시되는 작은 사각형에 관련된 설정을 조정, 입력한다.

⑥ 미리보기 : 도면요소를 시각적인 효과를 부여하여 표시한다.

(10) **프로파일** : 사용 환경을 설정한다.

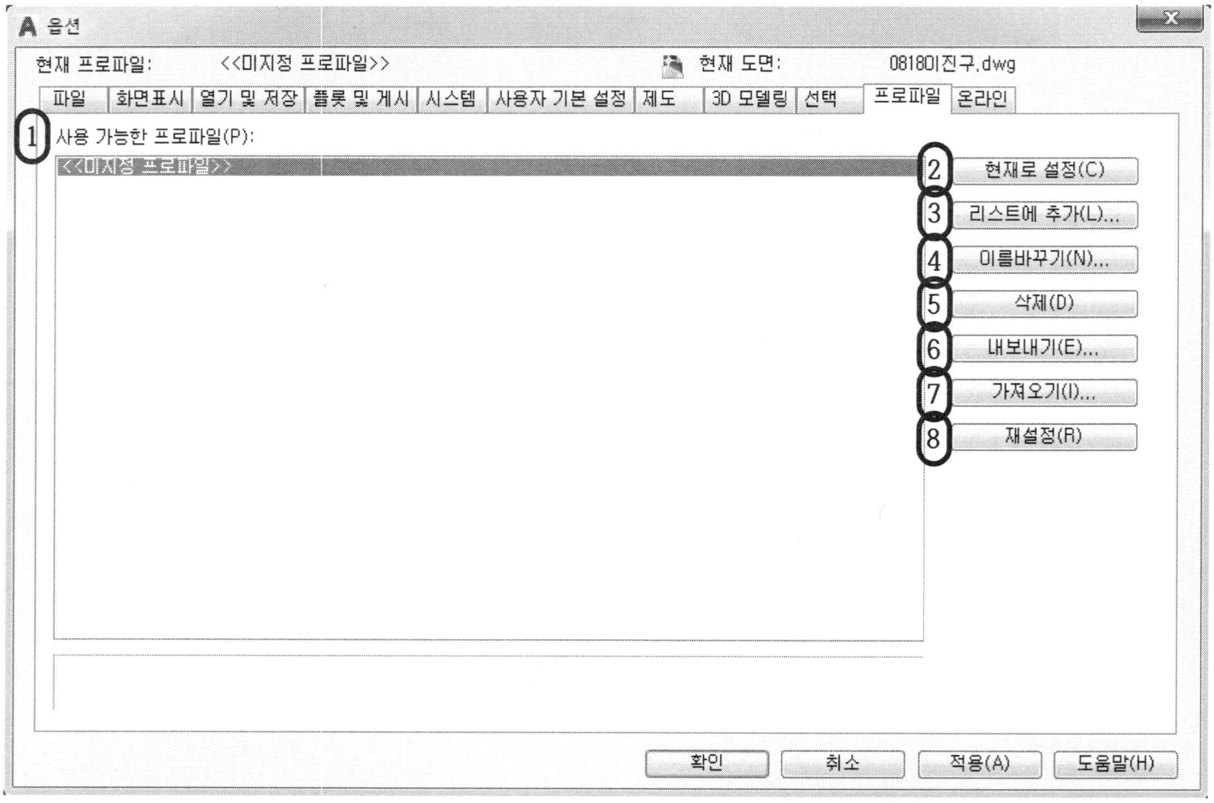

① 사용가능한 프로파일(P) : 사용 가능한 프로파일의 목록을 표시한다.
② 현재로 설정(C) : 선택한 프로파일을 현재 프로파일로 만듭니다.
③ 리스트에 추가(L) : 선택한 프로파일을 다른 이름으로 저장할 수 있는 프로파일 추가 대화상자를 표시합니다.
④ 이름 바꾸기(N) : 선택한 프로파일의 이름 및 설명을 변경하기 위한 프로파일 변경 대화상자를 표시합니다. 프로파일의 현재 설정은 유지하고 프로파일의 이름만 바꾸려는 경우 이름 바꾸기를 사용합니다.
⑤ 삭제(D) : 선택한 프로파일을(현재 프로파일이 아닌 경우) 삭제합니다.
⑥ 내보내기(E) : 프로파일을 확장자가 .arg인 파일로 내보내 다른 사용자와 파일을 공유할 수 있습니다.
⑦ 가져오기(I) : 내보내기 옵션을 사용하여 작성된 프로파일(확장자가 .arg인 파일)을 가져옵니다.
⑧ 재설정(R) : 선택한 프로파일의 값을 시스템 기본 설정으로 다시 설정합니다.

2. 상태막대 설정

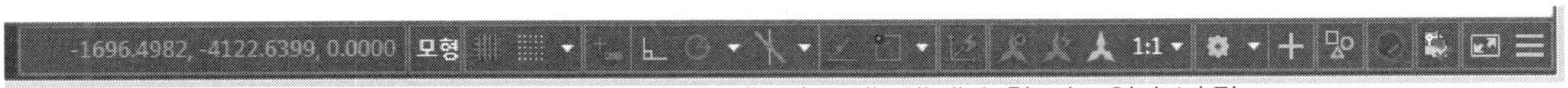

상태막대에서는 도면환경에 영향을 주는 도구에 빠르게 액세스할 수 있습니다.

(1) **SNAP 명령(스냅설정)** : 사용자가 지정한 간격대로 마우스 커서가 움직이도록 만든 자석 점 F9를 이용하여 ON(켜기)/OFF(끄기)

상태표시줄 : 

명령어 : SNAP(단축 명령어 : SN)

스냅 켜기(ON)/끄기(OFF) 단축키 : F9 또는 Ctrl+B

(2) **GRID 명령(격자 표시 및 설정)** : 사용자가 지정한 간격대로 화면에 점을 나타내어 모눈종이 효과를 나타냄 F7을 이용하여 ON/OFF

상태표시줄 : 

명령어 : GRID

단축키 : F7 또는 Ctrl+G

스냅 및 그리드 설정 탭 (명령 : DDRMODES)

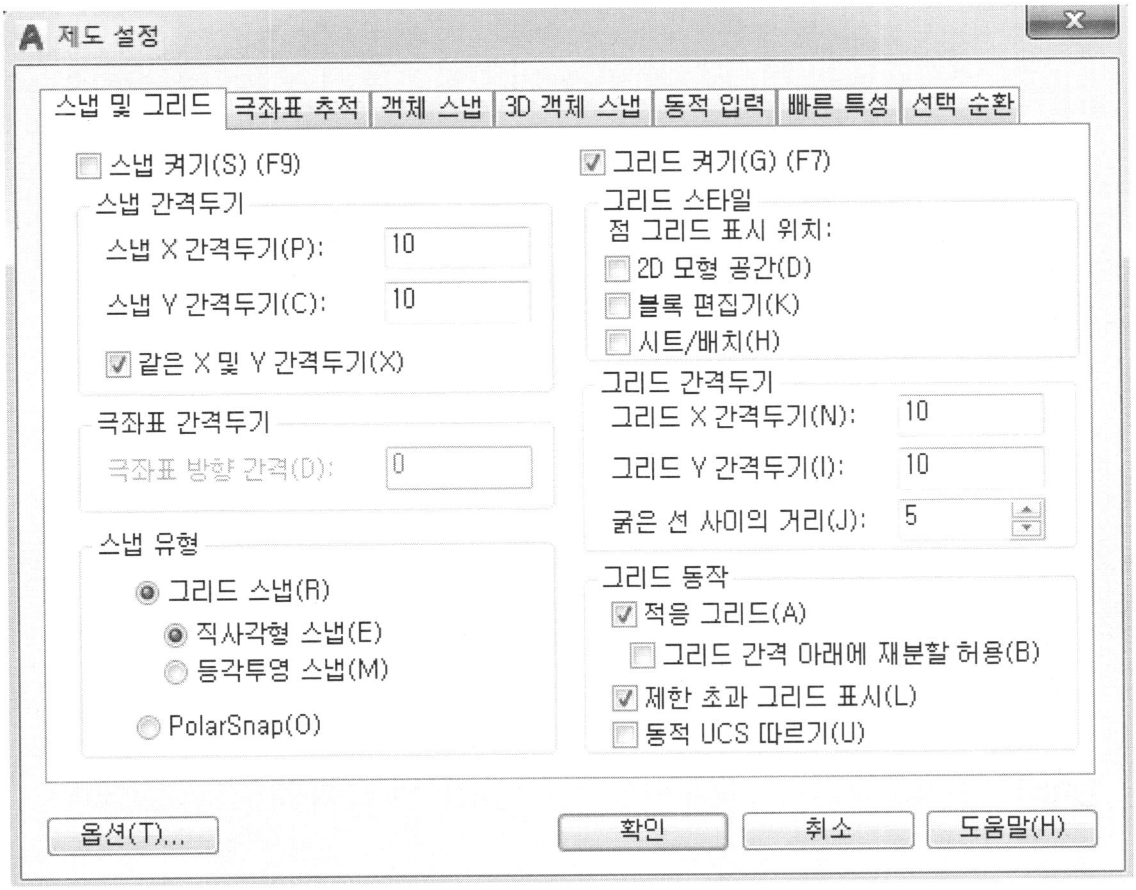

(3) ORTHO 명령(직교 좌표 설정) : 그래픽 커서를 수직방향과 수평 방향으로만 이동하게 설정한다.

상태표시줄 : 

명령어 : ORTHO

단축키 : F8 또는 Ctrl+L

(4) POLAR(극좌표 추적하기)

상태표시줄 : 

단축키 : F10

(5) OSNAP 명령(객체스냅: Object Snap)

상태표시줄 : 

명령어 : OSNAP(단축 명령어 : OS)

단축키 : F3

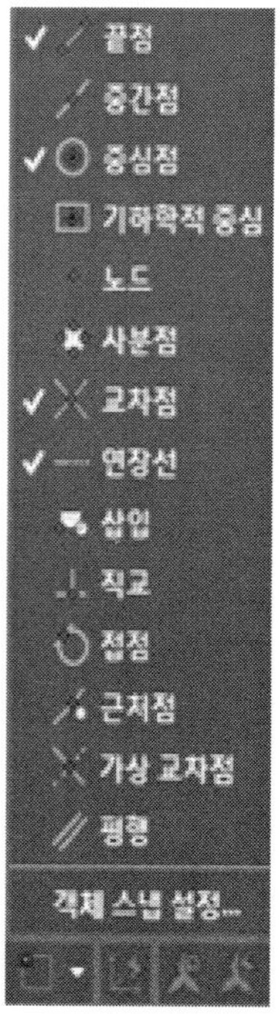

상태표시줄

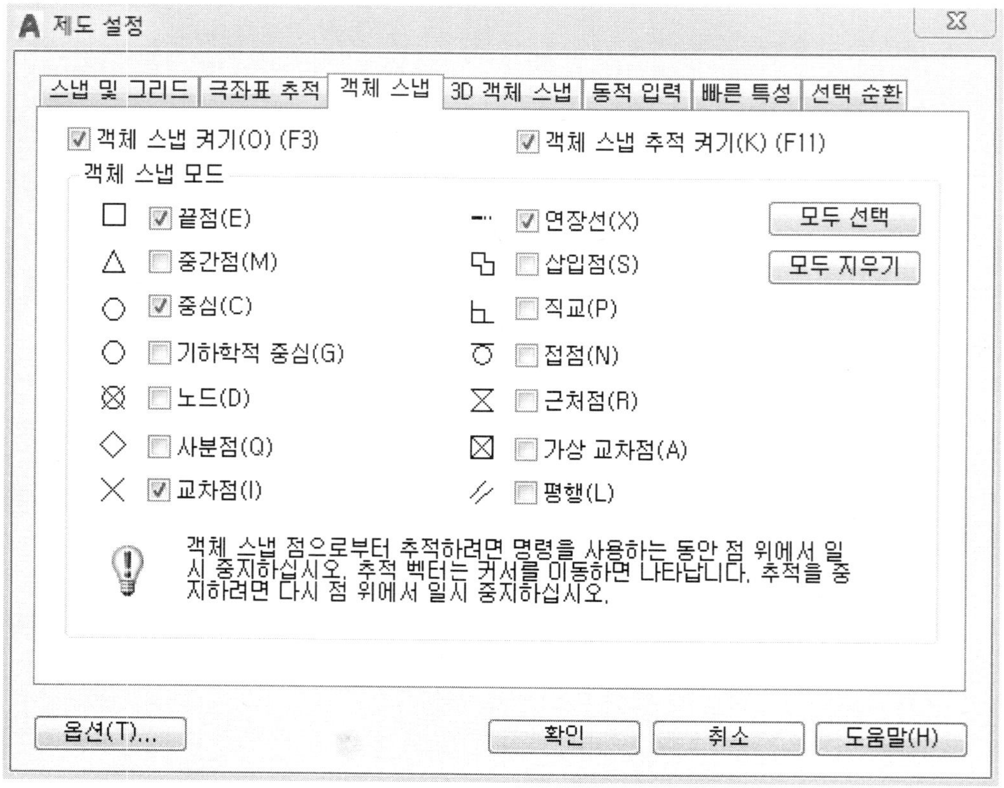

그림 72 객체스냅 설정

■ 객체 스냅의 유형

- 끝점(E) : 객체의 끝점
- 중간점(M) : 객체의 중간점
- 교차점(I) : 객체의 교차점
- 중심점(C) : 원, 호, 타원의 중심점
- 접점(G) : 객체에 접선을 이루는 원이나 호 위의 점
- 사분점(Q) : 원, 호, 타원의 사분점
- 직교점(P) : 객체에 수직을 이루는 다른 객체 위의 점
- 연장선(X) : 객체 연장 경로
- 가상 교차점(A) : 두 객체를 연장하여 생기는 가상의 교차점
- 근처점(R) : 커서가 있는 부분에서 가장 가까운 객체 스냅이 지정
- 노드(D) : 점(Point) 명령으로 형성된 점을 객체 스냅 걸 때
- 삽입점(S) : 블록, 문자 등의 삽입점
- 평행(L)

객체 스냅은 도면작업에서 매우 유용한 기능을 한다. 그러나 모두 설정하게 되면 오히려 도면 작업에 방해가 되므로 주로 자주 사용하는 끝점, 교차점, 중심점, 중간점과 같은 4~5가지 정도만 지정하여 사용하는 것이 좋습니다.

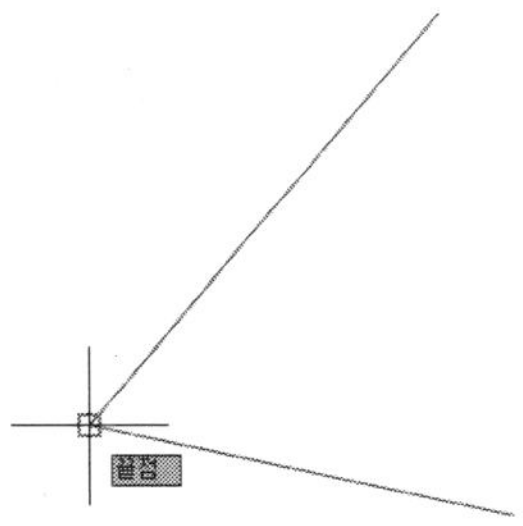

끝점

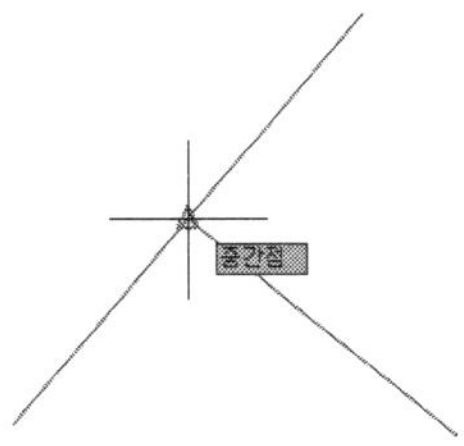

중간점

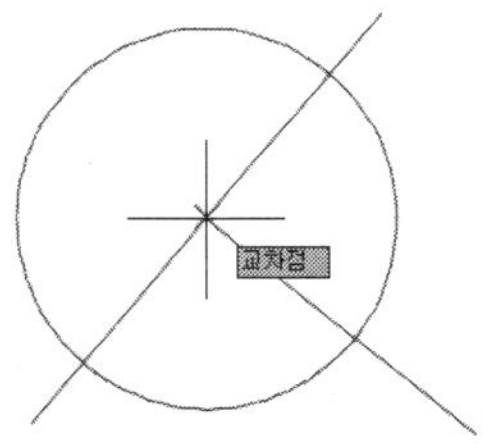

교차점

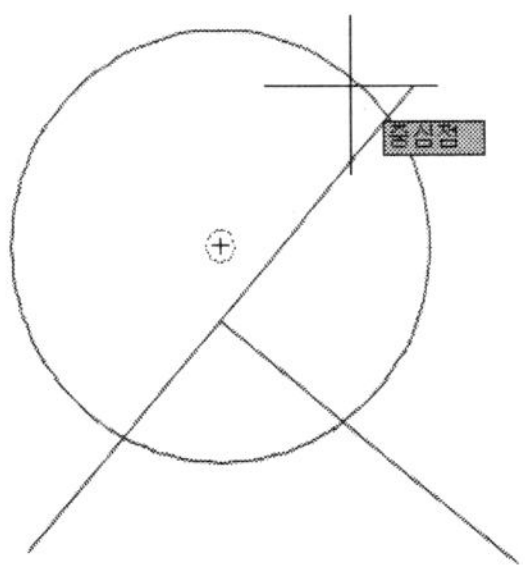

중심점

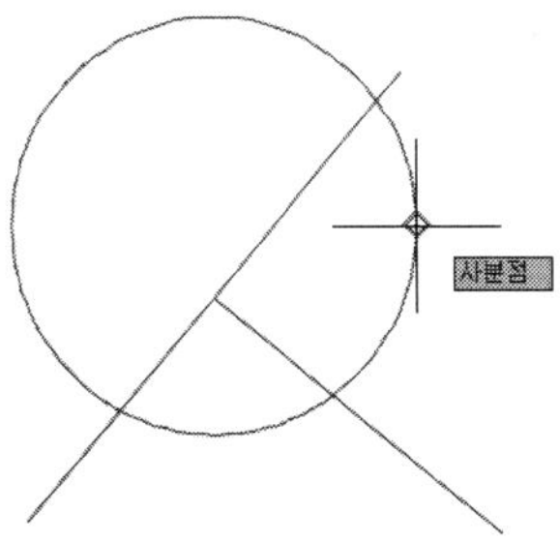

사분점

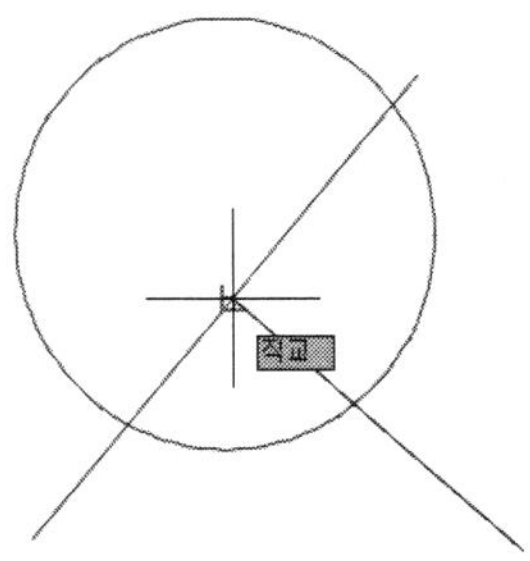

직교

(6) DYN 명령(동적입력) : 상대좌표를 입력할 수 있으며 화면에 좌표 값을 표시한다.

상태표시줄 : 

단축키 : F12

① **동적 입력 설정 조정**

동적 입력을 켜거나 끄려면 상태막대에서 동적 입력 버튼( 찾기)을 클릭합니다. 동적 입력에는 커서(포인터) 입력, 치수 입력 및 동적 프롬프트라는 세 가지 구성요소가 있습니다. 동적 입력 버튼을 마우스 오른쪽 버튼으로 클릭하고 설정을 클릭하여 동적 입력이 켜진 상태에서 각 구성요소에 의해 표시되는 내용을 조정합니다.

주: F12 키를 누르고 있으면 동적 입력이 임시로 꺼집니다.

② **포인터 입력**

포인터(커서) 입력이 켜진 상태에서 명령이 진행 중이면 커서 근처의 툴팁 입력 상자에 십자선의 좌표 위치가 표시됩니다. 명령행 대신 툴팁에 좌표를 입력할 수 있습니다.

두 번째 점과 이후의 점에 대한 기본값은 상대 극좌표(RECTANG의 경우 상대 데카르트)입니다. @ 기호는 입력할 필요가 없습니다. 절대 좌표를 사용하려는 경우 머리말로 # 기호를 사용합니다. 예를 들어 객체를 원점으로 이동시키려면 두 번째 점 프롬프트에 대해 #0,0을 입력합니다.

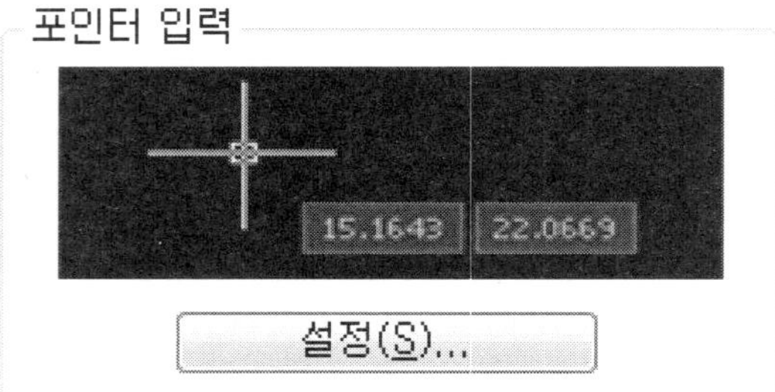

좌표의 기본 형식과 동적 입력 툴팁이 표시되는 시기를 조정할 수 있습니다.

3. LIMITS(도면 영역 설정)

도면 영역의 크기를 설정하고 작도를 제한한다.
명령어 : LIMITS

모형공간 한계 재설정:
왼쪽아래 구석 지정 또는 [켜기(ON)/끄기(OFF)] 〈0.0000,0.0000〉 : 0,0

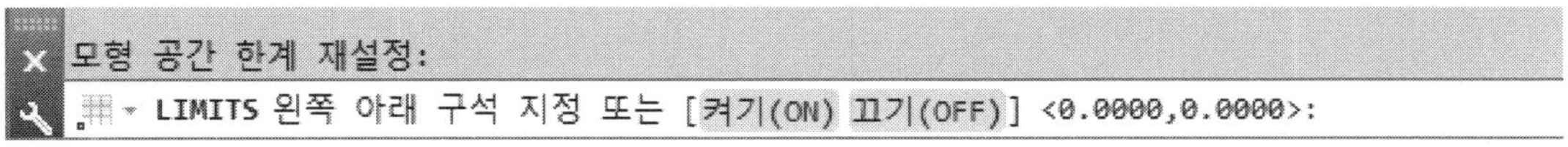

켜기(ON) : 설정된 도면영역 안에 도면요소를 작도한다.
끄기(OFF) : 도면영역 밖에 도면요소를 작도한다.

오른쪽 위 구석 지정 〈420.0000,297.0000〉 : 420,297

제도 용지의 크기(Design paper size)

A0 = 841mm×1189mm
A1 = 594mm×841mm
A2 = 420mm×594mm
A3 = 297mm×420mm
A4 = 210mm×297mm

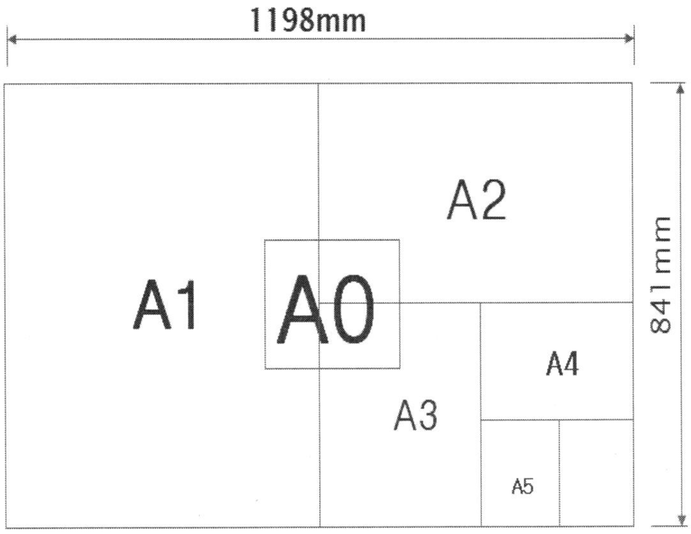

4. STARTUP(시스템 변수)

응용프로그램을 시작할 때나 새 도면을 열 때 표시되는 항목을 조정합니다.
유 형 : 정수
저장위치 : 레지스트리
초 기 값 : 3
새 도면이 NEW 또는 QNEW로 시작될 때 새 도면 작성 대화상자 여부를 조정합니다. 또한, 응용프로그램이 시작될 때 시작 대화상자 또는 시작 탭의 표시 여부도 조정합니다.
FILEDIA 시스템 변수가 0으로 설정된 경우 파일 대화상자는 표시되지 않습니다.

값	설명
0	정의된 설정 없이 도면을 시작합니다.
1	시작하기 또는 새 도면 작성 대화상자를 표시합니다.
2	시작 탭이 표시됩니다. 응용프로그램에서 사용 가능한 경우 사용자 대화상자를 표시합니다.
3	새 도면을 열거나 작성하면 시작 탭이 표시되고 리본이 미리 로드됩니다.

▶ 시스템 변수가 1으로 설정된 경우 : 도면 시작될 때 다음과 같은 팝업창이 열린다.

▶ Use a Wizard(마법사 사용)

도면 작업을 할 때 작업에 필요한 기능 설정을 쉽게 지정할 수 있도록 한다.

- 고급설정 : 상세하게 사용자가 설정
  → 단계1 단위에서 단계5 영역을 설정한다.
- 신속설정 : 빠르게 설정하는 것으로 단위와 크기 설정
  → 신속설정을 선택한 경우는 단위, 영역 2단계만 설정한다.

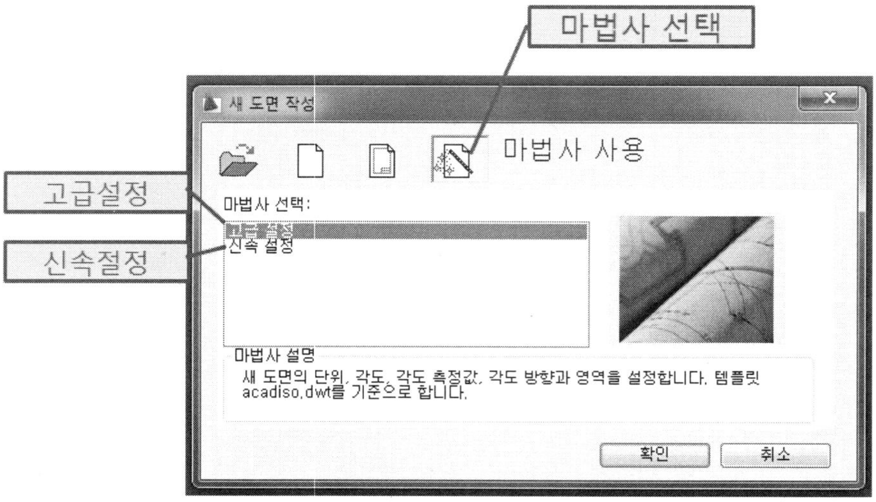

단위 : 측정단위의 단위를 선택 (십진(D) : mm단위임)

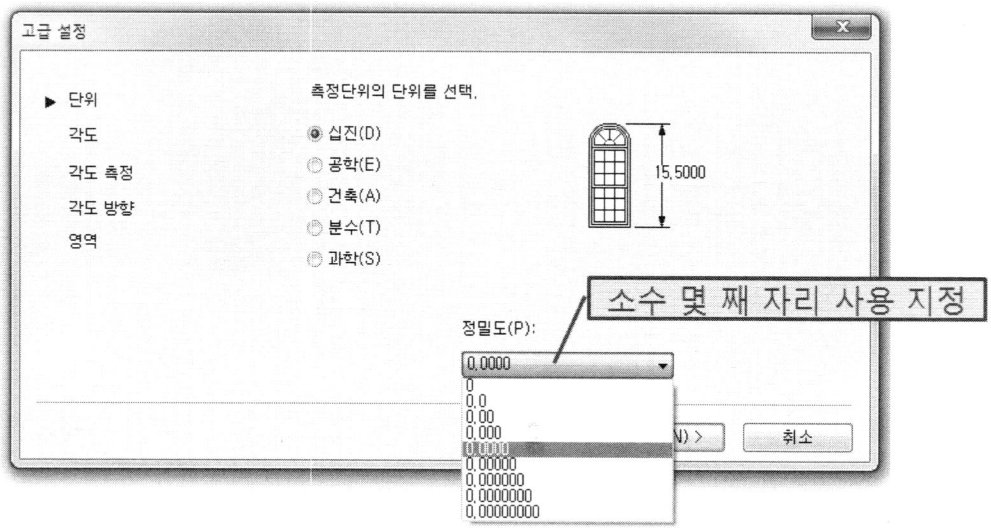

각도 : 각도의 측정단위와 각도에 대한 정밀도를 선택

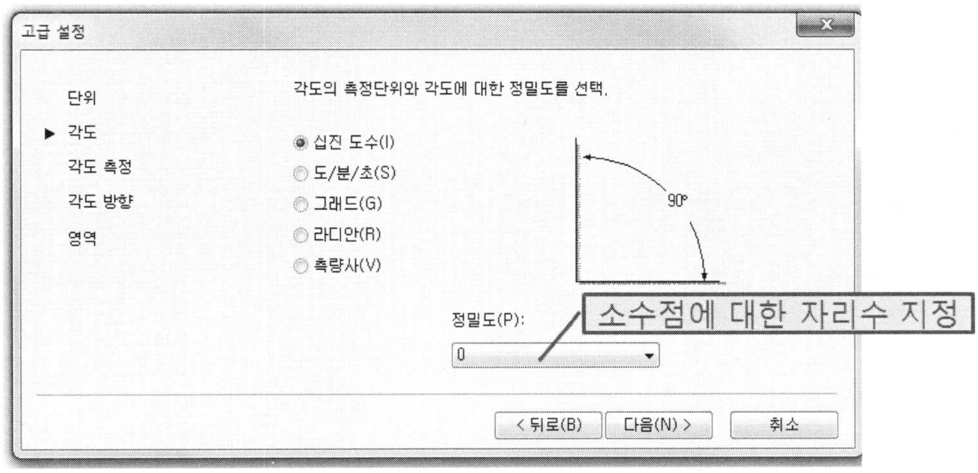

각도 측정 : 각도계의 0° 방향을 지정하는 것으로 일반적으로 3시 방향 동쪽을 0°로 이용하므로 바꾸지 않은 것이 편리하다

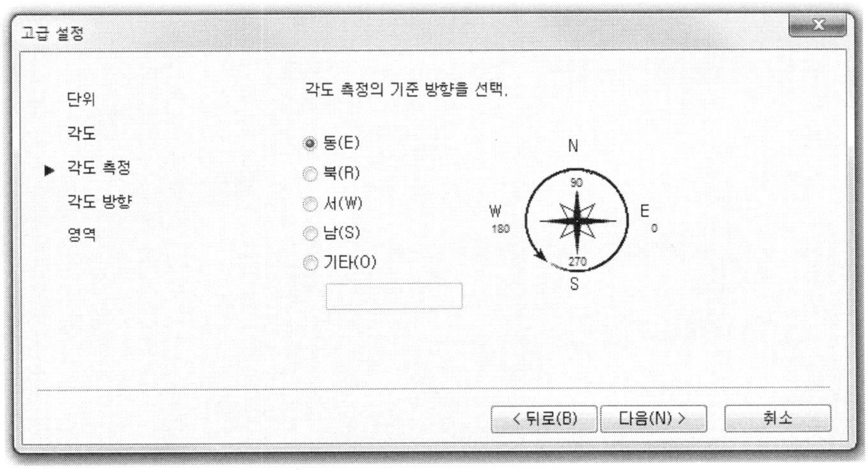

각도 방향 : 각도 측정방향을 선택하는 것으로 시계 반대방향과 시계방향으로 지정

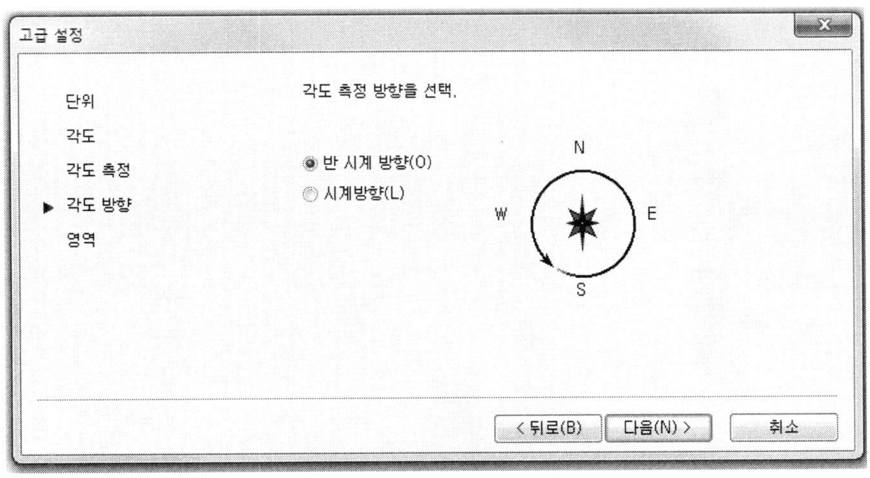

영역 : : 도면영역을 지정하는 것으로 표면에 따라 가로 세로의 크기를 입력한다.

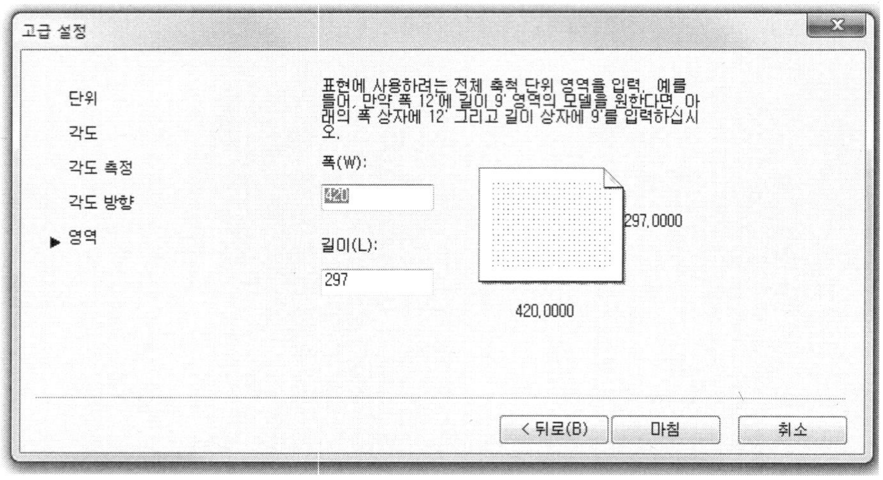

5. 화면조정

도면요소의 크기를 변경하지 않고, 화면에 도면요소를 확대/축소 및 이동한다.

(1) ZOOM 명령(도면의 확대/축소)

특수부위를 확대/축소하여 표시하며 도면요소의 크기를 변경하지 않고, 화면에 보이는 크기만 변경한다.

명령어 : ZOOM(단축 명령어 : Z)

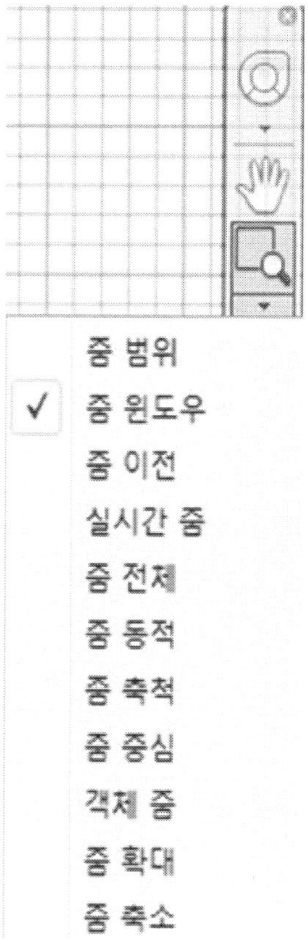

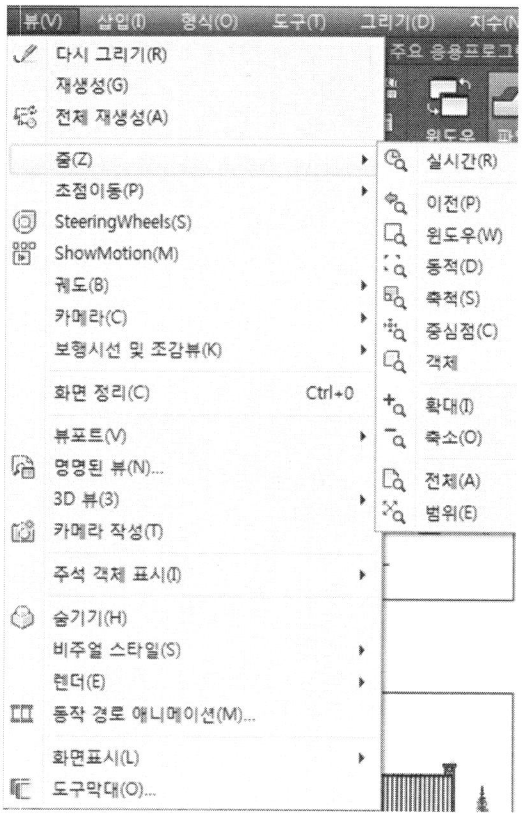

줌 범위 : 설정한 도면 크기에 관계없이 실제 작도된 도면 요소만 화면에 표시한다.

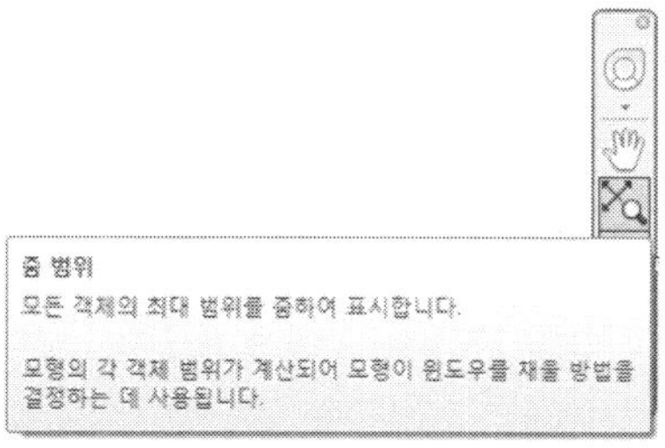

줌 윈도우 : 실시간이 도면영역에서 마우스로 선택하고 이동하면 선택된 사각형 중심이 도면영역의 중심으로 이동하면서 확대한다.

줌 이전 : 바로전의 화면 상태로 복구한다.

실시간 줌 : Enter↵를 선택하면 도면영역의 커서가 변경되고, 축소/확대하고자하는 부근에서 마우스를 선택하고 상, 하로 이동하면 확대/축소한다.

줌 전체 : 도면 크기에 맞추어 도면 전체를 화면에 표시한다.

줌 동적 : 동적보기 상자를 이용하여 도면 영역의 특정 부분을 자유롭게 선택하여 확대한다.

줌 축척 : 축척 비율을 입력하여 지정 배율만큼 확대/축소한다.

줌 중심 : 도면영역에서 선택한 부분이 화면중앙으로 이동하면서 축소/확대한다.

객체 줌 : 선택한 도면 요소를 화면에 최대로 확대한다.

줌 확대/ 줌 축소 : 윈도우의 중간점에서 선택 버튼을 누른 채로 윈도우의 맨 위로 수직 이동하면 100% 줌 확대됩니다. 반대로 윈도우의 중간점에서 선택 버튼을 누른 채로 윈도우의 맨 아래로 수직 이동하면 100% 줌 축소됩니다.

(2) PAN 명령(실시간 초점 이동)

화면에 표시된 도면요소의 크기를 변경(확대/축소)하지 않고, 도면의 다른 부분으로 화면을 이동하여 종료는 Esc 또는 Enter↵를 누릅니다.

명령어 : PAN(단축 명령어 : P)

커서를 시작 위치에 놓고 마우스 왼쪽 버튼을 누릅니다. 커서를 새 위치로 끕니다. 마우스 스크롤 휠이나 가운데 버튼을 누르고 커서를 끌어 초점 이동할 수도 있습니다.

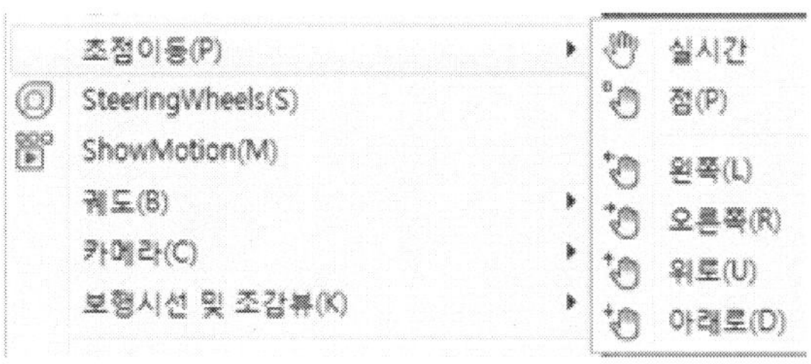

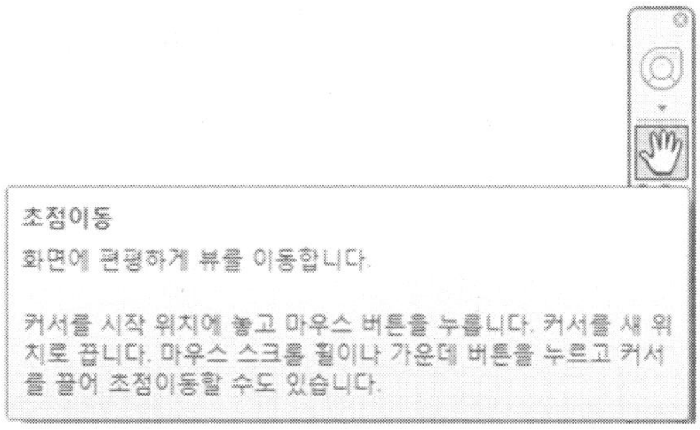

선택 버튼을 놓으면 초점이동이 중단됩니다. 선택 버튼을 놓고 커서를 도면의 다른 위치로 이동한 다음 선택 버튼을 다시 눌러 해당 위치에서 화면표시를 초점 이동할 수 있습니다.

07. CAD기본 명령어

1. Enter, Space Bar(명령 입력 완료)

① 명령입력하고 Enter↵ (Space Bar) = 마우스 오른쪽 버튼의 입력 같은 역할)

■ 키보드의 Enter(엔터)와 Space Bar(스페이스바)의 기능은 같으며, 명령어 입력 중간에 마우스 오른쪽 버튼의 입력을 선택하면 엔터와 같은 역할을 합니다.

■ 기본적으로 마우스 오른쪽 버튼을 클릭하면 다음과 같은 화면을 생성한다.

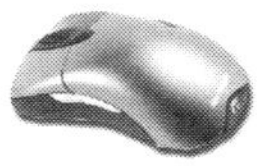

마우스 오른쪽 클릭

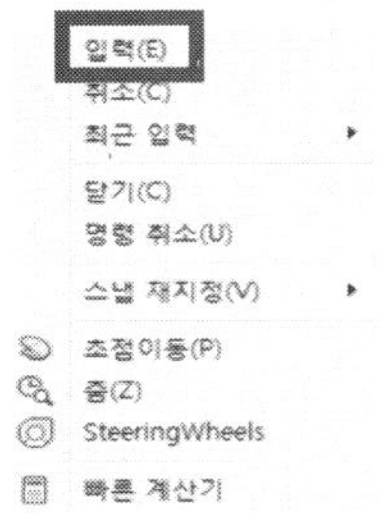

2. Undo(이전 작업을 되돌림)

Undo(단축키 U, Ctrl+Z) : 한 번에 하나의 명령단계를 취소하거나 한꺼번에 여러 번의 명령 단계를 취소할 수 있습니다.

3. Redo(취소한 명령 실행)

Redo(단축키 R, Ctrl+Y) : Undo를 이용하여 을 되돌리는 명령어이며, 바로 전에 실시한 Undo 명령어만 취소하며 역으로 거슬러 올라가지 못함.

4. Erase(지우기)

Erase(단축키:<E>) : 면에 그려져 있는 여러 가지 선이나 원 등 불필요한 객체를 지워주는 명령어(객체를 선택하고 키보드에 Delete키를 선택해도 지워짐)

5. 최근에 사용한 명령 재사용

명령행 안을 클릭하고 위쪽 또는 아래쪽 **화살표 키**를 눌러 입력했던 명령을 차례로 살펴봅니다.
명령 문자 상자 왼쪽의 최근 명령 버튼을 클릭합니다.

6. 명령 반복

커서를 명령 프롬프트 문자 상자에 놓은 상태로 명령이 완료되면 Enter 키나 스페이스바를 누릅니다. 명령 앞에 다중을 입력합니다.
예를 들어 추가 원에 대한 프롬프트를 표시하려면 다중 원을 입력합니다.

7. Esc(명령 취소)

Esc 키를 누릅니다.

따라하기

도면의 크기를 A3로 설정하고, 그리드 종횡비 설정, 화면 조정을 따라한다.

1) 도면의 크기를 A3로 화면의 크기를 설정한다.
☞ 명령 : LIMITS Enter↵
☞ 왼쪽아래 구석지정 또는 [켜기(ON)/끄기(OFF)]<0.0000,0.0000> : 0,0 Enter↵
☞ 오른쪽 위 구석 지정<0000.0000,0000.0000> 420,297 Enter↵

2) 그리드 종횡비를 5㎜ 맞추기
☞ 명령 : grid Enter↵
☞ GRID 그리드 간격두기(X) 지정 또는 [켜기(ON) 끄기(OFF) 스냅(S) 주(M) 가변(D) 한계(L) 따름(F) 종횡비(A)] <10.0000> : A Enter↵
☞ GRID 수평 간격두기(X) 지정 <10.0000> : 5 Enter↵
☞ GRID 수직 간격두기(Y) 지정 <10.0000> : 5 Enter↵

3) 스냅 종횡비를 5㎜ 맞추기
☞ 명령 : SNAP Enter↵ 또는 SN Enter↵
☞ SNAP 스냅 간격두기 지정 또는 [켜기(ON) 끄기(OFF) 종횡비(A) 기존(L) 스타일(S) 유형(T)] <10.0000> : A Enter↵
☞ SNAP 수평 간격두기 지정 <10.0000> : 5 Enter↵
☞ SNAP 수직 간격두기 지정 <10.0000> : 5 Enter↵

4) 도면 전체 화면으로 맞추기
☞ 명령 : ZOOM Enter↵ 또는 Z Enter↵
☞ 윈도우 구석 지정, 축척 비율(nX 또는 nXP) 입력 또는 [전체(A)/중심(C)/동적(D)/범위(E)/이전(P)/축척(S)/윈도우(W)/객체(O)]<실시간> : A Enter↵

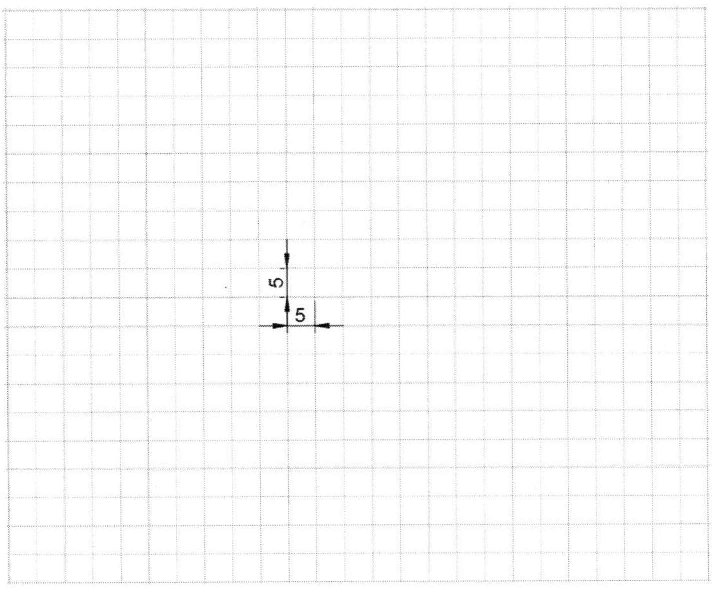

08. 좌표와 각도 익히기

정확한 치수로 작도하기 위해 좌표계와 각도를 이해한다.

1. **절대 좌표** : 화면상에서 가로와 세로가 갖는 고유의 좌표 값

X축, Y축이 이루는 평면에서 두 축이 교차하는 지점을 원점(0,0)으로 지정하고, 원점으로 부터의 거리를 X, Y값으로 좌표를 표시한다.

명령: line

시작점: -2,1

끝점:3,4

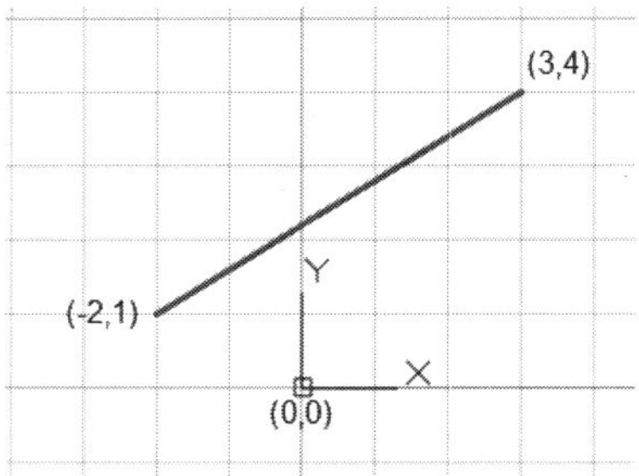

2. **상대 좌표** : 마지막에 입력된 점을 원점으로 한 좌표 값으로 @를 좌표 값 앞에 입력한다.

☞ 동적입력 켜기(또는 F12)를 하면 @ 기호는 입력할 필요가 없다.

명령: line

시작점: -2,1

끝점: @5,0

끝점: @0,3

끝점: @-5,-3

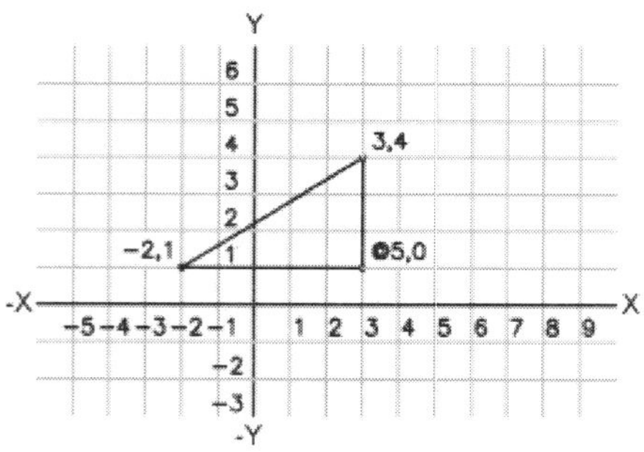

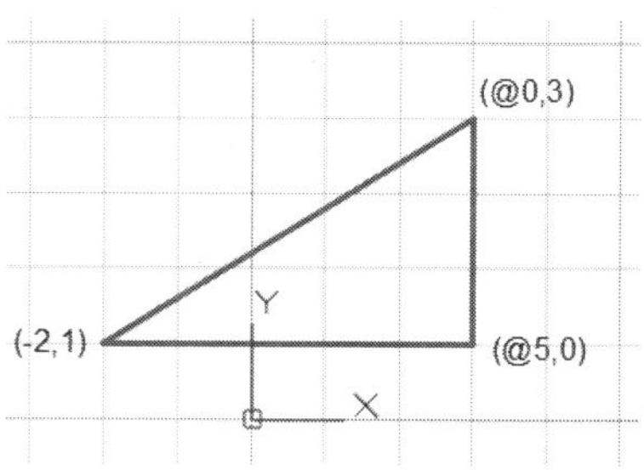

3. **절대 극좌표** : 거리와 각도를 이용하여 좌표를 지정하며, 원점으로부터의 거리와 각도

명령: line

시작점: 0,0

끝점: 4<120 |

끝점: 5<30

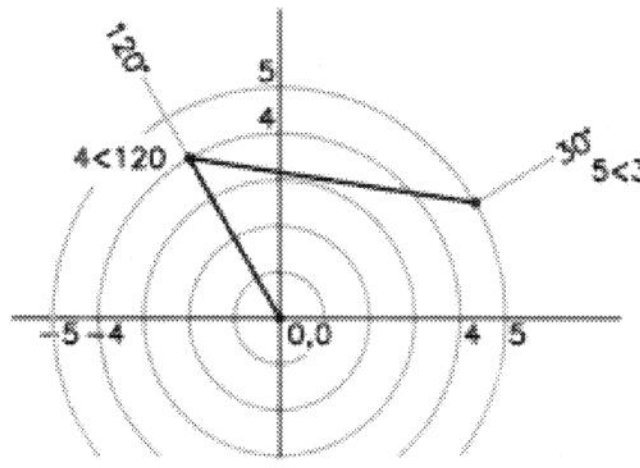

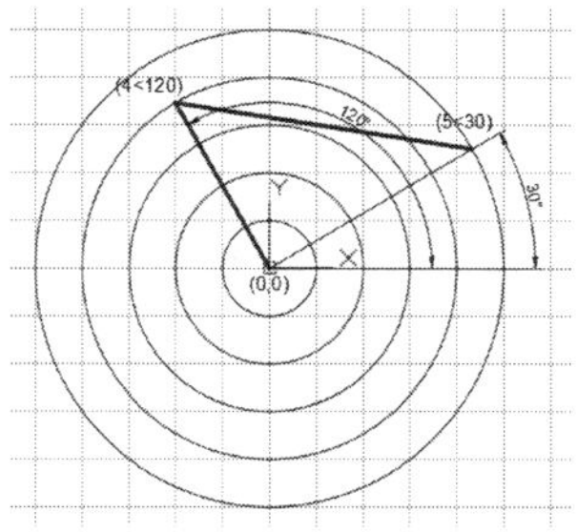

4. **상대 극좌표** : 거리와 각도를 이용하여 좌표를 지정하며, 마지막에 입력된 점을 원점으로 한 극좌표

명령: line

(시작점: 0,0 끝점: 4<120 끝점: 5<30)

시작점: @3<45

끝점: @5<285

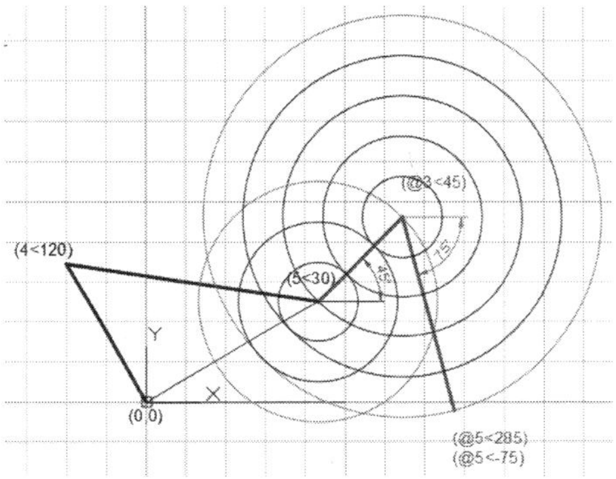

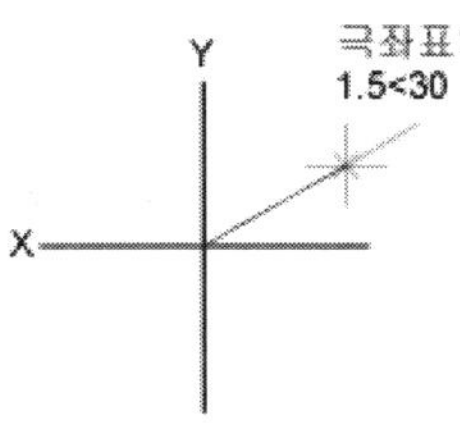

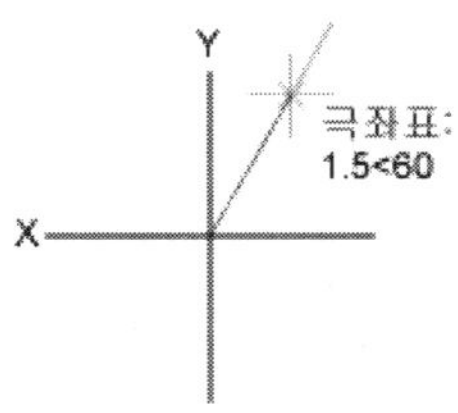

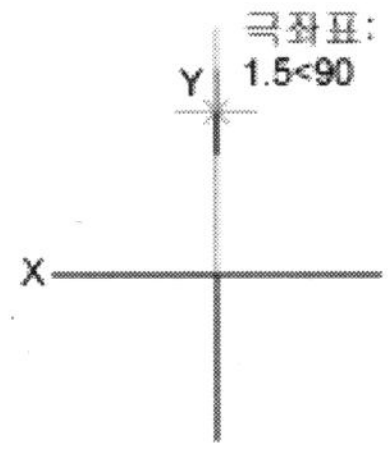

5. 각도

AutoCAD에서 사용되는 각도계는 기본적으로 동쪽을 0˚로 하여 반시계방향으로 설정하였을 때 극좌표의 각도이다.

X축을 기준으로 반시계방향은 양수(+)이며 시계방향은 음수(-)로 입력한다.

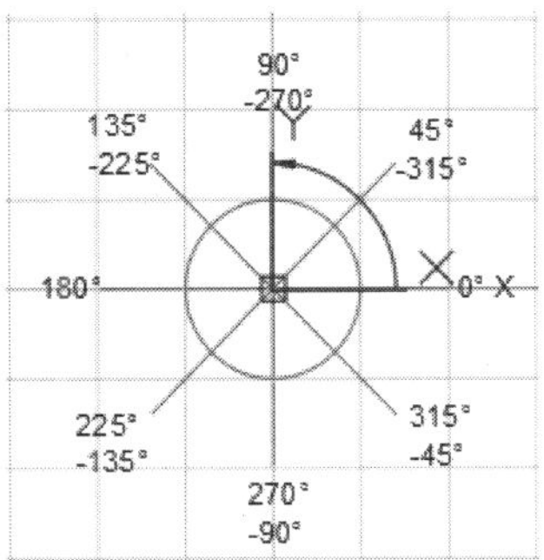

09. UCS 명령(원점의 방향 변경하기)

1. XY축 변경하기

(1) 기능 : 배치에서 도면 공간의 UCS를 이동하고 회전할 수도 있습니다.

(2) 명령방법

▸ 명령행 입력 : ucs 또는 

▸ 메뉴 : 도구(T)/새 UCS(W)

(3) 입력

- 명령 : ucs Enter↵

→ 현재 ucs 이름 : *표준*

- UCS의 원점 지정 또는 [면(F) 이름(NA) 객체(OB) 이전(P) 뷰(V) 표준(W) X(X) Y(Y) Z(Z) Z축(ZA)]<표준>: OB Enter↵

- UCS를 정렬할 객체 선택: 라인선택

→ XY 평면에서 점 지정 또는 <수락(A)>: 축방향이 바뀌다

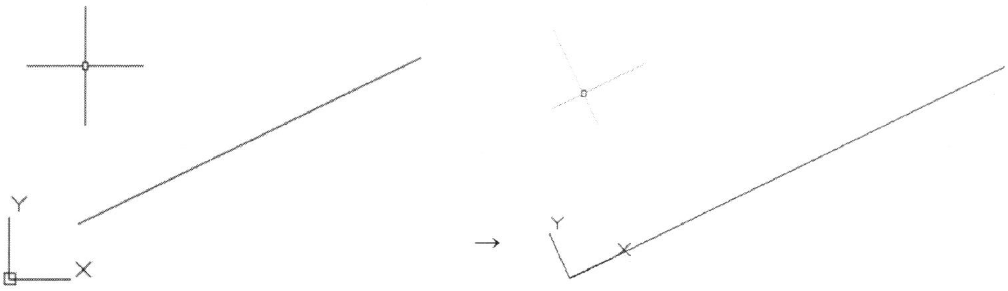

(4) UCS의 원점 지정

한 개, 두 개 또는 세 개의 점을 사용하여 새 UCS를 정의합니다.

하나의 점을 지정할 경우 X축, Y축 및 Z축의 방향을 변경하지 않고 현재 UCS의 원점이 이동합니다.

두 번째 점을 지정할 경우 이 점을 관통하여 양의 X축이 통과하도록 UCS가 회전합니다.

세 번째 점을 지정할 경우 양의 Y축을 정의하기 위해 새 X축 주위에서 UCS가 회전합니다.

이들 세 점은 원점, 양의 X축 위의 점, 양의 XY 평면 위의 점을 지정합니다.

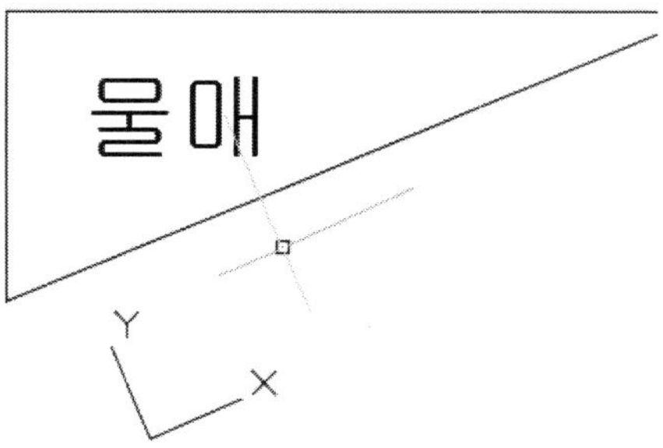

Ⅱ. 그리기 도구 사용하기

01. Line명령(직선 그리기)

(1) 기능 : 시작점과 끝점을 연속적으로 연결하는 직선을 작도한다.

(2) 명령방법

도구아이콘 :  선택

명령행 입력: LINE 혹은 L

(3) 입력

명령 : LINE 또는 L [Enter↵]

LINE 첫 번째 점 지정: 도면영역에서 마우스로 선택 또는 시작점의 좌표 값을 입력합니다.

LINE 다음 점 지정 또는 [명령 취소(U)]: 도면영역에서 마우스로 선택하거나, 숫자를 입력 또는 끝점의 좌표 값을 입력합니다.

→ 명령취소(U) : 마지막 실행한 명령을 취소한다.

LINE 다음 점 지정 또는 [닫기(C) 명령 취소(U)]: 끝점의 좌표 값을 입력합니다.

→ 닫기(C) : 최초 시작점으로 연결되며, enter를 입력하면 선 그리기가 종료됩니다.

따라하기

1. LINE 명령을 사용하여 길이는 A3(420,297) 크기로 직사각선을 절대좌표, 상대좌표, 극좌표, 거리 값으로 따라하기

▸ 먼저 절대좌표를 사용 4개의 점을 하나씩 입력하는 방법입니다.

명령 : line 또는 l [Enter↵]

다음 점 지정 또는 [명령 취소(U)] : 0,0 [Enter↵]

다음 점 지정 또는 [닫기(C)/명령 취소(U)] : 420,0 [Enter↵]

다음 점 지정 또는 [닫기(C)/명령 취소(U)] : 420,297 [Enter↵]

다음 점 지정 또는 [닫기(C)/명령 취소(U)] : 0,297 [Enter↵]

다음 점 지정 또는 [닫기(C)/명령 취소(U)] : c [Enter↵] 또는 0,0 [Enter↵]

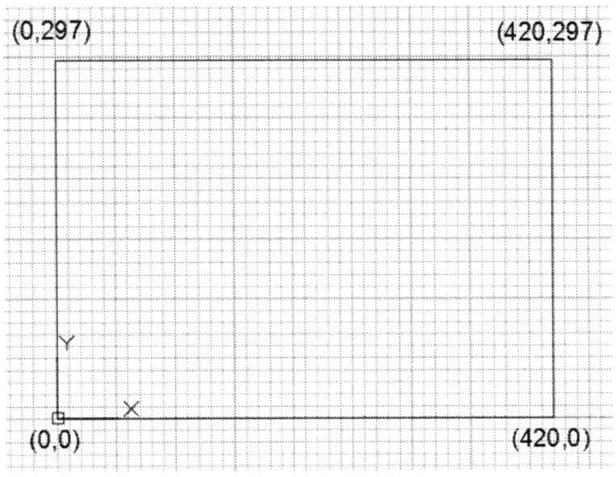

▸ 상대좌표를 사용하는 방법입니다.

명령 : line 또는 l Enter↵

다음 점 지정 또는 [명령 취소(U)] : 0,0 Enter↵

다음 점 지정 또는 [닫기(C)/명령 취소(U)] : @420,0 Enter↵

다음 점 지정 또는 [닫기(C)/명령 취소(U)] : @0,297 Enter↵

다음 점 지정 또는 [닫기(C)/명령 취소(U)] : @-420,0 Enter↵

다음 점 지정 또는 [닫기(C)/명령 취소(U)] : c Enter↵ 또는 -297,0 Enter↵

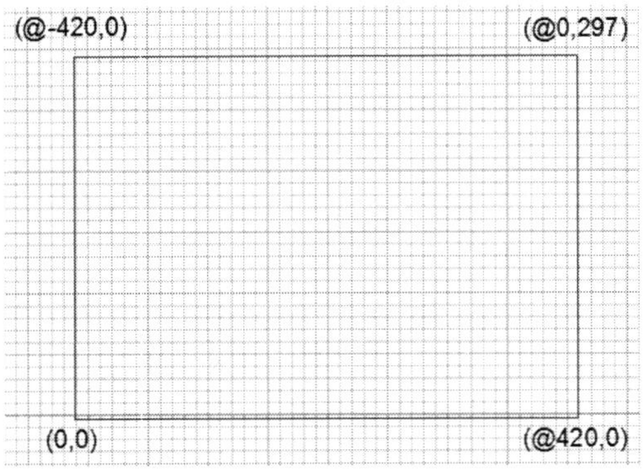

▸ 상대극좌표를 사용하는 방법입니다.

명령 : line 또는 l Enter↵

다음 점 지정 또는 [명령 취소(U)] : 0,0 Enter↵

다음 점 지정 또는 [닫기(C)/명령 취소(U)] : @420<0 Enter↵

다음 점 지정 또는 [닫기(C)/명령 취소(U)] : @297<90 Enter↵

다음 점 지정 또는 [닫기(C)/명령 취소(U)] : @420<180 Enter↵

다음 점 지정 또는 [닫기(C)/명령 취소(U)] : c Enter↵ 또는 @297<270Enter↵

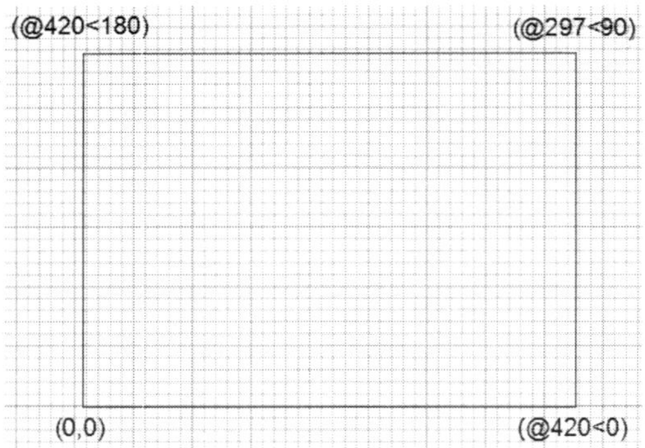

▸ 거리 값에 의한 좌표를 사용하는 방법입니다. 커서를 선이 가고자 하는 방향으로 위치시킨 후 거리 값을 입력합니다.

명령 : line 또는 l Enter↵

다음 점 지정 또는 [명령 취소(U)] : 0,0 Enter↵

다음 점 지정 또는 [닫기(C)/명령 취소(U)] : (커서 X방향 위치) 420 Enter↵

다음 점 지정 또는 [닫기(C)/명령 취소(U)] : (커서 Y방향 위치) 297 Enter↵

다음 점 지정 또는 [닫기(C)/명령 취소(U)] : (커서 -X방향 위치) 420 Enter↵

다음 점 지정 또는 [닫기(C)/명령 취소(U)] : c Enter↵ 또는 (커서 -Y방향 위치)297 Enter↵

* 거리 값에 의한 좌표를 사용할 때는 반드시 직교모드(Ortho/On)를 켜기

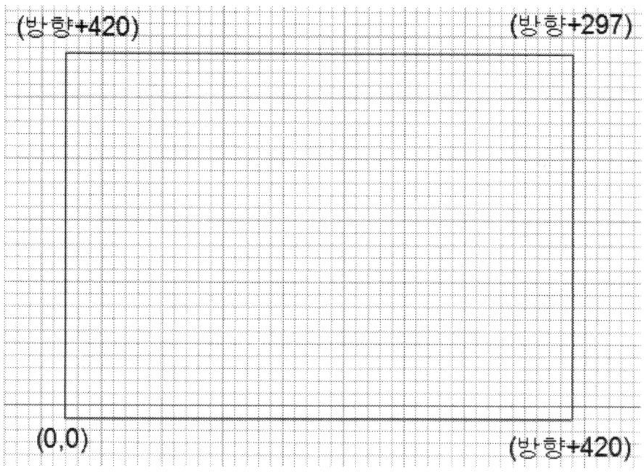

2. Xline(구성선) 그리기

양쪽방향으로 무한하게 연장되는 구성선을 그리는 명령어

XLINE 점 지정 또는 [수평(H) 수직(V) 각도(A) 이등분(B) 간격띄우기(O)]: :

- 수평(H) : 통과 점으로부터 수평(X축 방향)으로 무한대의 선
- 수직(V) : 통과 점으로부터 수평(Y축 방향)으로 무한대의 선
- 각도(A) : 각도를 지정하여 원하는 각도의 무한대의 선
- 이등분(B) : 지정한 하나의 정점을 통과하고 두선사이의 각도를 이등분
- 간격띄우기(O) : 다른 객체와 평행한 선

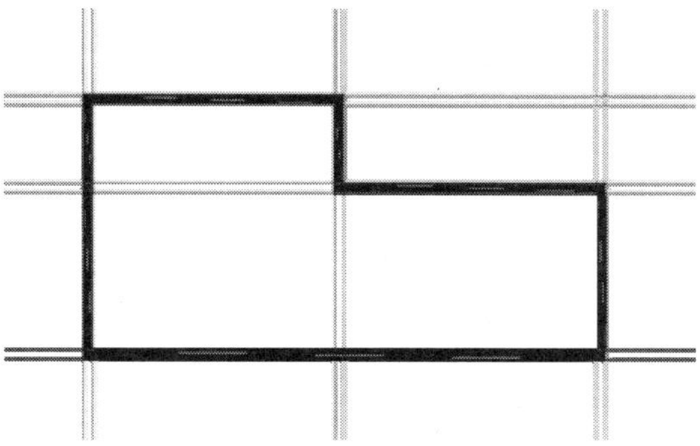

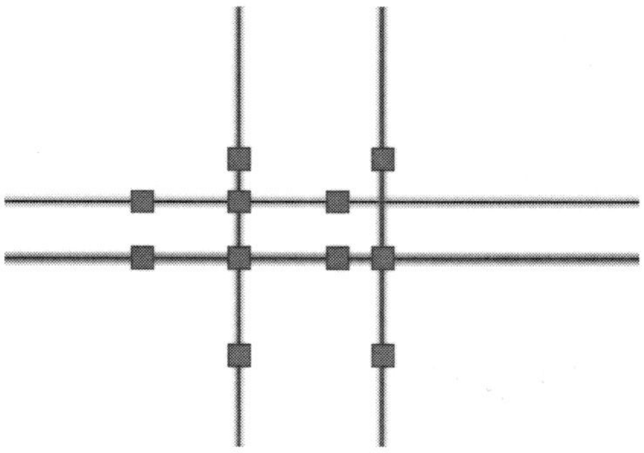

3. Ray(광선) 그리기

한쪽방향으로 무한하게 연장되는 구성선을 그리는 명령어

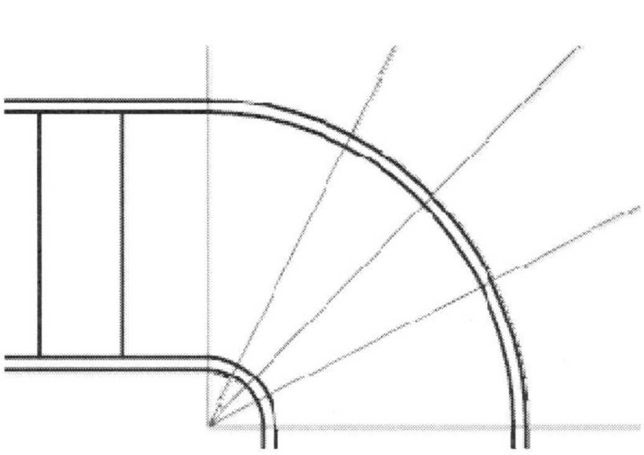

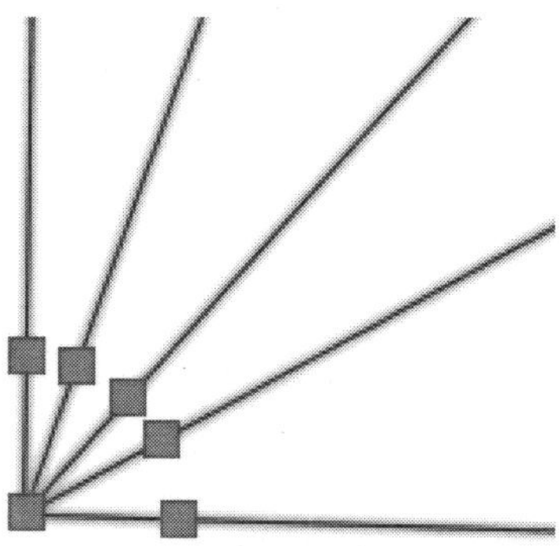

02. Circle 명령(원 그리기)

(1) 기능 : 중심점에서 일정한 거리의 점들로 원을 작도한다.

(2) 명령방법

▸ 명령행 입력 : circle 또는 c

▸ 도구 아이콘 : 

(3) 입력

명령 : Circle 또는 C Enter↵

CIRCLE 원에 대한 중심점 지정 또는 [3점(3P) 2점(2P) Ttr - 접선 접선 반지름(T)]: 원의 중심점 선택 또는 좌표를 입력한다.

CIRCLE 원의 반지름 지정 또는 [지름(D)]: 원의 반지름을 입력합니다.

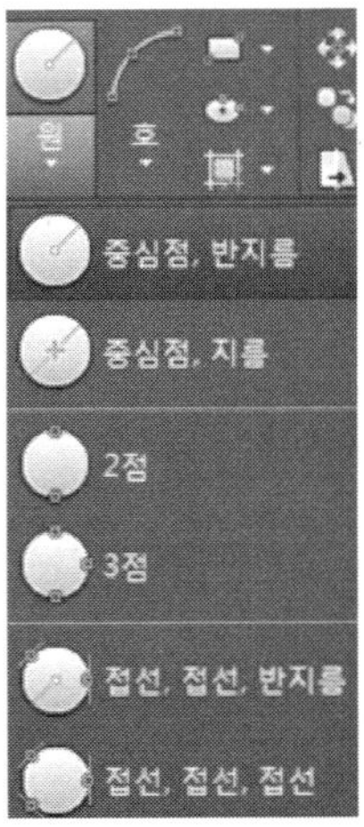

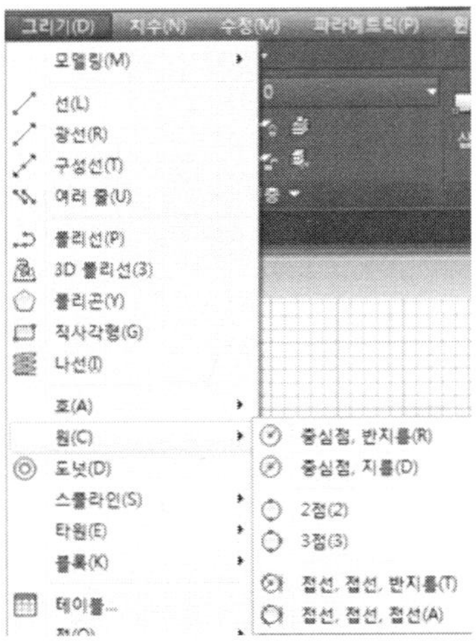

따라하기

1. 중심점, 반지름으로 그리기

명령 : Circle 또는 C Enter↵

CIRCLE 원에 대한 중심점 지정 또는 [3점(3P) 2점(2P) Ttr - 접선 접선 반지름(T)]: 0,0 Enter↵

CIRCLE 원의 반지름 지정 또는 [지름(D)]: 100 Enter↵

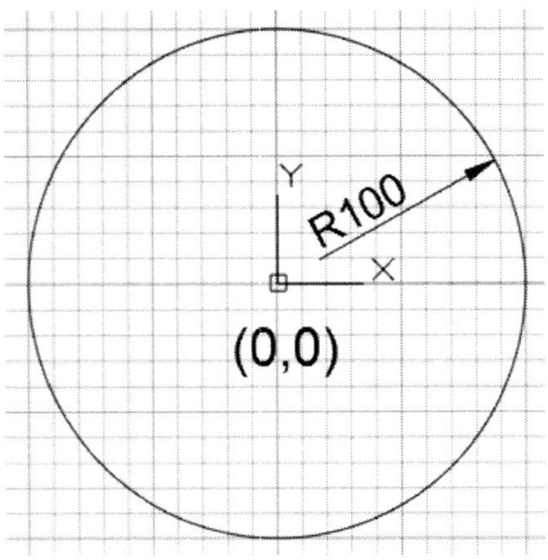

2. 중심점, 지름으로 그리기

명령 : Circle 또는 C [Enter↵]

CIRCLE 원에 대한 중심점 지정 또는 [3점(3P) 2점(2P) Ttr - 접선 접선 반지름(T)]: 0,0 [Enter↵]

CIRCLE 원에 대한 중심점 지정 또는 [3점(3P) 2점(2P) Ttr - 접선 접선 반지름(T)]: d [Enter↵]

CIRCLE 원의 반지름 지정 또는 [지름(D)]: 100 [Enter↵]

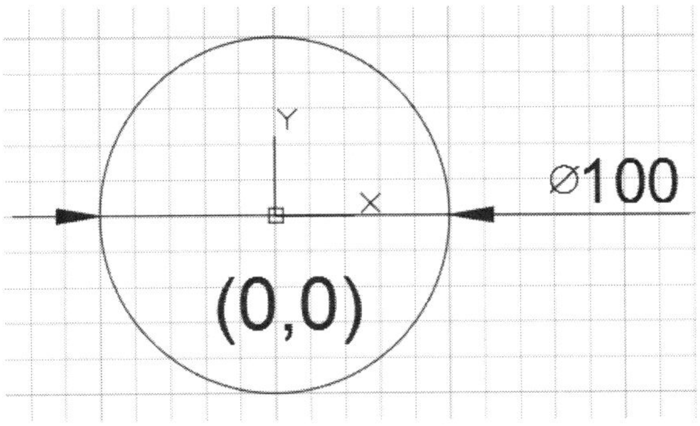

3. 2P(2점)로 그리기

명령 : Circle 또는 C [Enter↵]

CIRCLE 원에 대한 중심점 지정 또는 [3점(3P) 2점(2P) Ttr - 접선 접선 반지름(T)]: 2P [Enter↵]

CIRCLE 원 지름의 첫 번째 끝점을 지정: 0,0 [Enter↵]

CIRCLE 원 지름의 두 번째 끝점을 지정: 100,0 [Enter↵]

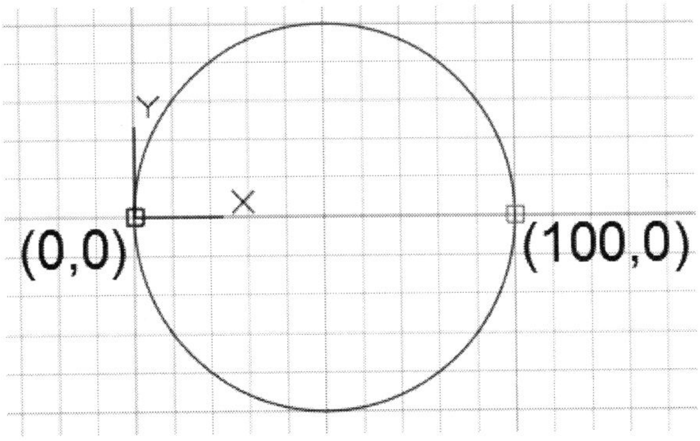

4. 3P(3점)로 그리기

명령 : Circle 또는 C [Enter↵]

CIRCLE 원에 대한 중심점 지정 또는 [3점(3P) 2점(2P) Ttr - 접선 접선 반지름(T)]: 3P [Enter↵]

CIRCLE 원 위의 첫 번째 점 지정: 0,0 [Enter↵]

CIRCLE 원 위의 두 번째 점 지정: 100,0 [Enter↵]

CIRCLE 원 위의 세 번째 점 지정: 50,50 [Enter↵]

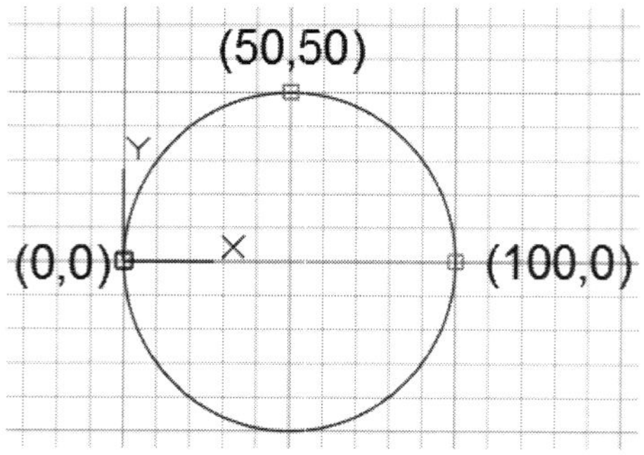

5. TTR(접선, 접선, 반지름)로 그리기

명령 : Circle 또는 C Enter↵

CIRCLE 원에 대한 중심점 지정 또는 [3점(3P) 2점(2P) Ttr - 접선 접선 반지름(T)]: ttr Enter↵

CIRCLE 원의 첫 번째 접점에 대한 객체위의 점 지정: P1 접선 클릭

CIRCLE 원의 두 번째 접점에 대한 객체위의 점 지정: P2 접선 클릭

CIRCLE 원의 반지름 지정 <50.0000>: 50 Enter↵

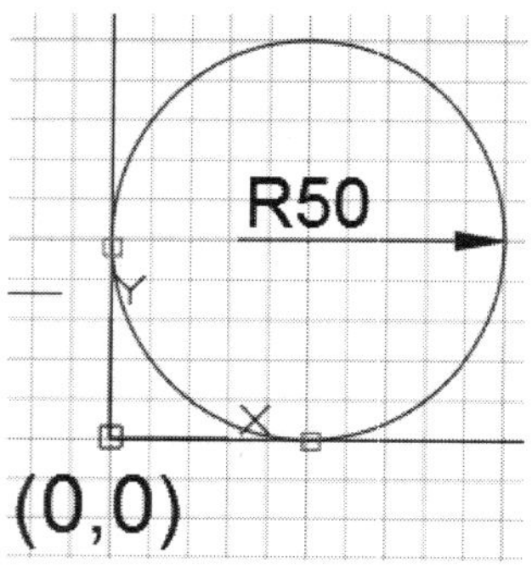

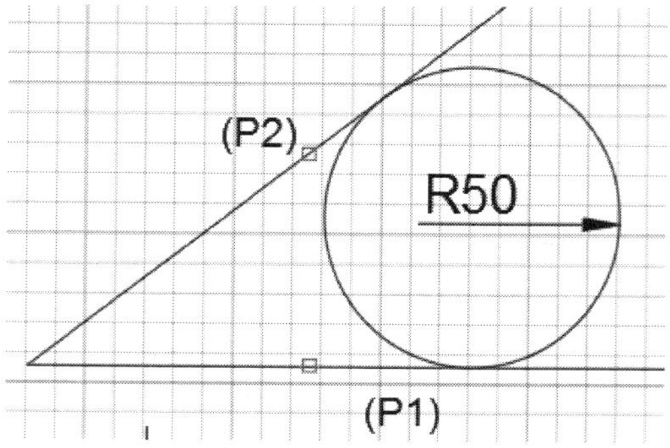

6. TTT(접선, 접선, 접선)로 그리기

명령 : 접선, 접선, 접선 선택

CIRCLE 원에 대한 중심점 지정 또는 [3점(3P) 2점(2P) Ttr - 접선 접선 반지름(T)]: _3p 원 위의 첫 번째 점 지정: _tan 대상 P1 접선 클릭

CIRCLE 원 위의 두 번째 점 지정: _tan 대상 P2 접선 클릭

CIRCLE 원 위의 세 번째 점 지정: _tan 대상 P3 접선 클릭

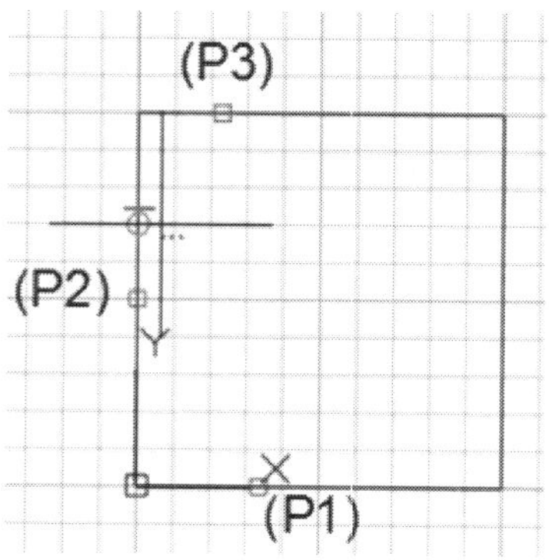

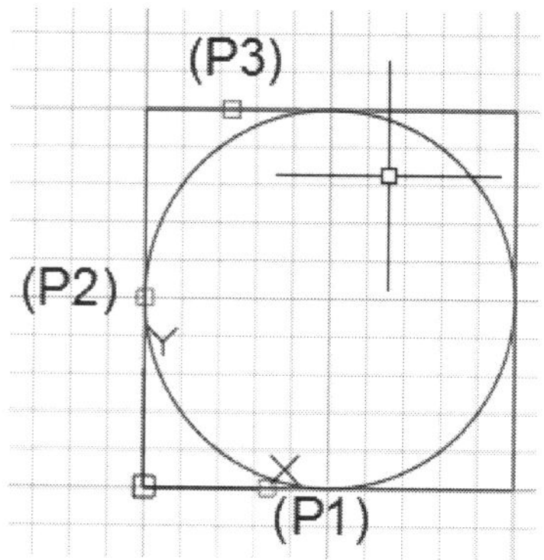

03. Arc 명령(호 그리기)

(1) 기능 : 잘려진 원의 모양으로 호를 작도한다.

(2) 명령방법

▸ 명령행 입력 : arc 또는 a

▸ 도구 아이콘 : 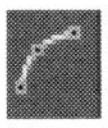

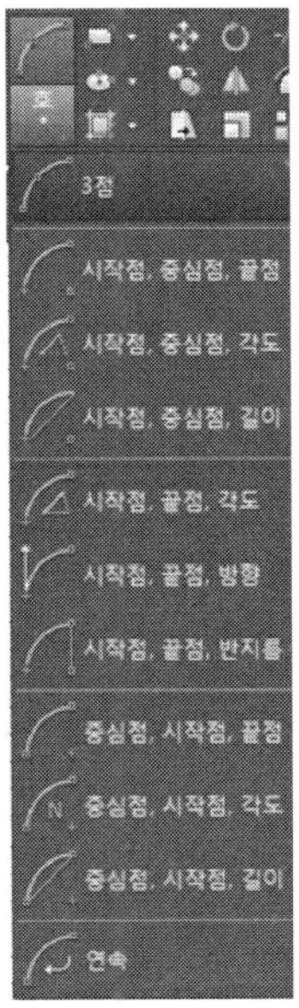

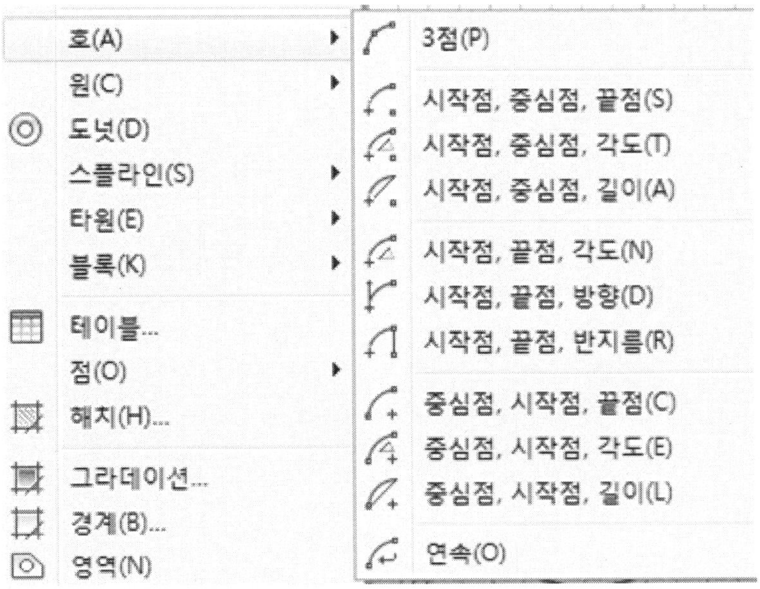

(3) 입력

명령 : arc 또는 a [Enter↵]

ARC 호의 시작점 지정 또는 [중심(C)]: 호의 시작점을 입력합니다.

ARC 호의 두 번째 점 또는 [중심(C) 끝(E)] 지정: 호의 두 번째 점을 입력합니다.

ARC 호의 끝점 지정: 호의 끝점을 입력합니다.

따라하기

1. 3점(P) : 세 점으로 호를 작도한다.

명령 : arc 또는 a [Enter↵]

ARC 호의 시작점 지정 또는 [중심(C)]: P1점 클릭

ARC 호의 두 번째 점 또는 [중심(C) 끝(E)] 지정: P2점 클릭

ARC 호의 끝점 지정: P3점 클릭

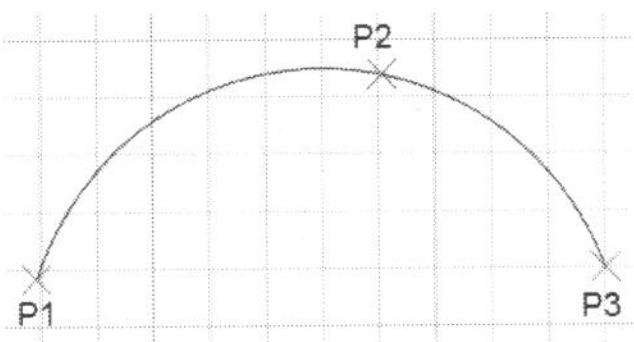

2. 시작점, 중심점, 끝점(S)

명령 : arc 또는 a Enter↵

ARC 호의 시작점 지정 또는 [중심(C)]: S Enter↵

ARC 호의 시작점 지정 또는 [중심(C)]: P1점 클릭

ARC 호의 두 번째 점 또는 [중심(C) 끝(E)] 지정: P2점 클릭

ARC 호의 끝점 지정: P3점 클릭

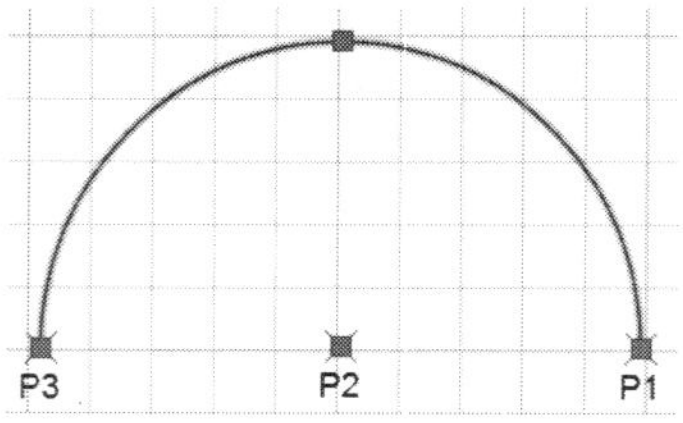

3. 시작점, 끝점, 각도(N)

명령 : arc 또는 a Enter↵

ARC 호의 시작점 지정 또는 [중심(C)]: N Enter↵

ARC 호의 시작점 지정 또는 [중심(C)]: P1점 클릭

ARC 호의 끝점 지정: P2점 클릭

ARC 사이각 지정(Ctrl 키를 누른 채 방향 전환): 135 Enter↵

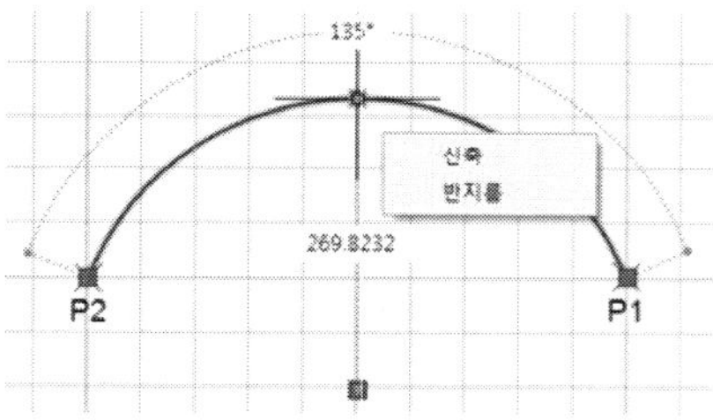

4. 중심점, 시작점, 끝점 (C)

명령 : arc 또는 a Enter↵

ARC 호의 시작점 지정 또는 [중심(C)]: C Enter↵

ARC 호의 중심점 지정: P1점 클릭

ARC 호의 시작점 지정: P2점 클릭

ARC 호의 끝점 지정(Ctrl 키를 누른 상태에서 방향 전환) 또는 [각도(A) 현의 길이(L)]: P3점 클릭

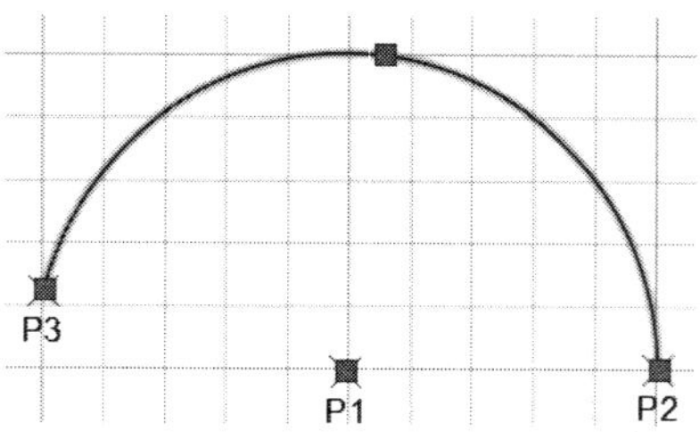

04. Pline 명령 (폴리선 그리기)

(1) 기능 : 여러 세그먼트가 순차적으로 연결된다.

→ Pline, Rectangle, Polygon으로 그려진 선은 1개의 폴리선으로 이루어진다.

(2) 명령방법

▸ 명령행 입력 : Pline 또는 pl

▸ 홈 탭 : 그리기 패널 

(3) 입력

명령 : Pline 또는 pl Enter↵

PLINE 시작점 지정: 시작점의 좌표 값 또는 마우스로 시작점을 선택한다.

PLINE 다음 점 지정 또는 [호(A) 닫기(C) 반폭(H) 길이(L) 명령 취소(U) 폭(W)]: 다음 점 지정

PLINE 선의 길이 지정: 선의 길이를 지정한다.

(4) 폴리선 편집(Pedit 또는 pe) 명령의 옵션

PEDIT 옵션 입력 [열기(O) 결합(J) 폭(W) 정점 편집(E) 맞춤(F) 스플라인(S) 비곡선화(D) 선종류생성(L) 반전(R) 명령 취소(U)]: O(열기)

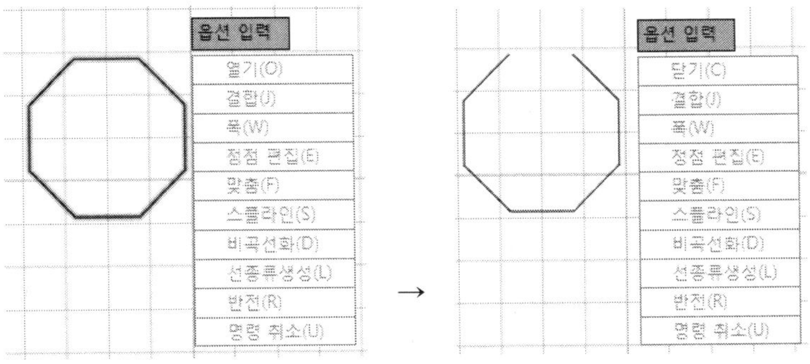

PEDIT 옵션 입력 [닫기(C) 결합(J) 폭(W) 정점 편집(E) 맞춤(F) 스플라인(S) 비곡선화(D) 선종류생성(L) 반전(R) 명령 취소(U)]:

▶ 폴리선 편집(Pedit)

- 닫기(C) : 폴리선의 시작점과 끝점을 연결하여 닫아줍니다.

- 결합(J) : 기존의 폴리선에 폴리선 또는 일반적인 선과 호를 연결해 줍니다. 단 끝점이 맞닿아 있어야 합니다.

- 폭(W) : 지정하는 폭으로 폴리선의 폭을 변형시킵니다.

- 정점 편집(E) : 폴리선의 정점을 편집합니다.

- 맞춤(F) : 정점들을 지나는 굴곡이 큰 곡선으로 변형됩니다.
- 스플라인(S) : 정점의 안쪽을 지나는 곡선으로 변형됩니다.
- 비곡선화(D) : 곡선을 직선화합니다.
- 선종류 생성(L) : 정점 둘레의 선종류를 정합니다.
- 반전(R) : 스플라인의 방향을 반전합니다.

따라하기

1. Pline 명령(폴리선 그리기)

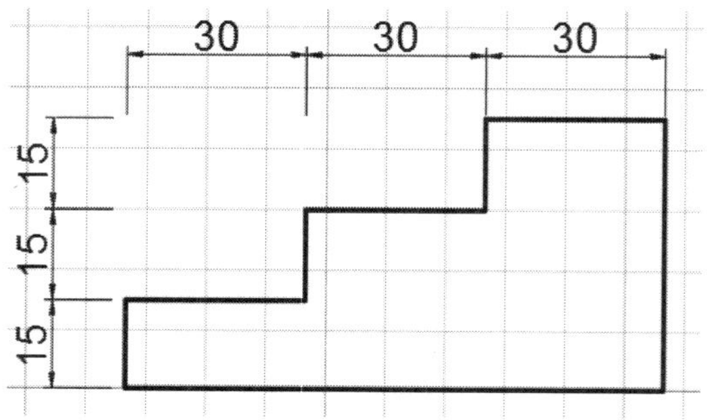

명령 : Pline 또는 pl [Enter↵] 또는 [아이콘] 아이콘 클릭

PLINE 시작점 지정: 마우스로 임의의 시작점을 찍는다.

PLINE 다음 점 지정 또는 [호(A) 닫기(C) 반폭(H) 길이(L) 명령 취소(U) 폭(W)]: 0,15 [Enter↵] 또는 (Y방향) 15 [Enter↵]

→ 직교모드(F8), 상대좌표 선택한다.

PLINE 다음 점 지정 또는 [호(A) 닫기(C) 반폭(H) 길이(L) 명령 취소(U) 폭(W)]: 30,0 [Enter↵] 또는 (X방향) 30 [Enter↵]

PLINE 다음 점 지정 또는 [호(A) 닫기(C) 반폭(H) 길이(L) 명령 취소(U) 폭(W)]: 0,15 [Enter↵] 또는 (Y방향) 15 [Enter↵]

PLINE 다음 점 지정 또는 [호(A) 닫기(C) 반폭(H) 길이(L) 명령 취소(U) 폭(W)]: 30,0 [Enter↵] 또는 (X방향) 30 [Enter↵]

PLINE 다음 점 지정 또는 [호(A) 닫기(C) 반폭(H) 길이(L) 명령 취소(U) 폭(W)]: 0,15 [Enter↵] 또는 (Y방향) 15 [Enter↵]

PLINE 다음 점 지정 또는 [호(A) 닫기(C) 반폭(H) 길이(L) 명령 취소(U) 폭(W)]: 30,0 [Enter↵] 또는 (X방향) 30 [Enter↵]

PLINE 다음 점 지정 또는 [호(A) 닫기(C) 반폭(H) 길이(L) 명령 취소(U) 폭(W)]: 0,-45[Enter↵] 또는(-Y방향) 45 [Enter↵]

PLINE 다음 점 지정 또는 [호(A) 닫기(C) 반폭(H) 길이(L) 명령 취소(U) 폭(W)]: -90,0[Enter↵] 또는 (-X방향) 90 [Enter↵]
또는 C [Enter↵]

05. Rectangle명령(직사각형 그리기)

(1) 기능 : Rectangle으로 그려진 선은 1개의 폴리선으로 이루어진다.

(2) 명령방법

- ▸명령행 입력 : Rectangle 또는 Rec
- ▸홈 탭 : 그리기 패널 

(3) 입력

- 명령 : Rectangle 또는 Rec Enter↵
- RECTANG 첫 번째 구석점 지정 또는 [모따기(C) 고도(E) 모깎기(F) 두께(T) 폭(W)]: 직사각형의 구석점을 지정합니다.
- RECTANG 다른 구석점 지정 또는 [영역(A) 치수(D) 회전(R)]: 정대각 구석점으로 지정된 점을 사용하여 직사각형을 작성합니다.

따라하기

1. Rectangle명령(직사각형 그리기)

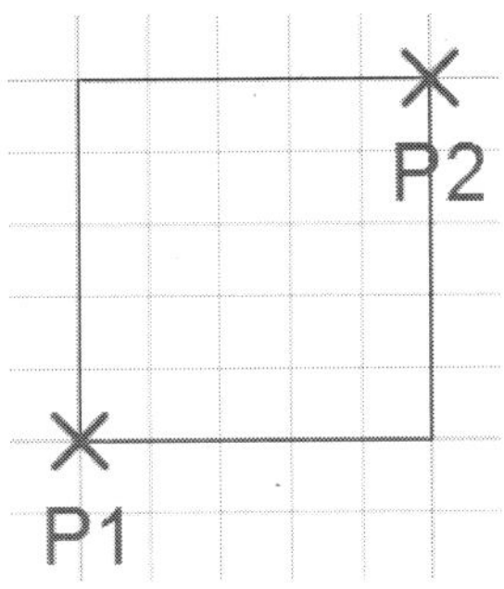

명령 입력 RECTANG Enter↵ 또는  아이콘 클릭

RECTANG 첫 번째 구석점 지정 또는 [모따기(C) 고도(E) 모깎기(F) 두께(T) 폭(W)]: P1점 클릭

RECTANG 다른 구석점 지정 또는 [영역(A) 치수(D) 회전(R)]: P2점 클릭 또는 상대좌표(@50,50) Enter↵

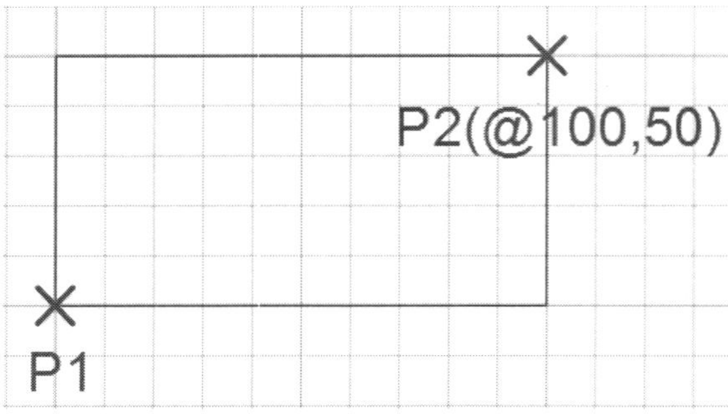

 RECTANG Enter 또는 아이콘 클릭

P1점 클릭

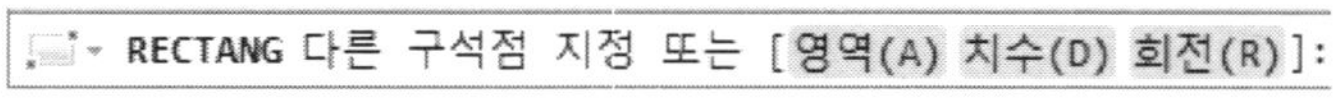

P2점 클릭 또는 상대좌표(@100,50) Enter

OPtion 직사각형의 옵션

- 모따기(C) : 모따기 값을 지정합니다. 0은 모따기 값이 없는 경우입니다.
- 고도(E) : 고도 즉 XY평면을 Z축 방향으로 이동시킵니다.
- 모깎기(F) : 모깎기 값을 지정합니다.
- 두께(T) : 선의 Z축 두께를 지정합니다.
- 폭(W) : 선의 폭을 지정합니다.

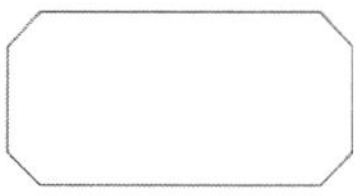
모따기(C)

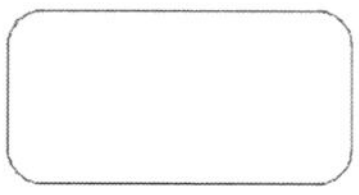
모깎기(F)

폭(W)

06. Polygon 명령 (폴리곤 그리기)

(1) 기능 : 폴리곤의 면의 수와 이 폴리곤이 내접인지, 외접인지를 지정합니다.

(2) 명령방법

- ▸명령행 입력 : Polygon 또는 po
- ▸홈 탭 : 그리기 패널 

(3) 입력

- 명령 : Polygon 또는 po Enter
- 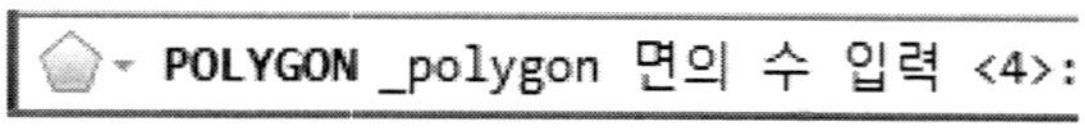

폴리곤의 변의 수를 지정합니다(3~1024)
- 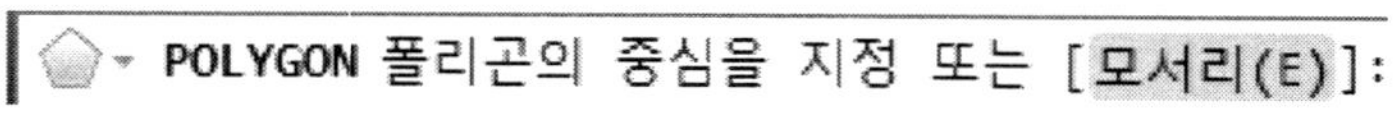

폴리곤의 중심 위치 및 새 객체가 내접하는지 아니면 외접하는지를 지정합니다.

– POLYGON 원의 반지름 지정: 원의 반지름을 지정합니다.

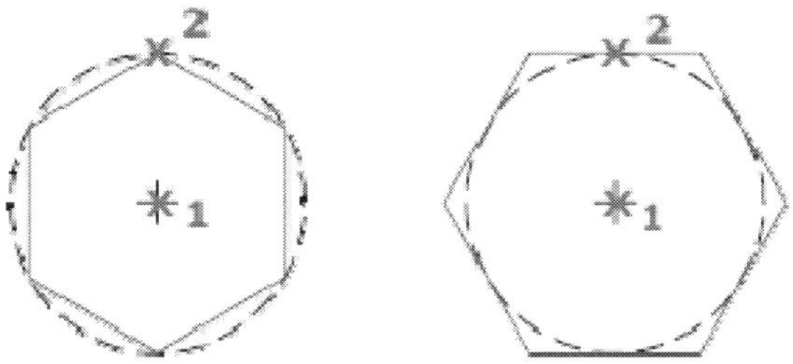

따라하기

1. Polygon 명령(다각형 그리기)

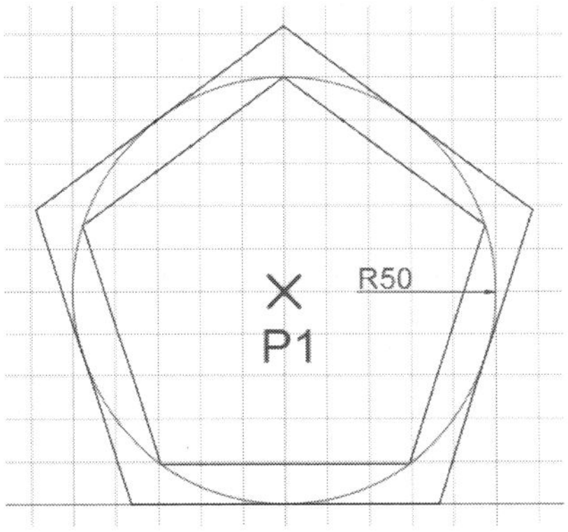

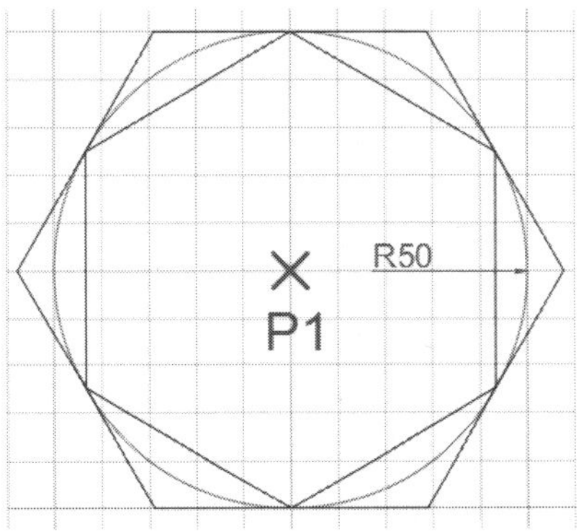

명령 입력 Polygon [Enter↵] 또는 아이콘 클릭

POLYGON _polygon 면의 수 입력 <4>: 5 [Enter↵]

POLYGON 폴리곤의 중심을 지정 또는 [모서리(E)]: 중심점 P1점 클릭

POLYGON 옵션을 입력 [원에 내접(I) 원에 외접(C)] <I>: I [Enter↵] 또는 c [Enter↵]/내접원(I), 외접원(C)

POLYGON 원의 반지름 지정: 50 [Enter↵]

POLYGON _polygon 면의 수 입력 <4>: 6 [Enter↵]

POLYGON 폴리곤의 중심을 지정 또는 [모서리(E)]: 중심점 P1점 클릭

POLYGON 옵션을 입력 [원에 내접(I) 원에 외접(C)] <I>: I [Enter↵] 또는 c [Enter↵]

POLYGON 원의 반지름 지정: (방향) 50 [Enter↵]

→ 모서리 지정한 폴리곤 그리기 : E [Enter↵] 세그먼트의 시작점, 끝점을 지정

07. Ellipse 명령(타원 그리기)

(1) 기능 : 타원의 모양은 해당 길이 및 폭을 정의하는 두 축에 의해 결정됩니다.

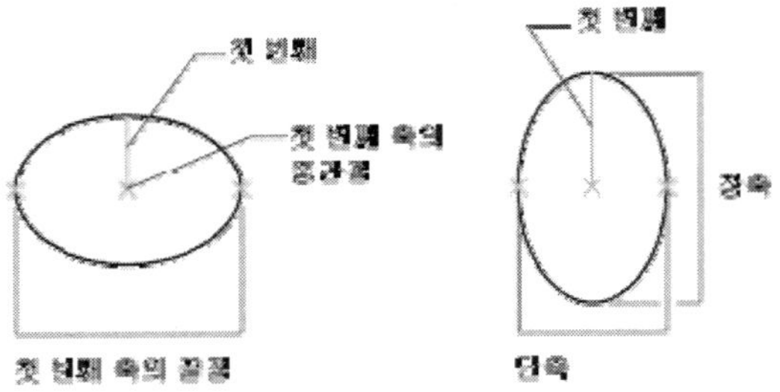

(2) **명령방법** :

도구아이콘 :  선택

명령행 입력 : Ellipse 혹은 el

(3) **입력**

- 명령 : ellipse 또는 el Enter↵
- 타원의 축 끝점 지정 또는 [호(A)/중심(C)] : 축의 한쪽 끝점을 입력합니다.
- 축의 다른 끝점 지정 : 축의 반대편 끝점을 입력합니다.
- 다른 축으로 거리를 지정 또는 [회전(R)] : 다른 축까지의 거리를 입력합니다.

(4) **타원을 그릴 때 가장 많이 사용되는 두 가지 방법으로 타원을 그려 봅시다.**

▸한 축의 지름과 다른 한 축의 반지름 지정

- 명령 : ellipse 또는 el Enter↵
- 타원의 축 끝점 지정 또는 [호(A)/중심(C)] : P1점 클릭
- 축의 다른 끝점 지정 : P2점 클릭
- 다른 축으로 거리를 지정 또는 [회전(R)] : P3점 클릭

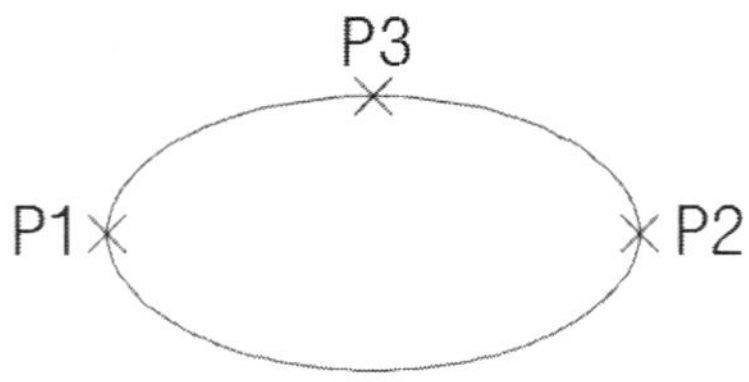

▸중심을 기준으로 장축과 단축의 반지름을 지정하여 타원을 그리는 방법입니다.

- 명령 : ellipse 또는 el Enter↵
- 타원의 축 끝점 지정 또는 [호(A)/중심(C)] : C
- 타원의 중심 지정 : P1점 클릭
- 축의 끝점 지정 : P2점 클릭
- 다른 축으로 거리를 지정 또는 [회전(R)] : P3점 클릭

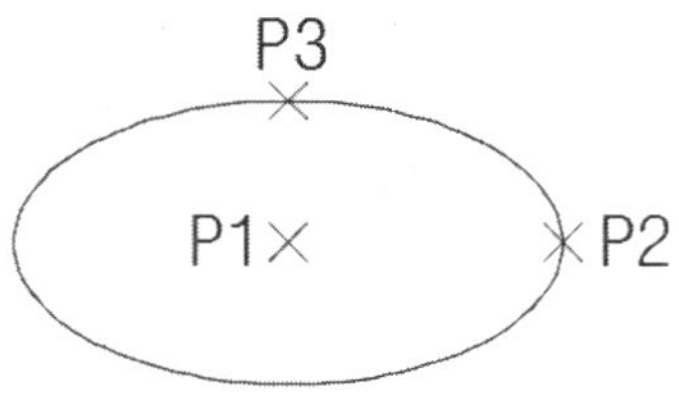

08. Hatch 명령(해칭하기)

(1) 기능 : 대화상자를 통하여 해치를 작성하는 명령어입니다.

(2) **명령방법**

- ▸명령행 입력 : hatch 또는 h
- ▸메뉴 : 그리기/해치
- ▸홈 탭 : 그리기 패널 

(3) **입력**

- 명령 : hatch, 또는 h Enter↵
- 내부점 선택 또는 [객체 선택(S)/명령 취소(U)/설정(T)]: 해치 선택 점을 선택할 수 있다

→ 홈 탭에서 해치작성 탭이 아래와 같이 열립니다.

→ 유형은 솔리드, 그라데이션, 패턴, 사용자 정의가 있다 

- 설정(T)
- 내부점 선택 또는 [객체 선택(S)/명령 취소(U)/설정(T)]: t Enter↵ 해치 및 그라데이션 대화상자가 나타납니다.

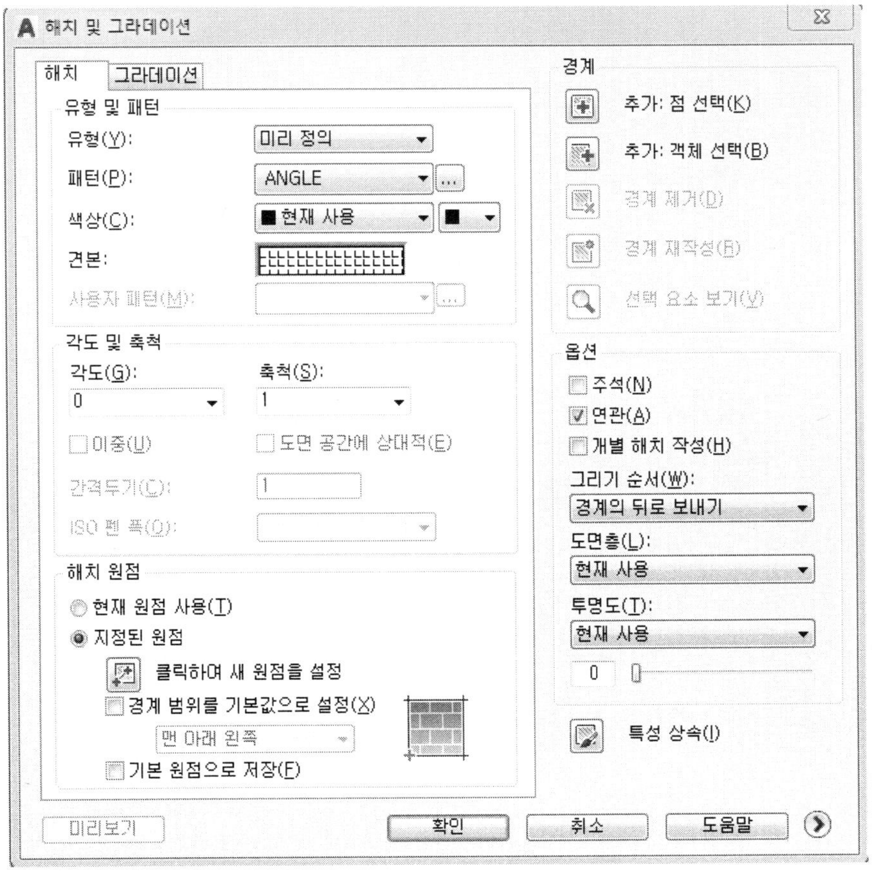

▶ 유형 및 패턴

- 유형(Y) : 3가지(미리 정의, 사용자 정의, 사용자) 종류의 패턴이 제공됩니다.
- 패턴(P) : 우측 [...]의 버튼을 누르면 해치 패턴 팔레트가 나타납니다. 이 대화상자에서 미리 정의된 패턴을 찾아볼 수 있습니다.

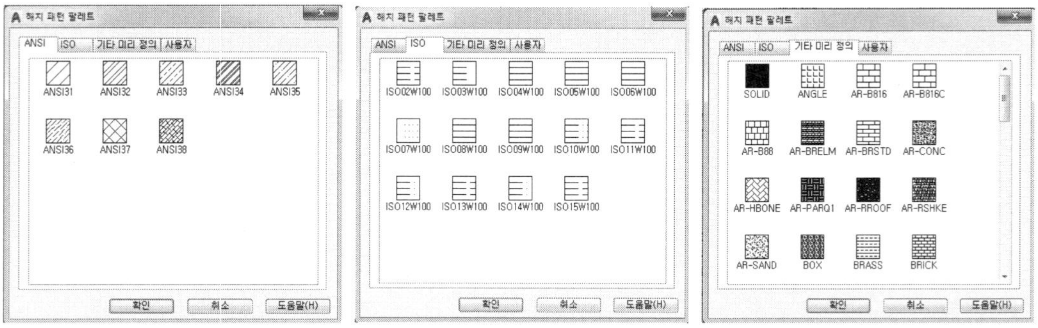

위쪽에 있는 탭을 선택함에 따라 여러가지 종류의 패턴이 나타납니다. 미리 정의된 패턴들을 중복 조합하여 새로운 패턴을 생성시켜 사용할 수도 있습니다. 실무에서 많이 사용하는 기능으로 잘 익혀 두어야 합니다.

▶ 각도 및 축척

- 각도 : 선의 각도를 입력하거나, 15°단위(0°~345°)로 선택할 수 있습니다. (0°는 수평입니다.)
- 축척 : 기본 스케일 값은 1입니다.

▶ 경계

- 점 선택 : [+] 추가: 점 선택(K) 경계 영역 선택 방법으로 찍은 점을 둘러싸는 외곽선을 선택합니다.

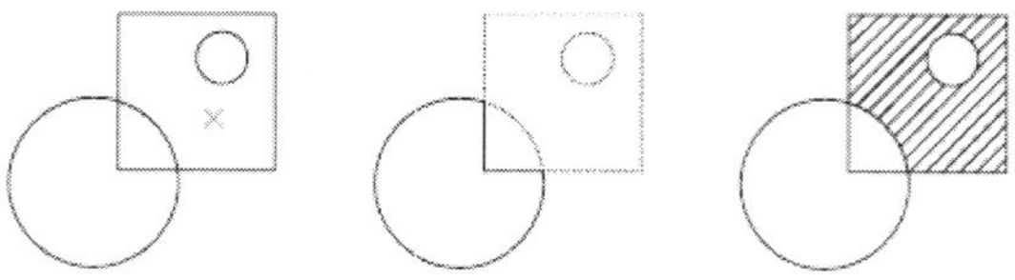

내부점 선택 해치 경계 결과

- 객체 선택 : [+] 추가: 객체 선택(B) 경계가 되는 객체를 직접 선택하는 영역 선택 방법입니다.

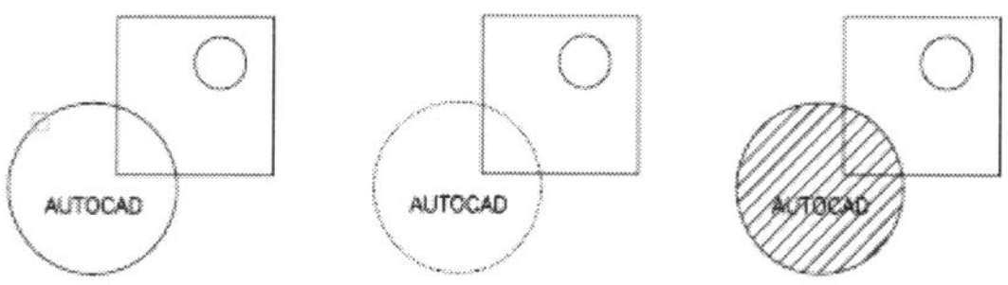

선택된 객체 해치 경계 결과

※ 해치를 위해서는 해치가 들어갈 영역이 닫혀져 있어야 합니다. 그렇지 않은 경우에는 아래와 같은 에러 메시지가 나타납니다.

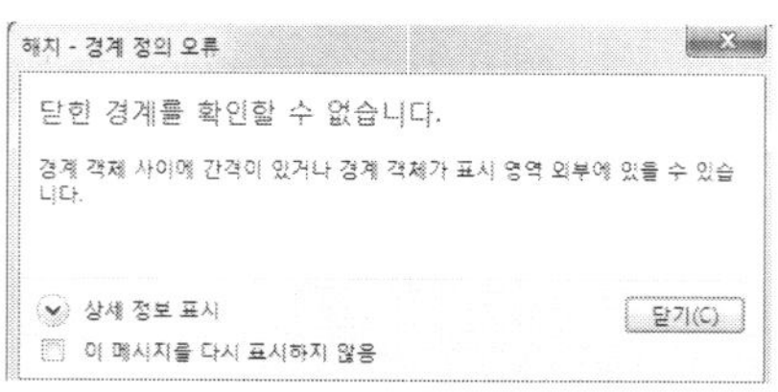

따라하기

▸ 먼저 아래와 같이 도형을 그립니다.

1. 솔리드(SOLID)로 해치하시오

- 명령 : hatch 또는 h Enter↵
- 내부점 선택 또는 [객체 선택(S)/명령 취소(U)/설정(T)]: 

(해치유형은 솔리드 선택, 해치색상(빨간색) 선택 후 P1, P2 선택

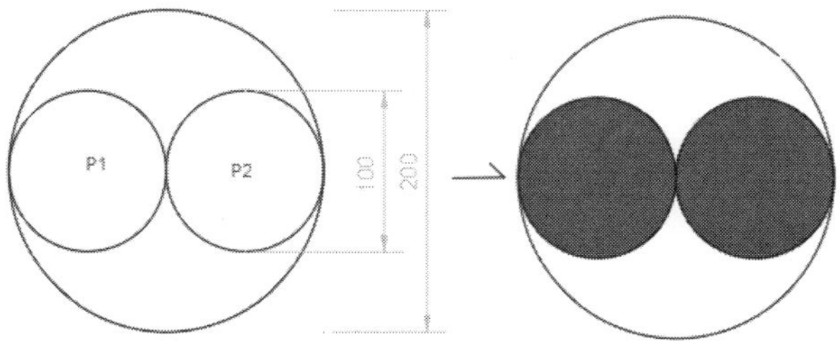

2. 그라데이션으로 해치하시오

- 명령 : hatch 또는 h Enter↵
- 내부점 선택 또는 [객체 선택(S)/명령 취소(U)/설정(T)]: 

, 

, P1, P2 선택

→ 해치유형은 그라데이션 선택, 첫 번째 색상선택, 두 번째 색상 선택, 패턴 선택한다.

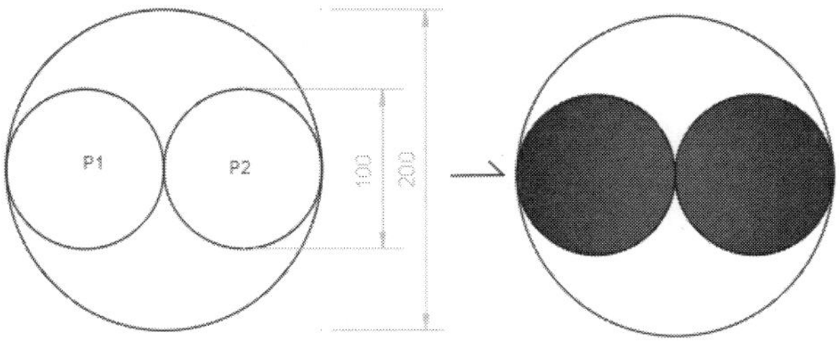

3. 패턴으로 해치하시오

- 명령 : hatch 또는 h Enter↵
- 내부점 선택 또는 [객체 선택(S)/명령 취소(U)/설정(T)]: 

, 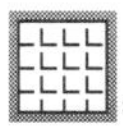, P1, P2 선택

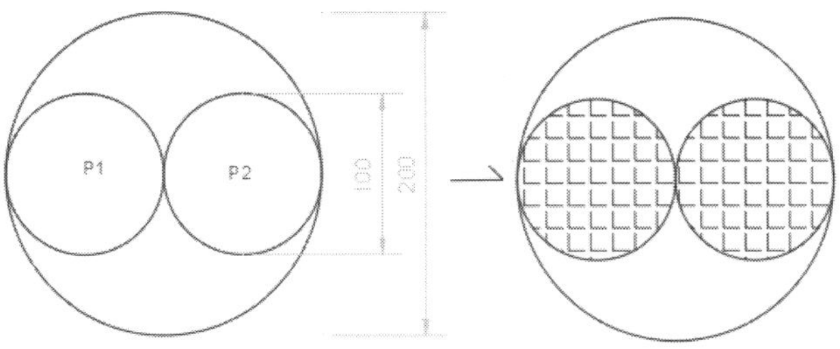

→ 해치 사용에 따라 해치투명도, 각도, 축척을 입력할 수 있다.

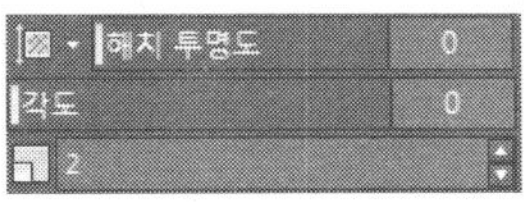

4. 사용자 정의로 해치하시오

- 명령 : hatch 또는 h Enter↵
- 내부점 선택 또는 [객체 선택(S)/명령 취소(U)/설정(T)]:  ,  , P1, P2 선택

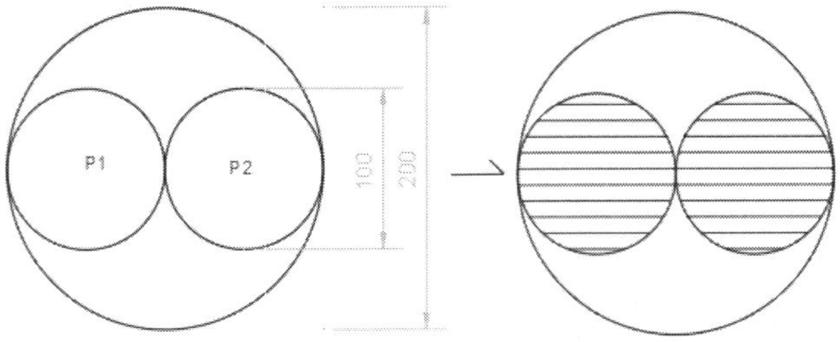

→ 해치 사용에 따라 해치투명도, 각도, 축척을 입력할 수 있다.

→  특성일치 도구를 사용하여 해치특성을 복사 사용할 수 있다.

09. Point 명령 (점찍기)

(1) 기능 : 점을 찍는 명령어입니다.

(2) 명령방법

- 명령행 입력 : point 또는 po
- 메뉴 : 그리기/점/단일 점 또는 다중 점
- 도구 아이콘 : 

(3) 점을 찍기 위해서는 미리 점의 유형을 지정해 두어야 합니다.

- 명령행 입력 : DDptype

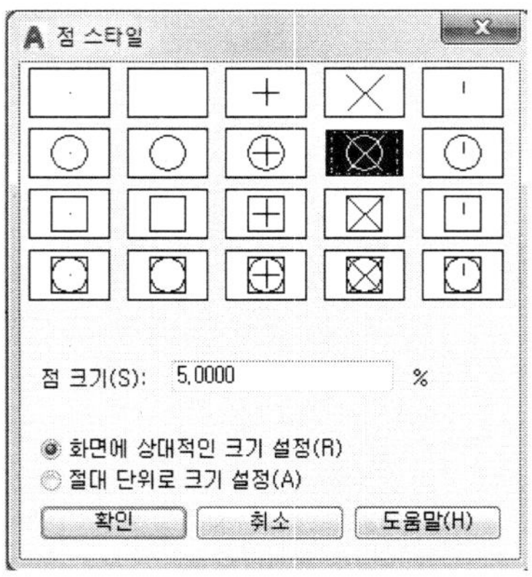

- 점의 유형은 20가지의 유형 중에서 선택합니다.
- 점의 크기 설정은 상대적인 크기와 절대단위 크기를 선택할 수 있는데 절대단위 크기 설정을 권장합니다. 절대단위 크기 설정은 미리 예측이 가능하기 때문에 정확한 점의 크기를 설정하는데 유리합니다.

10. MLINE 명령(여러 줄 그리기)

1. MLINE

(1) 기능 : 평평한 선들을 동시에 그리는 명령어입니다.

(2) 명령방법

▸ 명령행 입력 : mline 또는 ml

▸ 메뉴 : 그리기/여러 줄

(3) 입력

- 명령 : mline 또는 ml Enter↵

→ 현재 설정 : 자리맞추기 = 맨 위, 축척 = 20.00, 스타일 = STANDARD

- 시작점 지정 또는 [자리맞추기(J)/축척(S)/스타일(ST)] : 다중선의 시작점을 입력하거나 옵션을 선택합니다.

  · 자리맞추기 : 다중선의 기준 위치 맨 위(top), 0(zero), 맨 아래(bottom)이 있습니다.

  · 축척 : 다중선의 간격을 조절합니다.

  · 스타일 : 다중선의 유형을 조절합니다.

- 다음 점 지정 또는 [닫기(C)/명령 취소(U)] : 다음 점들을 그립니다.

2. 다중선 유형(Mlstyle)

(1) 기능 : 사용자 정의의 다중선을 만들고 편집하며 저장 및 로드하는 명령어입니다.

(2) 명령방법

▸ 명령행 입력 : mlstyle

▸ 메뉴 : 형식/여러 줄 스타일

(3) 입력

▸ 명령 : mlstyle Enter↵

여러 줄 스타일 대화상자가 나타납니다.

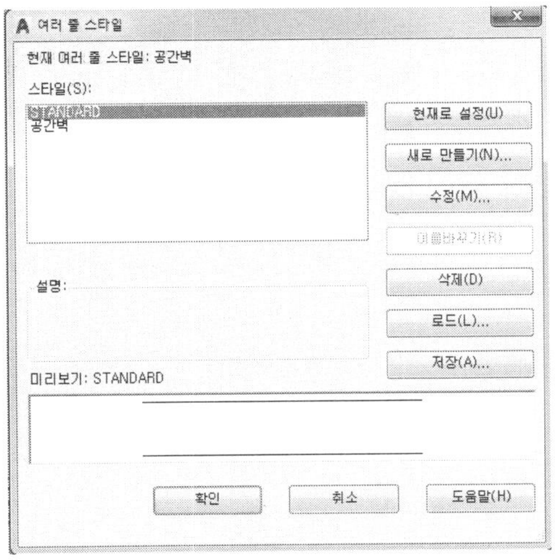

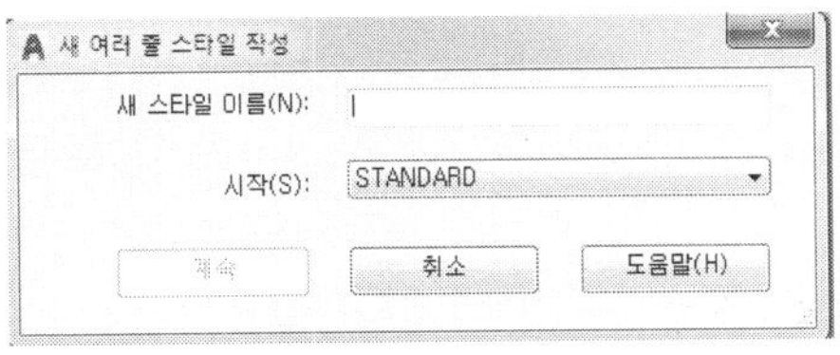

▸ 현재 : 현재의 여러 줄 스타일을 표시합니다.
신규 : 새로운 스타일을 만들 때 그 이름을 기입합니다.
로드 : 다중선을 부릅니다.
저장 : 다중선을 저장합니다.
이름 바꾸기 : 다중선의 이름을 바꿉니다.
수정 : 다중선의 특성을 수정합니다.

(4) 다중선을 만들기

▸ 새로 만들기 버튼을 눌러 새로운 다중선 유형의 이름인 "3선"을 입력한 후 요소 특성을 클릭합니다.

▸ 요소 특성 대화상자를 보면 현재 어떤 특성을 갖는 선이 중심선에서 얼마의 간격으로 떨어져 있는지 알 수 있다. 새로운 선을 추가하고 간격 중심선에서 +10, -20 간격띄우기로 설정 중간선의 색상은 빨간색 선종류 CENTER로 특성을 아래와 같이 변경할 수 있습니다.

▸ 확인 / 저장(확장자 mln)합니다.

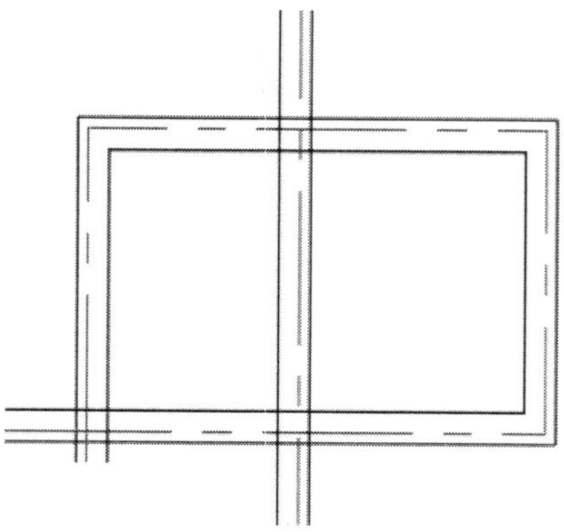

3. 다중선 편집(Mledit)

(1) 기능 : 다중선의 교차점을 디스플레이하는 방법을 조절하는 명령어입니다.

(2) 명령방법

- ▸ 명령행 입력 : mledit
- ▸ 메뉴 : 수정/객체/여러 줄 편집

(3) 입력

- ▸ 명령 : mledit Enter↵

- 여러 줄 편집 대화상자의 12개의 아이콘들 중 하나를 선택한 후 편집을 원하는 여러 줄을 차례로 클릭합니다.
  1) crosses : 다양한 교차부분을 정리
  2) tees : T자형태의 교차부분 정리
  3) coners : 코너부분을 만들거나 정점을 추가, 삭제
  4) cuts : 다중선의 각 요소를 자르거나 복구

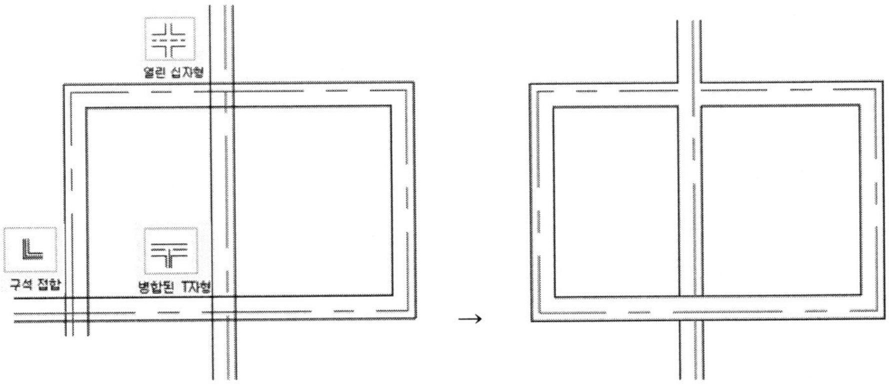

따라하기

▶ 아래와 같이 5선 유형 만들기

유형(외벽1) : 맨 아래(-90), 중심선(0), 위(90), 두 번째위(190), 맨위(280)

- 명령 : mlstyle Enter↵
- 여러 줄 스타일 대화상자에서 : 새로 만들기 클릭
- 새 스타일 이름 : 외벽1/ 계속

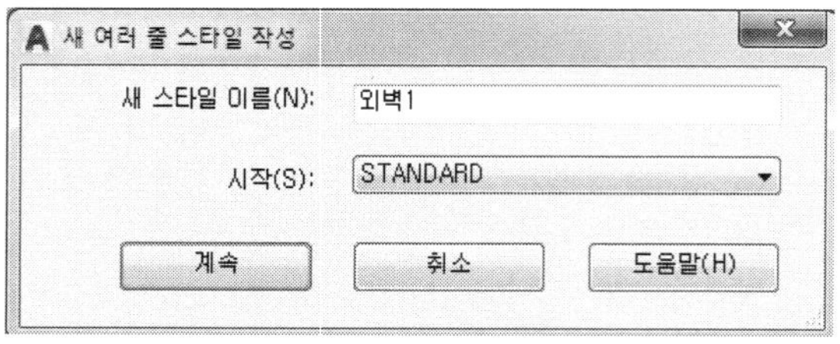

- 새 여러 줄 스타일: 외벽1 대화상자에서
  - 아래쪽 요소 선택/ 간격띄우기 -90
  - 위쪽요소 선택/ 간격띄우기 0, 색상 빨간색, 선종류(로드) Center 선택/ 확인

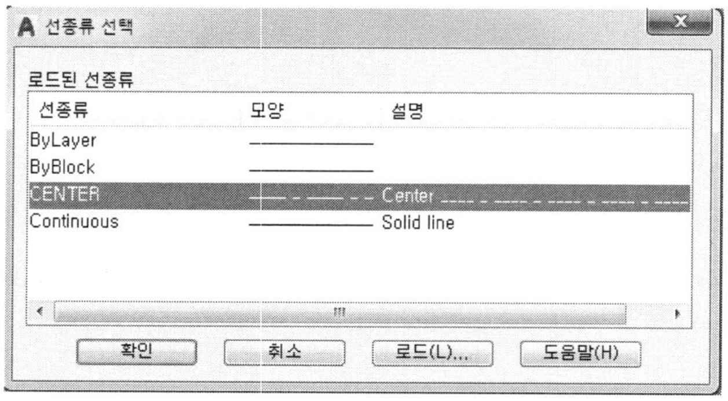

  - 요소/ 추가/ 간격띄우기 90
  - 요소/ 추가/ 간격띄우기 190
  - 요소/ 추가/ 간격띄우기 280 / 확인 /(여러줄 스타일)확인

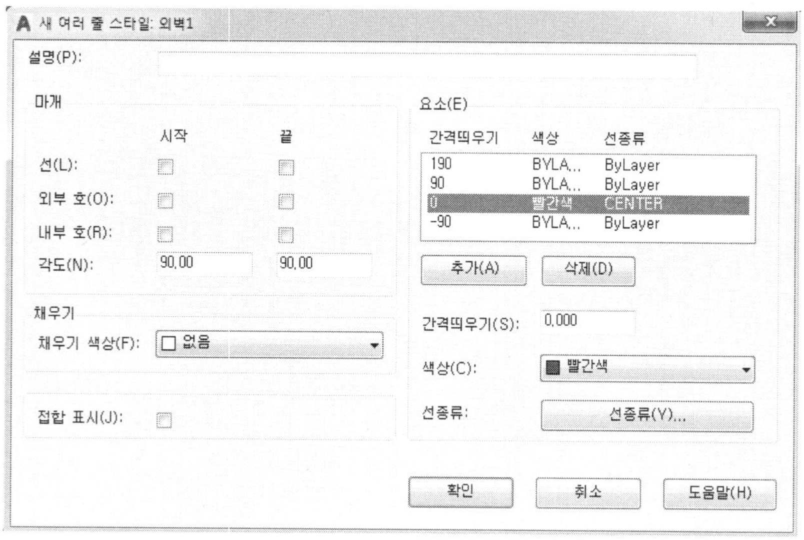

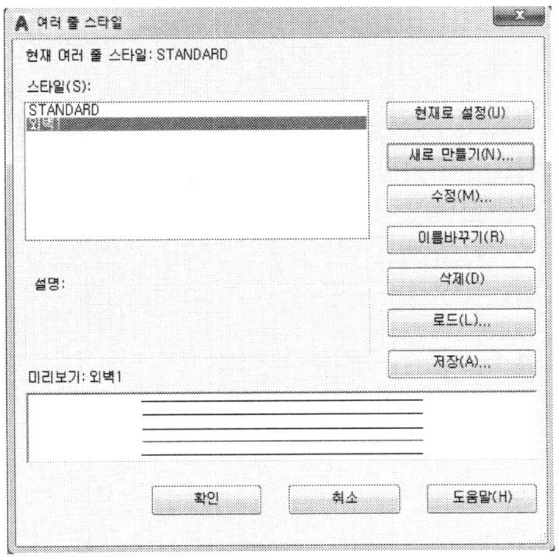

여러 줄 스타일 / 미리보기에서 새로운 스타일을 볼 수 있습니다.

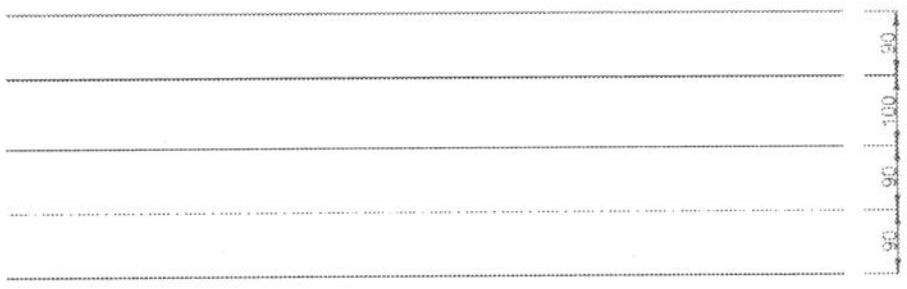

▶ 위에서 만든 유형을 사용하여 벽을 그려봅시다.

다중선 상대좌표 : P1/ @0,3000/ @5000,0/ @0,-2500/ @5500,0

- 명령 : mline 또는 ml Enter↵
- 시작점 지정 또는 [자리맞추기(J)/축척(S)/스타일(ST)] : ST Enter↵
- 여러 줄 스타일 이름 또는 [?] 입력: 외벽1 Enter↵
- 시작점 지정 또는 [자리맞추기(J)/축척(S)/스타일(ST)] : P1 클릭
- 다음 점 지정 : @0,3000
- 다음 점 지정 또는 [닫기(C)/명령취소(U)]: @5000,0
- 다음 점 지정 또는 [닫기(C)/명령취소(U)]: @0,-2500
- 다음 점 지정 또는 [닫기(C)/명령취소(U)]: @5500,0
- 명령 : mline 또는 ml Enter↵
- 시작점 지정 또는 [자리맞추기(J)/축척(S)/스타일(ST)] : ST Enter↵
- 여러 줄 스타일 이름 또는 [?] 입력: standard Enter↵
- 시작점 지정 또는 [자리맞추기(J)/축척(S)/스타일(ST)] : s Enter↵
- 여러 줄 축척 입력<1,00>: 100 Enter↵
- 시작점 지정 또는 [자리맞추기(J)/축척(S)/스타일(ST)] : P2 Enter↵
- 다음 점 지정 : @0,-3000 Enter↵

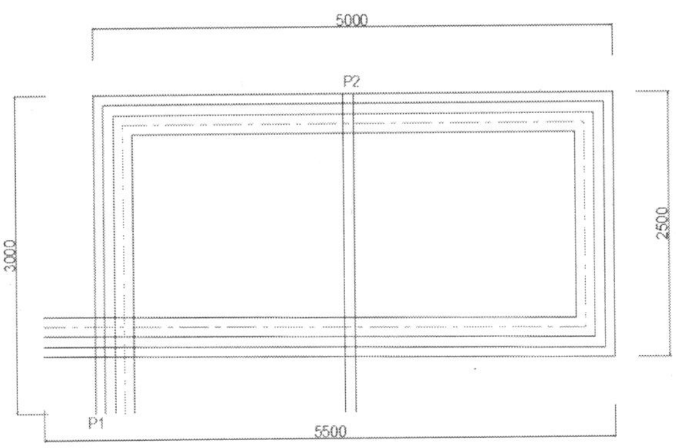

▶ **다중선 편집하여 보자**

P1모서리를 구석접합, P2닫힌 T형, P3열린 십자형으로 편집하여 보자

- 명령 : mledit Enter↵
- 여러 줄 편집도구 : 구석접합 ㄴ 선택
- 첫 번째 여러 줄 선택 또는 [명령 취소(U)] : 좌측하단 모서리 안쪽 두선 선택 Enter↵

→ Filet 명령과 동일하게 선택한다.

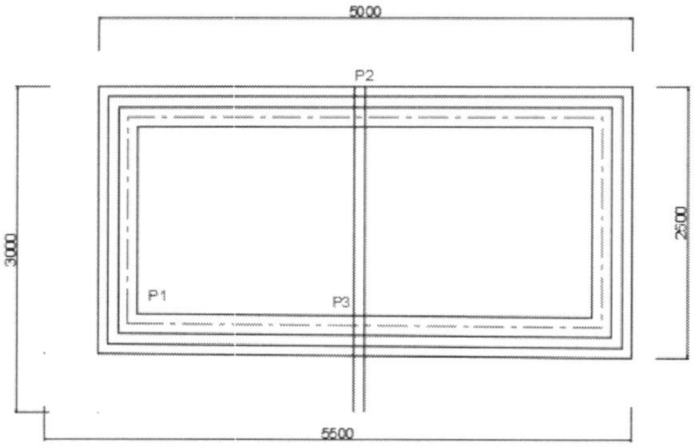

- 명령 : mledit Enter↵
- 여러 줄 편집도구 : (P2)닫힌 T형 선택
- 첫 번째 여러 줄 선택: (P2)가운데 선 선택
- 두 번째 여러 줄 선택: (P2)외벽선 선택 Enter↵

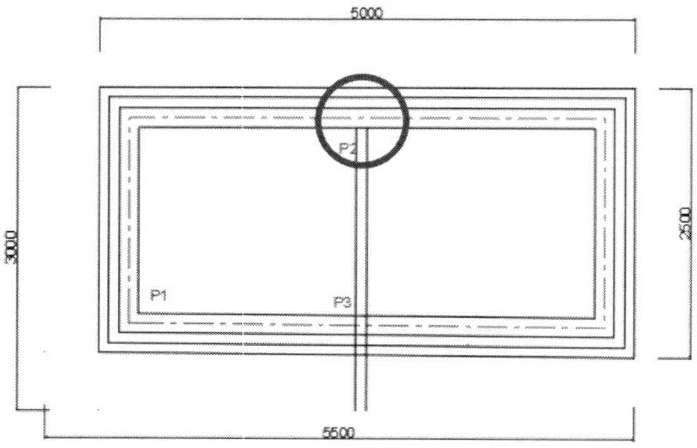

- 명령 : mledit Enter↵
- 여러 줄 편집도구 : (P3)열린 십자형 선택
- 첫 번째 여러 줄 선택: (P3)가운데 선 선택
- 두 번째 여러 줄 선택: (P3)외벽선 선택 Enter↵

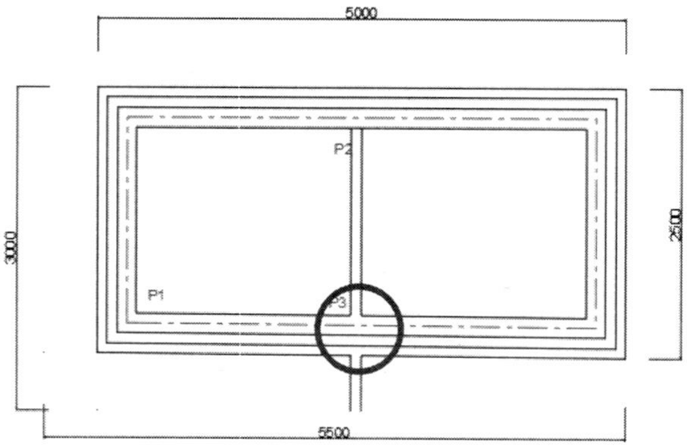

III. 수정 도구 사용하기

01. Move 명령 (이동하기)

(1) 기능 : 객체를 원하는 위치로 이동시키는 명령입니다.

(2) 명령방법

- 명령행 입력 : move 또는 m [Enter↵]
- 메뉴 : 수정/이동(V) 클릭
- 홈탭 : 수정패널 :  클릭

(3) 입력

명령 : move 또는 m [Enter↵]

MOVE 객체 선택: 움직이고자 하는 객체들(1,2)을 선택합니다. 선택이 끝나면 [Enter↵]를 칩니다.

MOVE 기준점 지정 또는 [변위(D)] <변위>: 기준점(3)을 입력합니다.

MOVE 두 번째 점 지정 또는 <첫 번째 점을 변위로 사용>: 이동점(변위점, 4)을 입력합니다.

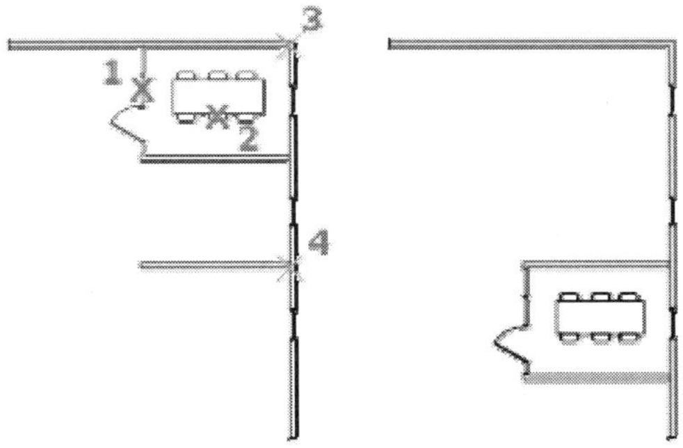

따라하기

1. P1 사각형(50*50)을 P2에서 P3(100,50) 위치로 이동하시오

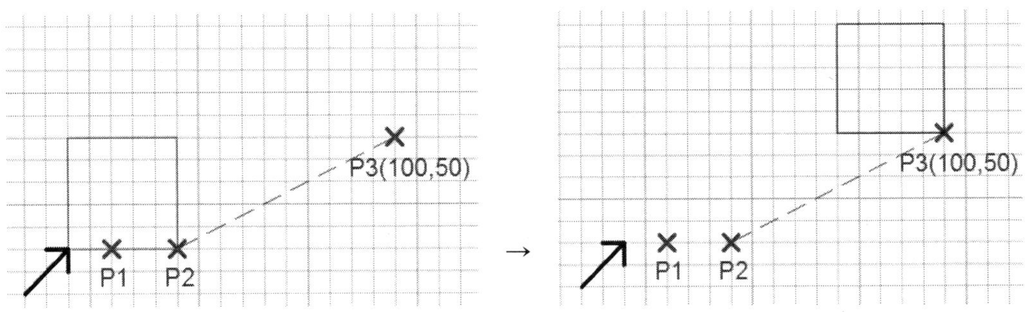

명령 입력 : move 또는 m [Enter↵]

MOVE 객체 선택: P1 선택 [Enter↵]

MOVE 기준점 지정 또는 [변위(D)] <변위>: P2 [Enter↵]

MOVE 두 번째 점 지정 또는 <첫 번째 점을 변위로 사용>: P3(@100,50) [Enter↵]

02. Copy 명령(복사하기)

(1) 기능 : 객체를 원하는 위치로 복사하여 이동시키는 명령입니다.

(2) 명령방법

- ▸ 명령행 입력 : copy 또는 co [Enter↵]
- ▸ 메뉴 : 수정 / 복사(Y) 클릭
- ▸ 홈탭 : 수정패널 / [아이콘] 클릭

(3) 입력

[>_ 명령 입력] : copy 또는 co [Enter↵]

COPY 객체 선택: 복사하고자 하는 객체들을 선택합니다. 선택이 끝나면 [Enter↵]를 칩니다.

현재 설정 : 복사 모드 = 다중(M)

COPY 기본점 지정 또는 [변위(D) 모드(O)] <변위>: 기준점을 입력합니다.

COPY 두 번째 점 지정 또는 [배열(A)] <첫 번째 점을 변위로 사용>: 두 번째 점(변위점)을 입력합니다.

COPY 두 번째 점 지정 또는 [배열(A) 종료(E) 명령 취소(U)] <종료>: 다음 점(변위점)을 입력합니다.

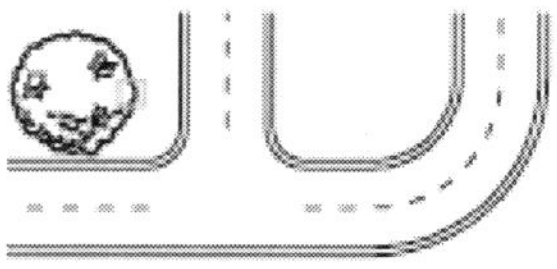

선택된 객체

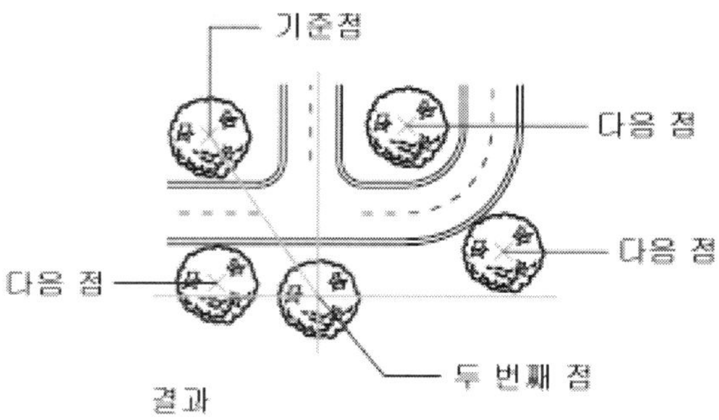

결과

따라하기

1. A1 사각형(50*50)을 P1점에서 P2(@10,80), P3(@110,70), P4(@110,-30)위치로 복사하시오

[>_ 명령 입력] : copy 또는 co [Enter↵]

COPY 객체 선택: 사각도형A1선택 [Enter↵]

COPY 기본점 지정 또는 [변위(D) 모드(O)] <변위>: P1선택

COPY 두 번째 점 지정 또는 [배열(A)] <첫 번째 점을 변위로 사용>: P2(@10,80)클릭

COPY 두 번째 점 지정 또는 [배열(A) 종료(E) 명령 취소(U)] <종료>: P3(@110,70)클릭

COPY 두 번째 점 지정 또는 [배열(A) 종료(E) 명령 취소(U)] <종료>: P4(@110,-30)클릭 [Enter↵]

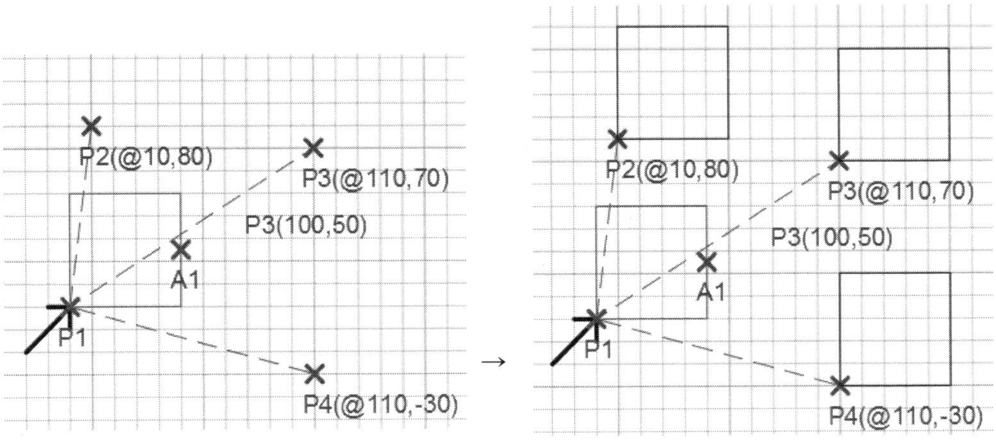

03. Mirror 명령 (선대칭 복사)

(1) 기능 : 객체를 지정된 축에 선대칭으로 복사하거나 이동시키는 명령입니다.

(2) 명령방법

- ▸ 명령행 입력 : mirror 또는 mi Enter↵
- ▸ 메뉴 : 수정 / 대칭(I) 클릭
- ▸ 홈탭 : 수정패널 / 대칭 클릭

(3) 입력

- 명령 : mirror 또는 mi Enter↵
- 객체 선택 : 선대칭 복사하고자 하는 객체들을 선택합니다. 선택이 끝나면 Enter↵를 칩니다.
- 대칭선의 첫 번째 점 지정 : 축의 첫 번째 점을 입력합니다.
- 대칭선의 두 번째 점 지정 : 축의 두 번째 점을 입력합니다.
- 원본 객체를 지우시겠습니까? [예(Y)/아니오(N)] <N> : Y를 입력하면 기존의 객체가 제거됩니다.

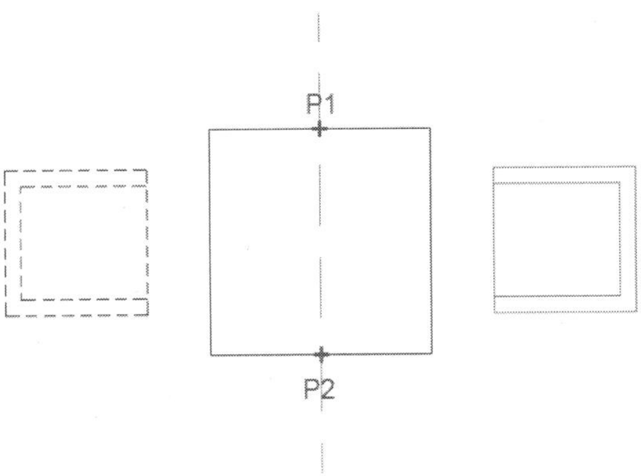

<원본 개체 지운 경우>

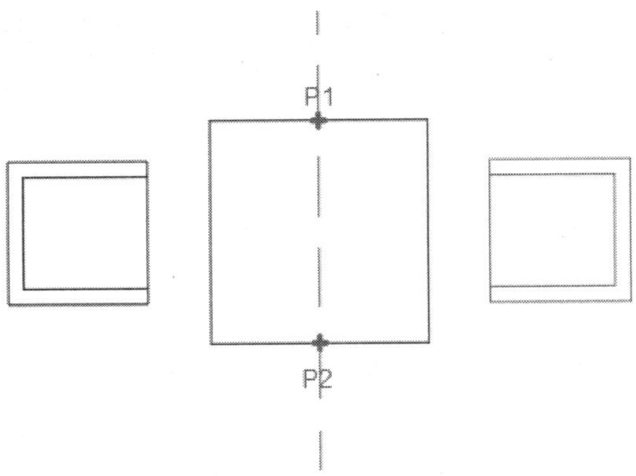

<원본 개체 유지한 경우>

따라하기

1. A1 객체(450×450, 등받이50)를 사각형 테이블(700×700)P1점과 P2점을 선대칭하고 A1와 A2 객체를 P3점과 P4점을 선대칭으로 Mirror(대칭)하시오

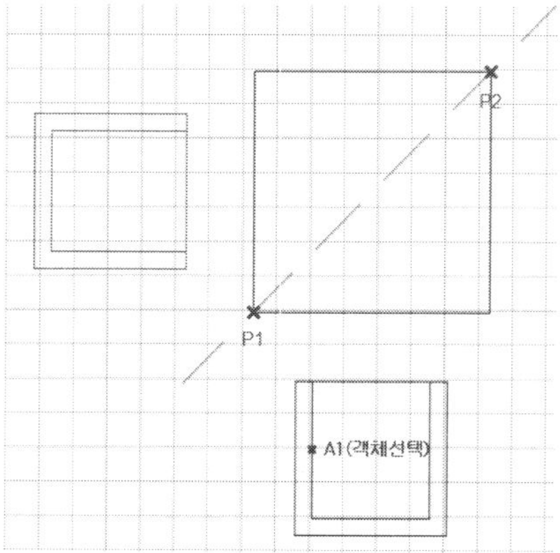

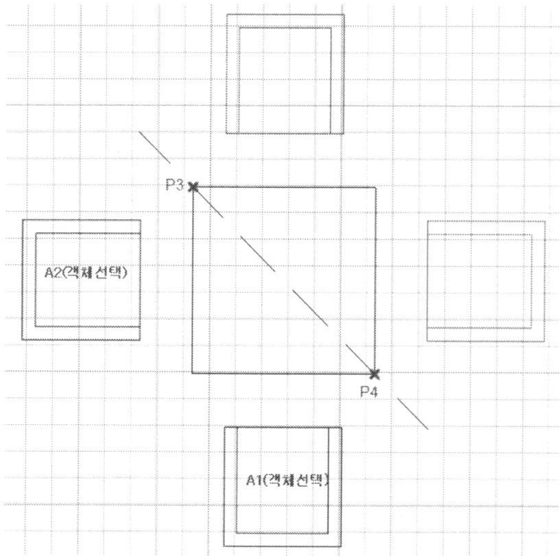

- 명령 : mirror 또는 mi Enter↵
- 객체 선택 : A1(객체선택) Enter↵
- 대칭선의 첫 번째 점 지정 : P1 클릭
- 대칭선의 두 번째 점 지정 : P2 클릭
- 원본 객체를 지우시겠습니까? [예(Y)/아니오(N)] <N> : Enter↵
- 명령 : Enter↵
- 객체 선택 : A1,A2(객체선택) Enter↵
- 대칭선의 첫 번째 점 지정 : P3 클릭
- 대칭선의 두 번째 점 지정 : P4 클릭
- 원본 객체를 지우시겠습니까? [예(Y)/아니오(N)] <N> : Enter↵

04. Rotate 명령 (회전하기)

(1) 기능 : 객체를 일정한 각도로 회전시키는 명령입니다.

(2) 명령방법

▸ 명령행 입력 : rotate 또는 ro Enter↵

▸ 메뉴 : 수정/회전 클릭

▸ 홈탭 : 수정패널 /  클릭

(3) 입력

- 명령 : rotate 또는 ro Enter↵
- 현재 UCS에서 양의 각도 : 측정 방향=시계 반대 방향 기준 방향=0
- 객체 선택 : 회전하고자 하는 객체들을 선택합니다. 선택이 끝나면 Enter↵를 칩니다.
- 기준점 지정 : 회전의 중심점을 입력합니다.
- 회전 각도 지정 또는 [복사(C)/참조(R)] <0> : 회전할 각도를 입력합니다.

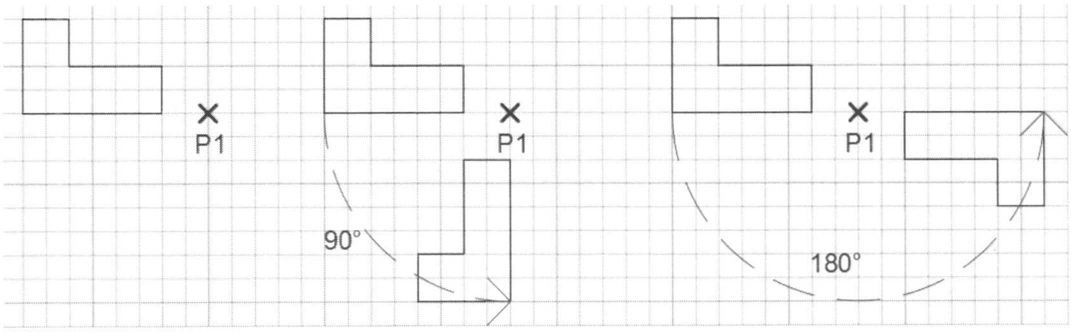

※ 양(+)의 각도를 입력하면 물체는 시계반대방향으로 회전합니다.

따라하기

1. 객체 A1,A2,A3,A4,A5 들를 P1점을 기준으로 45°Rotate(회전)하시오

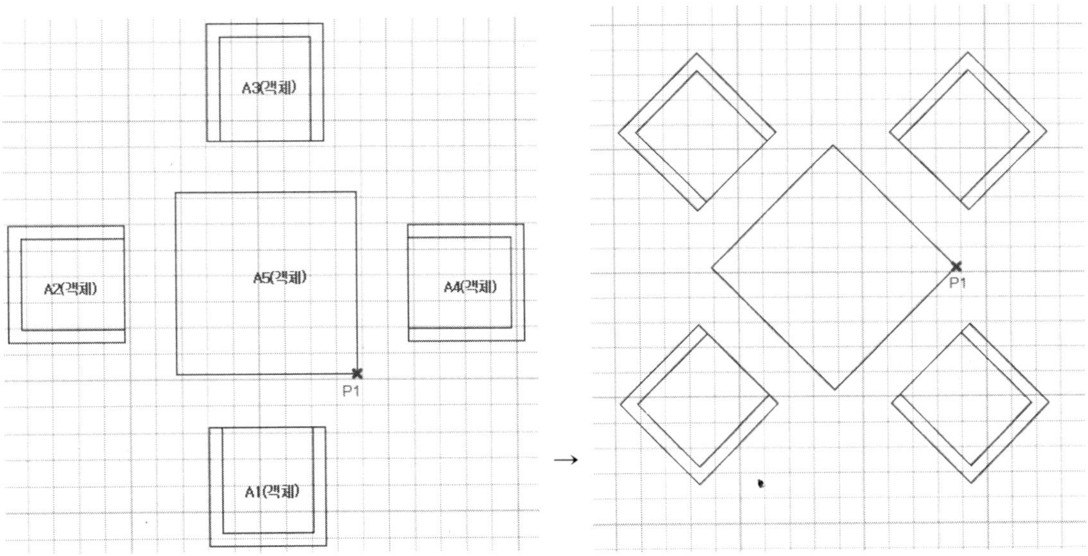

- 명령 : rotate 또는 ro Enter↵
- 객체 선택 : A1,A2,A3,A4,A5 객체들을 선택 Enter↵ 또는 올가미드래그
- 기준점 지정 : P1 Enter↵
- 회전각도 지정 또는 [복사(C)/참조(R)] <0> : 45° Enter↵

05. Array 명령 (배열하기)

(1) 기능 : 객체를 사각형 또는 원형 그리고 경로의 형태로 배열하여 복사는 명령어입니다.

(2) 명령방법

- ▸명령행 입력 : array 또는 ar Enter↵
- ▸메뉴 : 수정/배열 클릭
- ▸홈탭 : 수정패널 /  클릭

(3) 입력

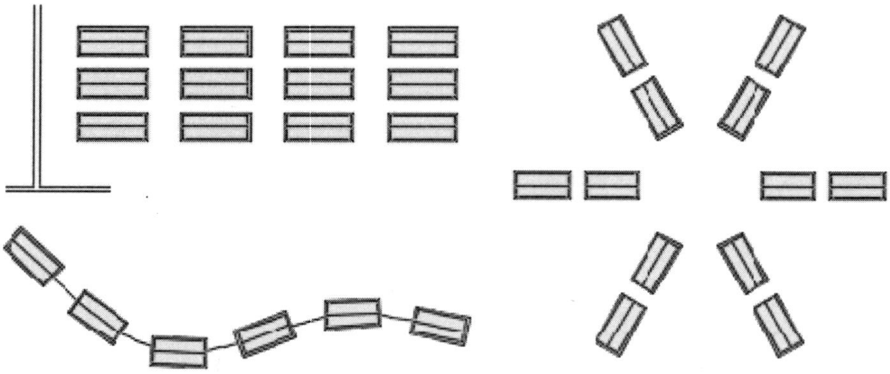

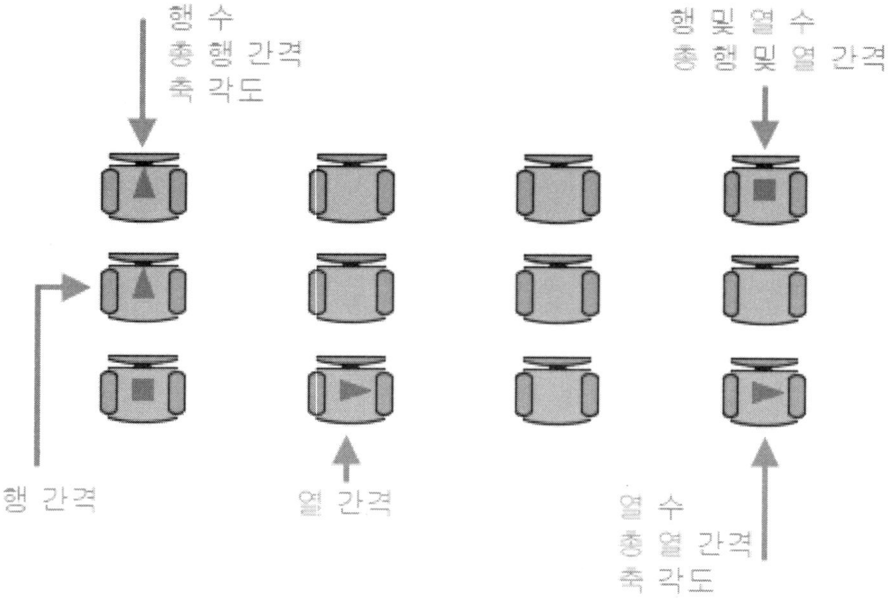

▸**사각형태의 배열입니다.**

- 명령 : array 또는 ar Enter↵
- 객체 선택 : 배열하고자 하는 객체를 선택합니다. 선택이 끝나면 Enter↵를 칩니다.
- 객체 선택 : 배열 유형 입력 [직사각형(R)/경로(PA)/원형(PO)] <직사각형> : Enter↵ 사각배열로 지정합니다.
- 유형 = 직사각형 연관 = 예
- 그립을 선택하여 배열을 편집하거나 [연관(AS)/기준점(B)/개수(COU)/간격두기(S)/열(COL)/행(R)/레벨(L)/종료(X)] <종료> : R Enter↵ 배열 유형을 입력합니다.

- 행 수 입력 또는 [표현식(E)] <3> : 행의 갯 수를 입력합니다.
- 행 사이의 거리 지정 또는 [합계(T)/표현식(E)] <5.6773> : 8 Enter↵ 행의 간격을 입력합니다.
- 행 사이의 증분 고도 지정 또는 [표현식(E)] <0> :
- 그립을 선택하여 배열을 편집하거나 [연관(AS)/기준점(B)/개수(COU)/간격두기(S)/열(COL)/행(R)/레벨(L)/종료(X)] <종료> : COL Enter↵ 배열 유형을 입력합니다.
- 열 수 입력 또는 [표현식(E)] <4> : 열의 갯수를 입력합니다.
- 열 사이의 거리 지정 또는 [합계(T)/표현식(E)] <6.5556> : 8 Enter↵ 열의 간격을 입력합니다.
- 그립을 선택하여 배열을 편집하거나 [연관(AS)/기준점(B)/개수(COU)/간격두기(S)/열(COL)/행(R)/레벨(L)/종료(X)] <종료> :

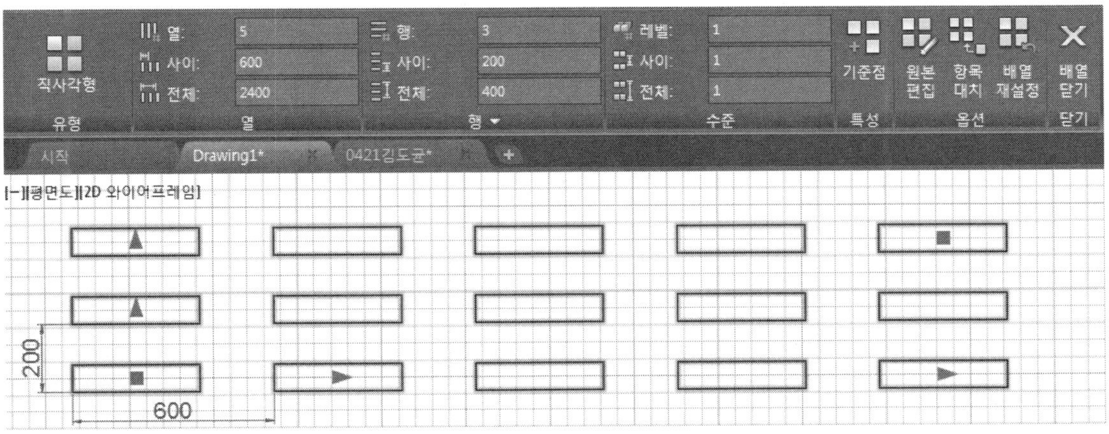

▸ **원형형태의 배열입니다.**

- 명령 : array(단축ar) Enter↵ 또는 홈 탭의 수정 원형배열 클릭
- 객체 선택 : 배열하고자 하는 객체를 선택합니다. 선택이 끝나면 Enter↵를 칩니다.
- 객체 선택 : 배열 유형 입력 [직사각형(R)/경로(PA)/원형(PO)] <직사각형> : PO(원형) Enter↵ 또는 원형(PO)] 클릭 지정합니다.
- 유형 = 또는 원형 연관 = 예
- 배열의 중심점 지정 또는 [기준점(B)/회전축(A)] : 원형배열의 중심점을 입력합니다.
- 그립을 선택하여 배열을 편집하거나 [연관(AS)/기준점(B)/항목(I)/사이의 각도(A)/채울 각도(F)/행(ROW)/레벨(L)/항목 회전(ROT)/종료(X)]<종료> : ROT Enter↵ 원형 배열 시 항목회전 옵션을 지정합니다.
- 배열된 항목을 회전하시겠습니까? [예(Y)/아니오(N)] <예> : Y로 하면 객체가 중심을 향해 자전하며 N으로 하면 자전하지 않습니다.

→ 배열창의 항목회전 항목 회전 활성화(Y) 항목 회전 비활성화(N)

- 그립을 선택하여 배열을 편집하거나 [연관(AS)/기준점(B)/항목(I)/사이의 각도(A)/채울 각도(F)/행(ROW)/레벨(L)/항목 회전(ROT)/종료(X)]<종료> : I Enter↵ 항목의 갯수를 지정하기 위한 옵션을 선택합니다.

- 배열의 항목 수 입력 또는 [표현식(E)] <6> : 6 Enter↵ 원형배열 할 항목의 개수를 지정 또는 배열창의 항목: 6 개수를 입력합니다.
- 그립을 선택하여 배열을 편집하거나 [연관(AS)/기준점(B)/항목(I)/사이의 각도(A)/채울 각도(F)/행(ROW)/레벨(L)/항목 회전(ROT)/종료(X)]<종료> :

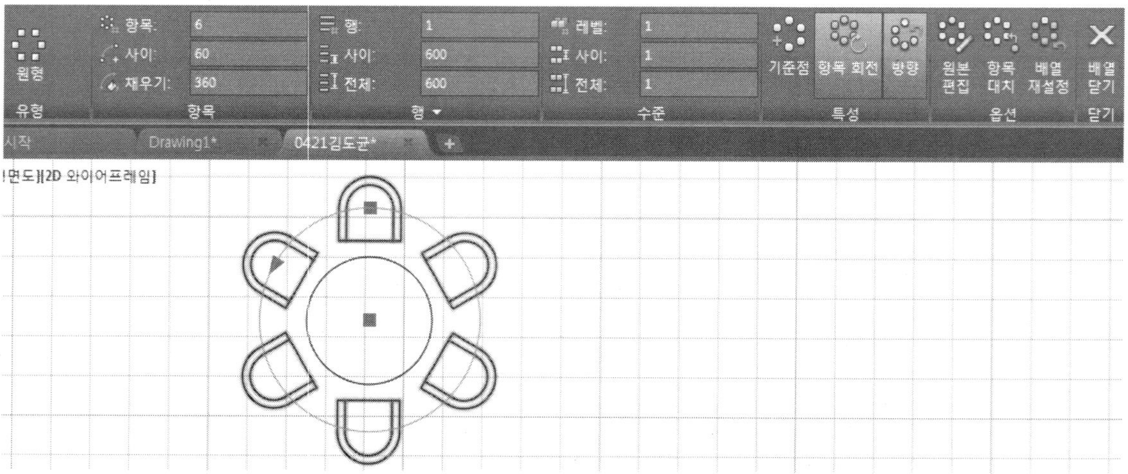

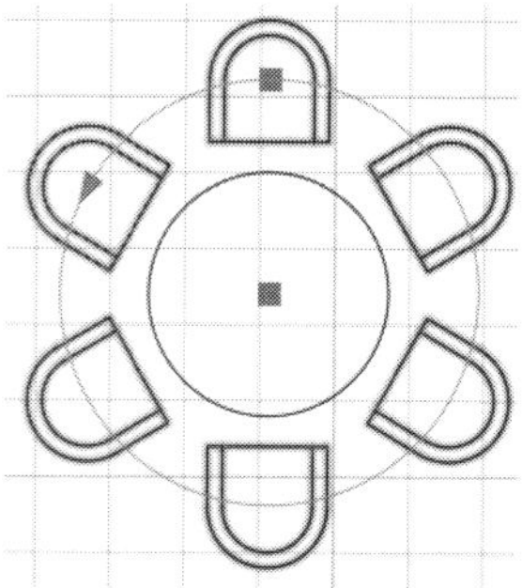

자전하는 경우

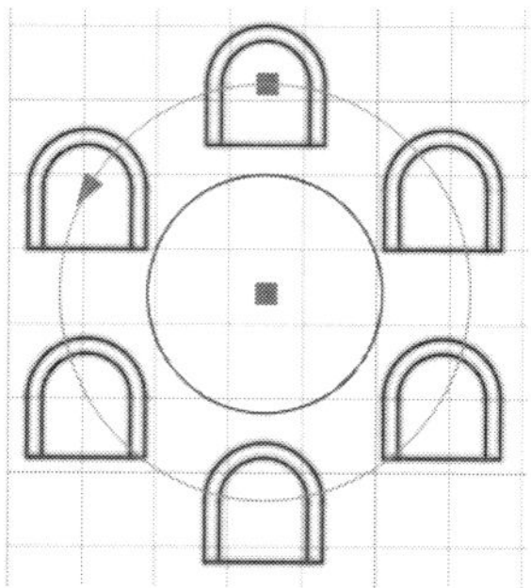

자전하지 않는 경우

▸ **경로 배열입니다.**

- 명령 : array(단축 ar) 또는 홈 탭의 수정 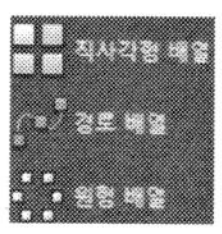 경로배열  클릭
- 객체 선택 : 배열하고자 하는 객체를 선택합니다. 선택이 끝나면 Enter↵
- 배열 유형 입력 [직사각형(R)/경로(PA)/원형(PO)] <경로> : pa Enter↵ 경로배열을 지정합니다.
- 유형 = 경로 연관 = 예
- 경로 곡선 선택 : 경로가 될 객체를 선택합니다.
- 그립을 선택하여 배열을 편집하거나 [연관(AS)/메서드(M)/기준점(B)/접선 방향(T)/항목(I)/행(R)/레벨(L)/항목 정렬(A)/Z 방향(Z)/종료(X)] <종료> : I 항목의 개수를 지정하기 위한 옵션을 선택합니다.
- 경로를 따라 배열되는 항목 사이의 거리 지정 또는 [표현식(E)] <1.0607> : 사이거리 입력 Enter↵ 또는 사이: 입력 경로를 따라 배열할 항목 사이의 거리를 지정합니다.
- 항목 수 지정 또는 [전체 경로 채우기(F)/표현식(E)] <7> : 배열할 항목 수를 지정합니다.

- 그립을 선택하여 배열을 편집하거나 [연관(AS)/메서드(M)/기준점(B)/접선 방향(T)/항목(I)/행(R)/레벨(L)/항목 정렬(A)/Z 방향(Z)/종료(X)] <종료> :

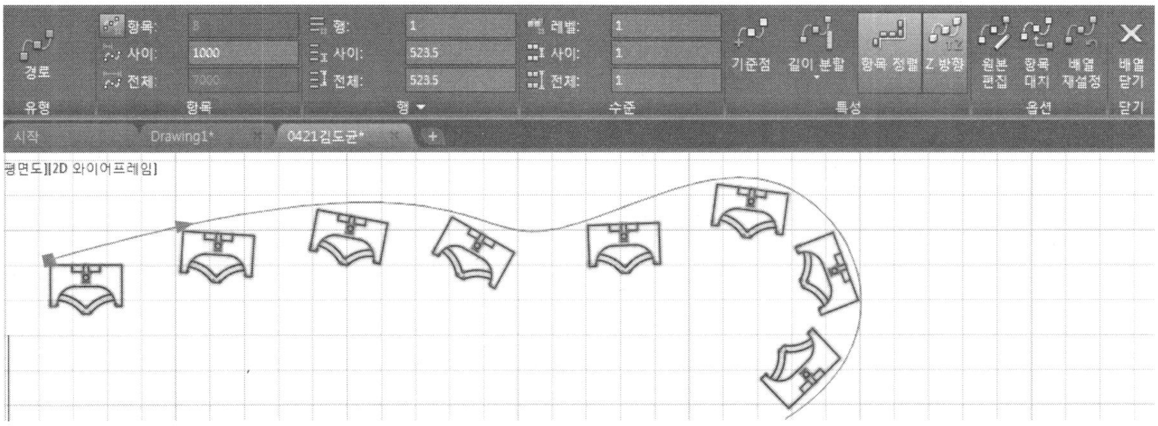

따라하기

1. 아래와 같이 직사각형 배열하시오

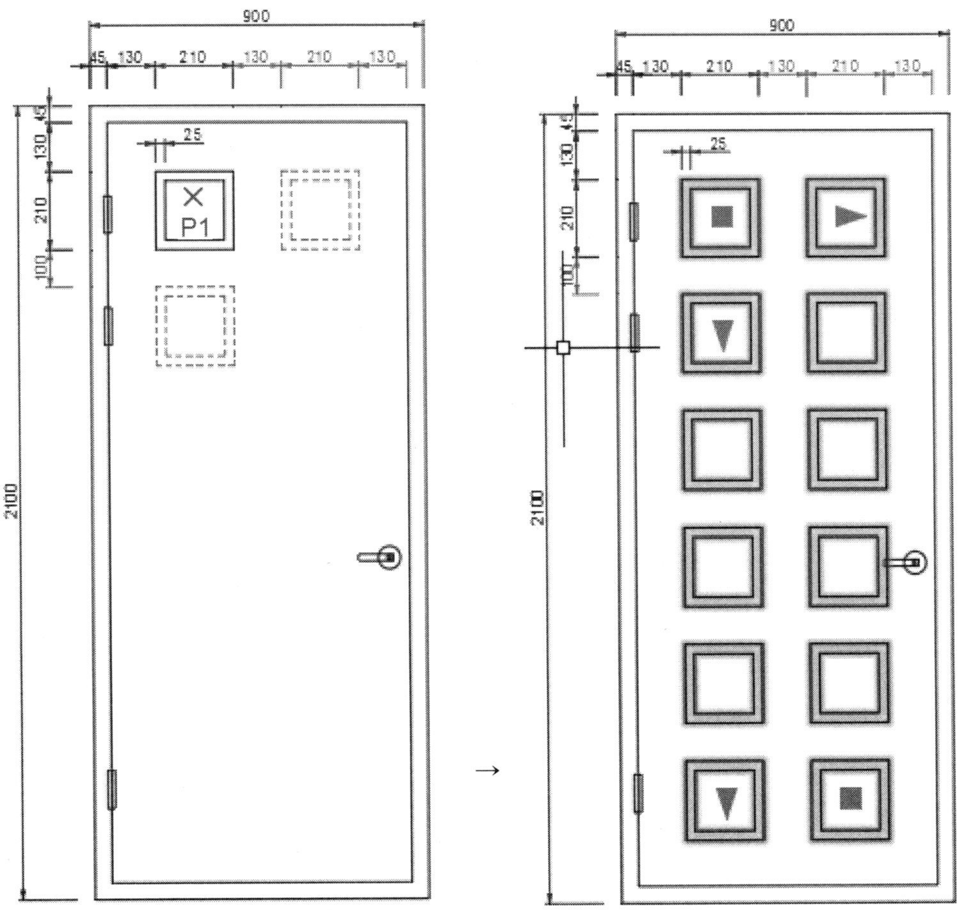

- 명령 : array(단축 ar) Enter↵ 또는 홈탭 수정패널 클릭
- 객체 선택 : P1객체 선택 Enter↵

- 배열 유형 입력 [직사각형(R)/경로(PA)/원형(PO)] <직사각형> : Enter
- 그립을 선택하여 배열을 편집하거나 [연관(AS)/기준점(B)/개수(COU)/간격두기(S)/열(COL)/행(R)/레벨(L)/종료(X)] <종료> : 열(COL) 클릭 또는 COL Enter
- 열 수 입력 또는 [표현식(E)] <4> : 2 Enter
- 열 사이의 거리 지정 또는 [합계(T)/표현식(E)] <5.6773> : 340 Enter
- 그립을 선택하여 배열을 편집하거나 [연관(AS)/기준점(B)/개수(COU)/간격두기(S)/열(COL)/행(R)/레벨(L)/종료(X)] <종료> : 행(R) 클릭 또는 R Enter
- 행 수 입력 또는 [표현식(E)] <3> : 6 Enter
- 행 사이의 거리 지정 또는 [합계(T)/표현식(E)] <6.5556> : -310 Enter
- 그립을 선택하여 배열을 편집하거나 [연관(AS)/기준점(B)/개수(COU)/간격두기(S)/열(COL)/행(R)/레벨(L)/종료(X)] <종료> : Enter

2. 아래와 같이 원형 배열하시오

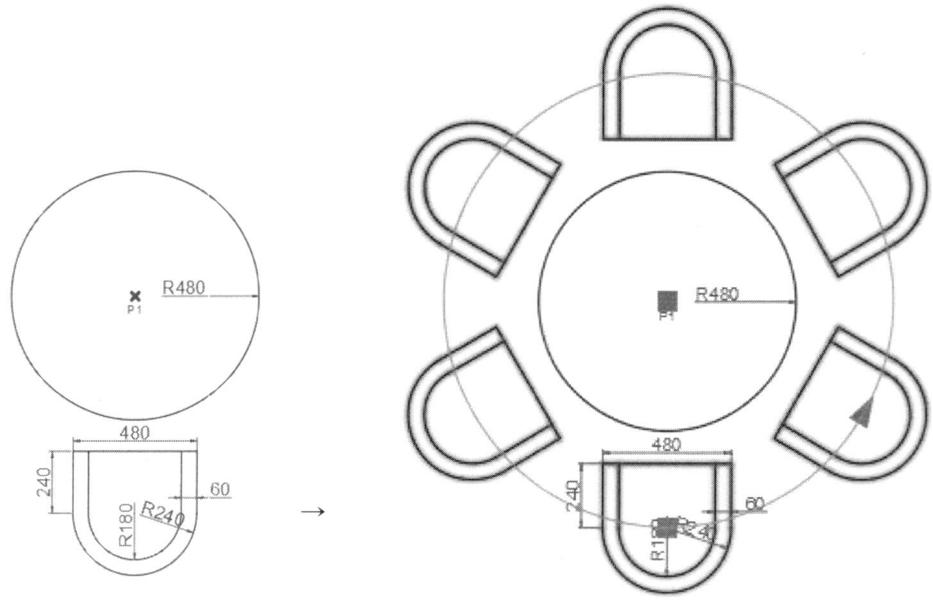

- 명령 : array Enter 또는 홈 탭  클릭
- 객체 선택 : 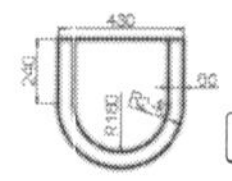 Enter
- 배열의 중심점 지정 또는 [기준점(B)/회전축(A)] : P1 클릭
- 그립을 선택하여 배열을 편집하거나 [연관(AS)/기준점(B)/항목(I)/사이의 각도(A)/채울 각도(F)/행(ROW)/레벨(L)/항목 회전(ROT)/종료(X)]<종료> : I Enter
- 배열의 항목 수 입력 또는 [표현식(E)] <6> : 6 Enter 또는  입력
- 그립을 선택하여 배열을 편집하거나 [연관(AS)/기준점(B)/항목(I)/사이의 각도(A)/채울 각도(F)/행(ROW)/레벨(L)/항목 회전(ROT)/종료(X)]<종료> : Enter

3. 아래와 같이 원형 배열하시오

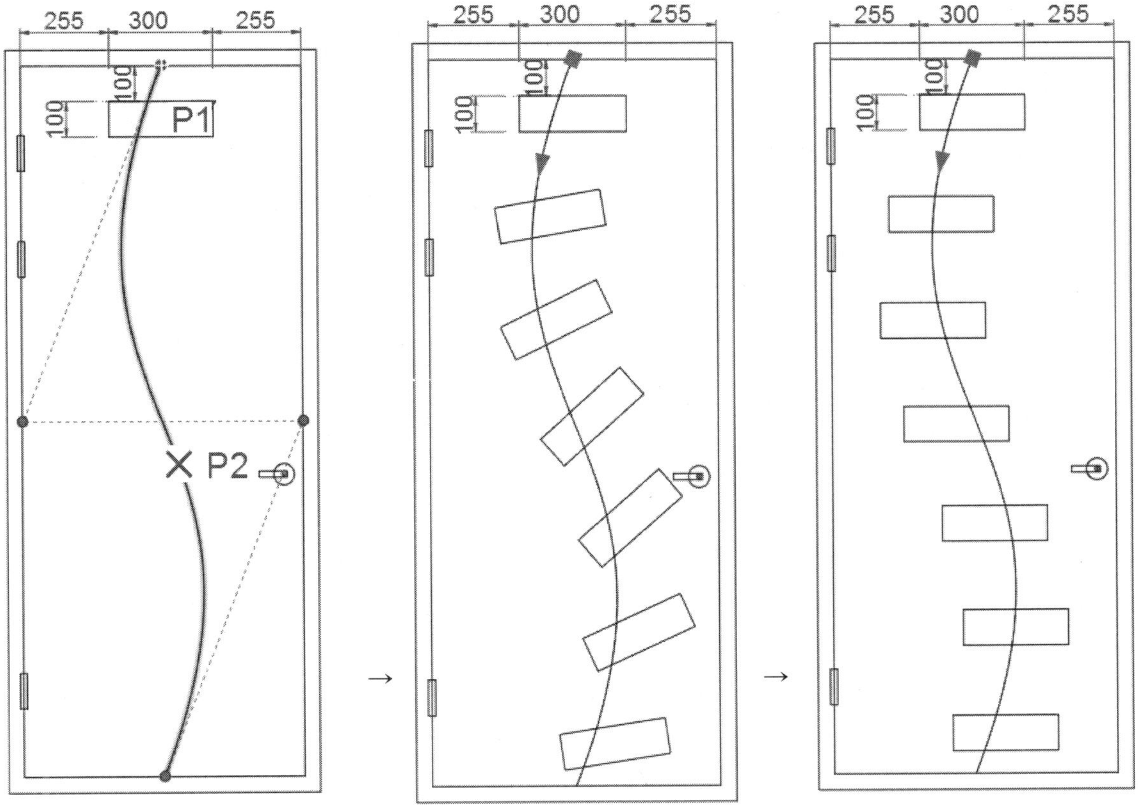

- 명령 : array 또는 홈 탭  클릭
- 객체 선택 : P1객체 선택 [Enter↵]
- 경로 곡선 선택 : P2객체 선택
- 그립을 선택하여 배열을 편집하거나 [연관(AS)/메서드(M)/기준점(B)/접선 방향(T)/항목(I)/행(R)/레벨(L)/항목 정렬(A)/Z 방향(Z)/종료(X)] <종료> : 항목(I) [Enter↵] 또는 항목(I) 클릭
- 경로에 따라 배열되는 항목 사이의 거리 지정 또는 [표현식(E)] <450> : 300 [Enter↵]
- 항목 수 지정 또는 [전체 경로 채우기(F)/표현식(E)] <7> : 7 [Enter↵]
- 그립을 선택하여 배열을 편집하거나 [연관(AS)/메서드(M)/기준점(B)/접선 방향(T)/항목(I)/행(R)/레벨(L)/항목 정렬(A)/Z 방향(Z)/종료(X)] <종료> : A [Enter↵] 또는  클릭

06. Fillet 명령 (모깎기)

(1) 기능 : 두개의 객체를 지정된 반지름의 값을 갖는 호로 연결하여 주는 명령어입니다.

(2) 명령방법

- ▸명령행 입력 : fillet 또는 f [Enter↵]
- ▸메뉴 : 수정/모깎기 클릭
- ▸홈탭 : 수정패널 :  클릭

(3) 입력

- 명령 : fillet 또는 f [Enter↵]
- 현재 설정 : 모드 = 자르기, 반지름 = 0.0000 옵션의 현재 설정 값을 보여줍니다.
- 첫 번째 객체 선택 또는 [명령 취소(U)/폴리선(P)/반지름(R)/자르기(T)/다중(M)] : 모깎기 할 첫 번째 객체를 선택합니다.
- 두 번째 객체 선택 또는 Shift 키를 누른 채 선택하여 구석 적용 또는 [반지름(R)] : 두 번째 객체를 선택합니다.

※ 폴리선을 모깎기 할 경우에는 폴리선 옵션을 선택해야 하며, 그 경우에는 각 모서리가 한 번에 모깎기가 됩니다.

※ 모깎기의 반지름을 조절하려는 경우에는 반지름 옵션을 사용하며, 자르기 옵션은 모서리도 동시에 표현합니다. 다중 옵션은 여러 개의 모깎기를 연속하여 작업할 수 있습니다.

※ 반지름이 0인 경우에는 직선으로 모깎기가 이루어집니다.

※ 한번 입력된 반지름은 기억되어 고정되므로 모깎기 명령을 사용할 때에는 항상 반지름을 확인해야 합니다. 선이 겹치거나 서로 만나지 않아도 상관없으며, 직선뿐만 아니라 원과 호도 모깎기가 가능합니다.

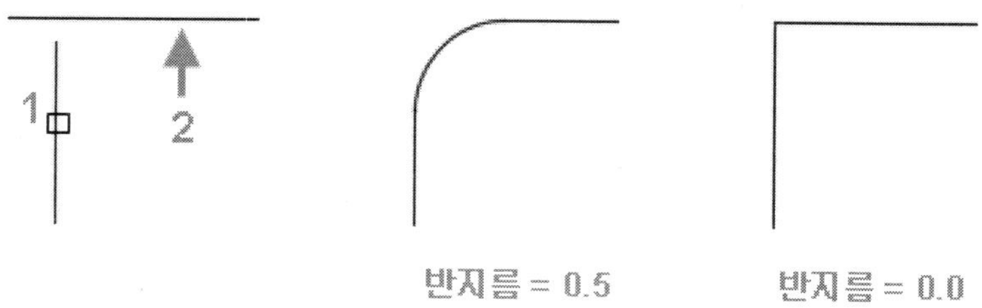

※ 건축 실무에서는 반지름을 0으로 두어 두 개의 선을 만나게 하는 명령어로 많이 사용됩니다.

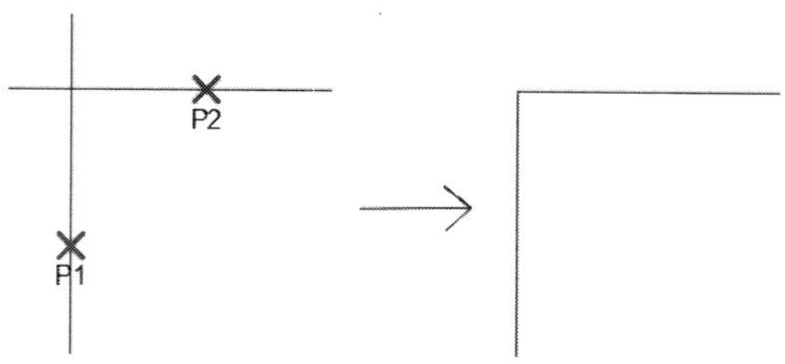

두 선이 겹치는 경우

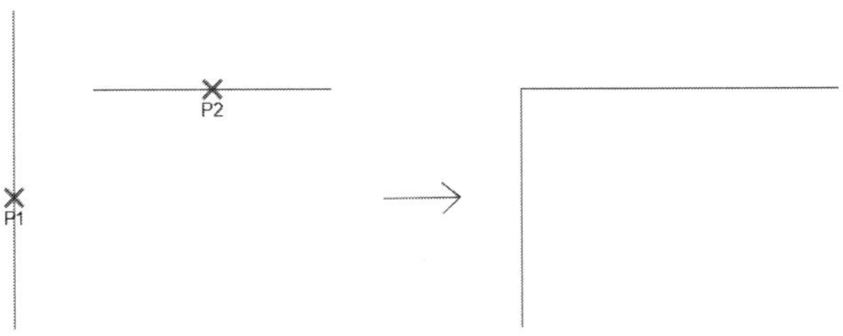

두 선이 만나지 않고 한선이 짧은 경우

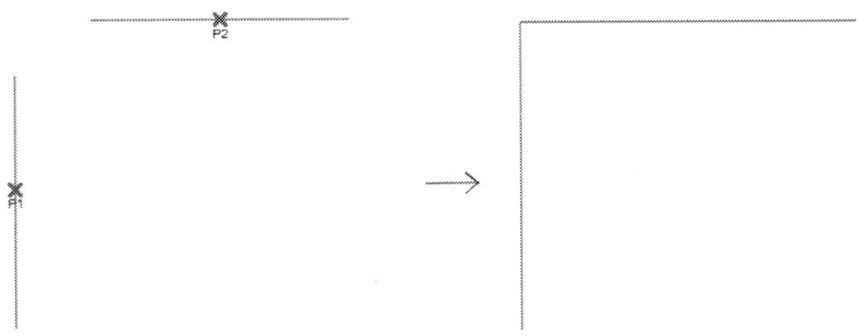

두 선이 만나지 않고 두선이 짧은 경우

따라하기

1. 아래 왼쪽 도면을 오른쪽과 같이 Fillet(모깍기) 하시오

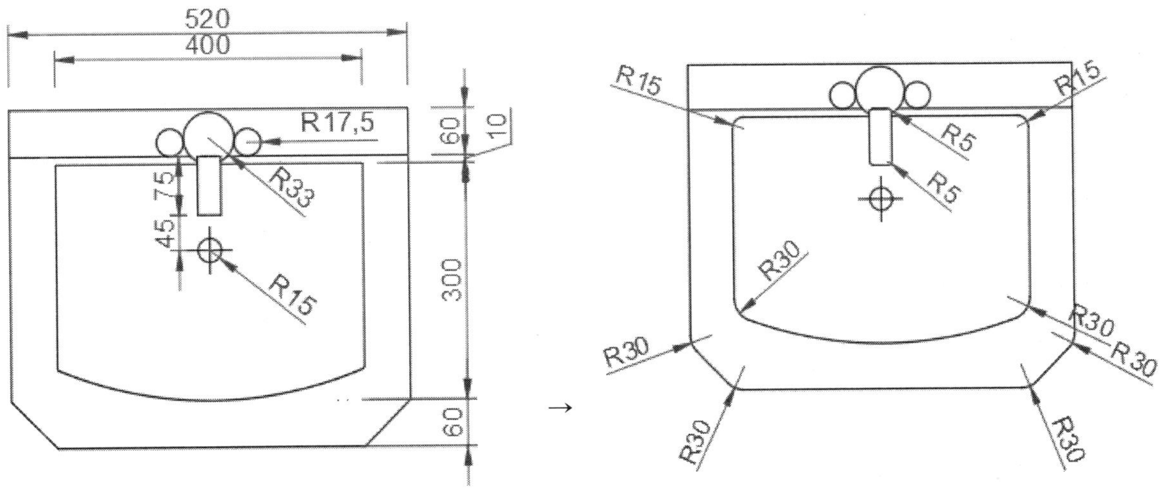

- 명령 : fillet Enter↵
- 첫 번째 객체선택 또는 [명령 취소(U)/폴리선(P)/반지름(R)/자르기(T)/다중(M)] :R Enter↵
- 모깍기 반지름 지정 <30.0000> : 15 Enter↵
- 첫 번째 객체선택 또는 [명령 취소(U)/폴리선(P)/반지름(R)/자르기(T)/다중(M)] : P1 클릭

- 두 번째 객체 선택 또는 Shift 키를 누른채 선택하여 구석적용 또는 [반지름(R)]:P2 클릭
- Enter↵ 후 다른 1곳 반복 선택
- 명령 : fillet Enter↵
- 첫 번째 객체선택 또는 [명령 취소(U)/폴리선(P)/반지름(R)/자르기(T)/다중(M)] : R Enter↵
- 모깍기 반지름 지정 <15.0000> : 5 Enter↵
- 첫 번째 객체선택 또는 [명령 취소(U)/폴리선(P)/반지름(R)/자르기(T)/다중(M)] : P3 클릭
- 두 번째 객체 선택 또는 Shift 키를 누른채 선택하여 구석적용 또는 [반지름(R)] : P4 클릭
- Enter↵ 후 다른 3군데 반복 선택

- 명령 : fillet Enter↵
- 첫 번째 객체선택 또는 [명령 취소(U)/폴리선(P)/반지름(R)/자르기(T)/다중(M)] : R Enter↵
- 모깍기 반지름 지정 <5.0000> : 30 Enter↵
- 첫 번째 객체선택 또는 [명령 취소(U)/폴리선(P)/반지름(R)/자르기(T)/다중(M)] : P5 클릭
- 두 번째 객체 선택 또는 Shift 키를 누른채 선택하여 구석적용 또는 [반지름(R)] : P6 클릭
- Enter↵ 후 다른 5군데 반복 선택

07. Chamfer 명령 (모따기)

(1) 기능 : 두개의 객체를 연장하여 연결시키거나 교차점으로부터 일정한 거리에서 다른 직선을 이용하여 서로 연결시키는 명령어입니다.

(2) 명령방법

▸ 명령행 입력 : chamfer 또는 cha 입력 Enter↵

▸ 메뉴 : 수정/모따기 클릭

▸ 홈탭 : 수정패널 /  클릭

(3) 입력

- 명령 : CHA
  (자르기 모드) 현재 모따기 거리1 = 0.0000, 거리2 = 0.0000
- 첫 번째 선 선택 또는 [명령 취소(U)/폴리선(P)/거리(D)/각도(A)/자르기(T)/메서드(E)/다중(M)] : 모따기 할 첫 번째 선을 선택합니다.
- 두 번째 선 선택 또는 Shift 키를 누른 채 선택하여 구석 적용 또는 [거리(D)/각도(A)/메서드(M)] : 두 번째 선을 선택합니다.

※ 거리는 모따기에 사용될 길이를 지정해주는 옵션이며, 각도 옵션을 사용하면 거리와 각도를 지정하여 모따기 됩니다.

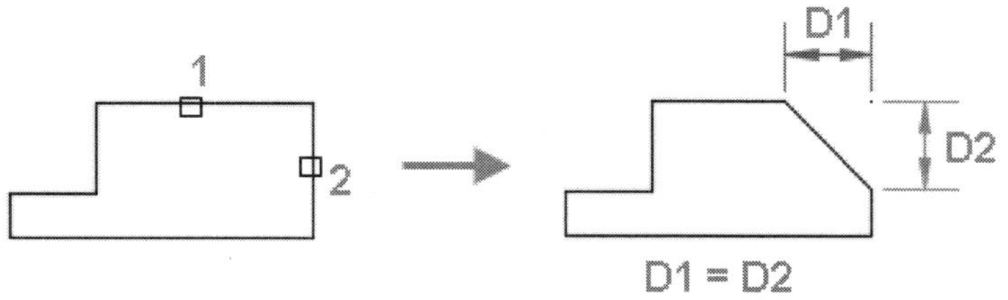

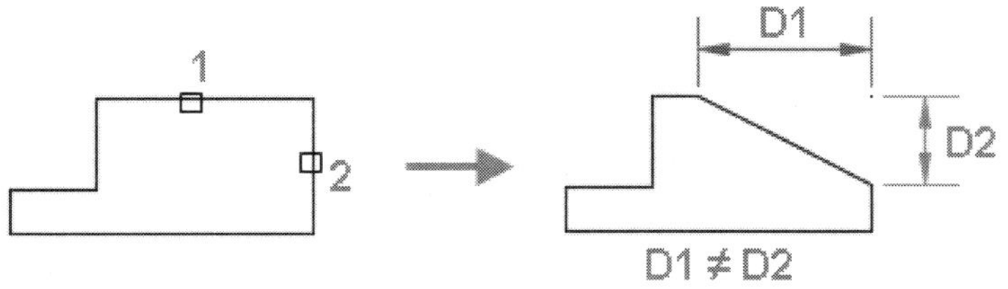

08. Offset 명령 (간격 띄우기)

(1) 기능 : 객체를 지정한 거리만큼 수평으로 띄어서 복사하는 명령어입니다.

(2) 명령방법

- ▸명령행 입력 : offset 또는 o
- ▸메뉴 : 수정/간격띄우기
- ▸홈탭 : 수정패널/ 

(3) 입력

- 명령 : offset 또는 o Enter↵
  현재 설정 : 원본 지우기=아니오 도면층=원본 OFFSETGAPTYPE=0
- 간격띄우기 거리 지정 또는 [통과점(T)/지우기(E)/도면층(L)] <통과점> : 간격띄우기 할 거리를 입력합니다.
- 간격띄우기 할 객체 선택 또는 [종료(E)/명령 취소(U)] <종료> : 간격띄우기 할 객체를 선택합니다.
- 간격띄우기 할 면의 점 지정 또는 [종료(E)/다중(M)/명령 취소(U)] <종료> : 간격띄우기 할 방향을 선택합니다. 명령을 종료하려면 Enter↵를 칩니다.

※ 원, 호, 폴리선의 경우도 간격띄우기가 됩니다. 단 이때에는 그 크기가 변합니다.

※ 간격띄우기를 할 간격을 모르고, 특정점이나 물체를 알고 있는 경우에는 통과점 옵션을 사용하여 그 점을 입력하면 그 점을 지나가도록 복사됩니다.

※ 간격띄우기 명령어는 건축에 있어 중심선을 기준으로 한 벽체를 작도하는데 가장 많이 쓰이는 유용한 명령어로 숙달되어야 합니다.

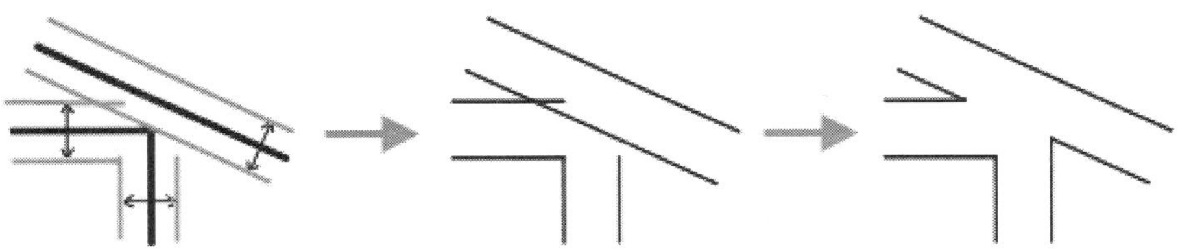

따라하기

1. 아래 왼쪽 도면을 오른쪽과 같이 Offset(간격띄우기) 하시오

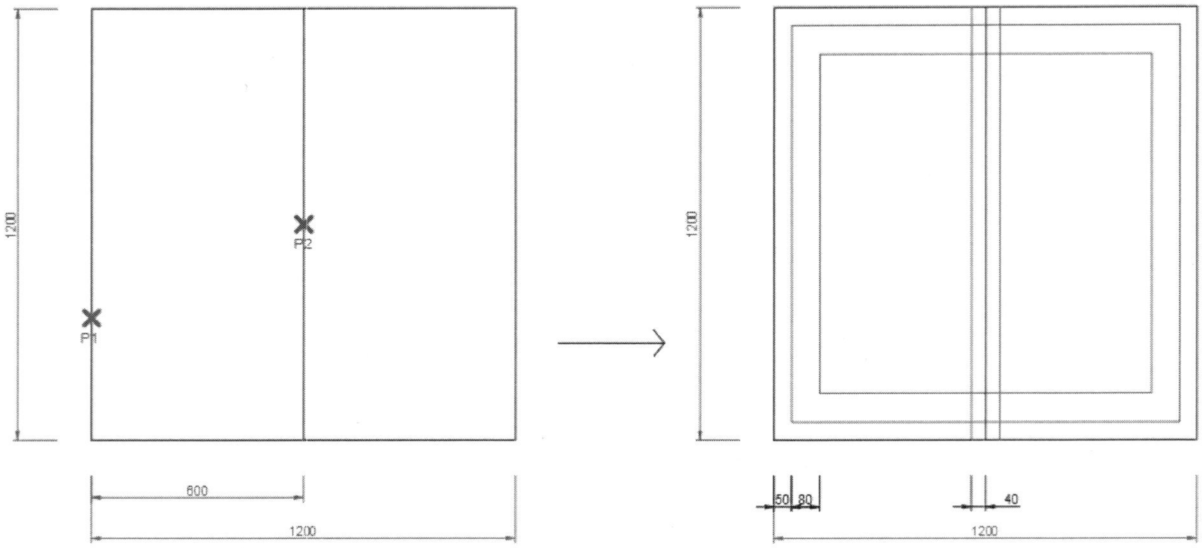

- 명령 : offset 또는 o Enter↵
- 간격띄우기 거리 지정 또는 [통과점(T)/지우기(E)/도면층(L)] <통과점> : 50Enter↵
- 간격띄우기 할 객체 선택 또는 [종료(E)/명령 취소(U)] <종료> : P1 선택
- 간격띄우기 할 면의 점 지정 또는 [종료(E)/다중(M)/명령 취소(U)] <종료> : 안쪽방향 선택 Enter↵
- 명령 : Enter↵
- 간격띄우기 거리 지정 또는 [통과점(T)/지우기(E)/도면층(L)] <통과점> : 130Enter↵
- 간격띄우기 할 객체 선택 또는 [종료(E)/명령 취소(U)] <종료> : P1 선택
- 간격띄우기 할 면의 점 지정 또는 [종료(E)/다중(M)/명령 취소(U)] <종료> : 안쪽방향 선택 Enter↵
- 명령 : Enter↵
- 간격띄우기 거리 지정 또는 [통과점(T)/지우기(E)/도면층(L)] <통과점> : 40 Enter↵
- 간격띄우기 할 객체 선택 또는 [종료(E)/명령 취소(U)] <종료> : P2 선택
- 간격띄우기 할 면의 점 지정 또는 [종료(E)/다중(M)/명령 취소(U)] <종료> : 우측 클릭
- 간격띄우기 할 객체 선택 또는 [종료(E)/명령 취소(U)] <종료> : P2 선택
- 간격띄우기 할 면의 점 지정 또는 [종료(E)/다중(M)/명령 취소(U)] <종료> : 좌측 클릭 Enter↵

09. Trim 명령 (자르기)

(1) 기능 : 하나 또는 둘 이상의 객체를 기준이 되는 선을 경계로 하여 자르는 명령어입니다.

(2) 명령방법

- ▸명령행 입력 : trim 또는 tr
- ▸메뉴 : 수정/자르기
- ▸홈 탭 : 수정패널/ 

(3) 입력

- 명령 : trim 또는 tr Enter↵
  절단 모서리 선택 ...
- 객체 선택 또는 <모두 선택> : 경계선을 선택합니다. 선택이 끝나면 Enter↵를 칩니다.
  자를 객체 선택 또는 Shift 키를 누른 채 선택하여 연장
- [울타리(F)/걸치기(C)/프로젝트(P)/모서리(E)/지우기(R)/명령 취소(U)] : 자를 객체를 선택합니다.

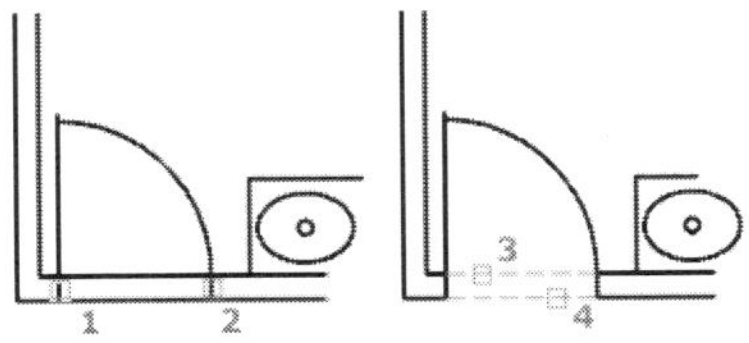

경계선선택 자를 선 선택

따라하기

1. 아래 왼쪽 도면을 오른쪽과 같이 Trim(자르기) 하시오

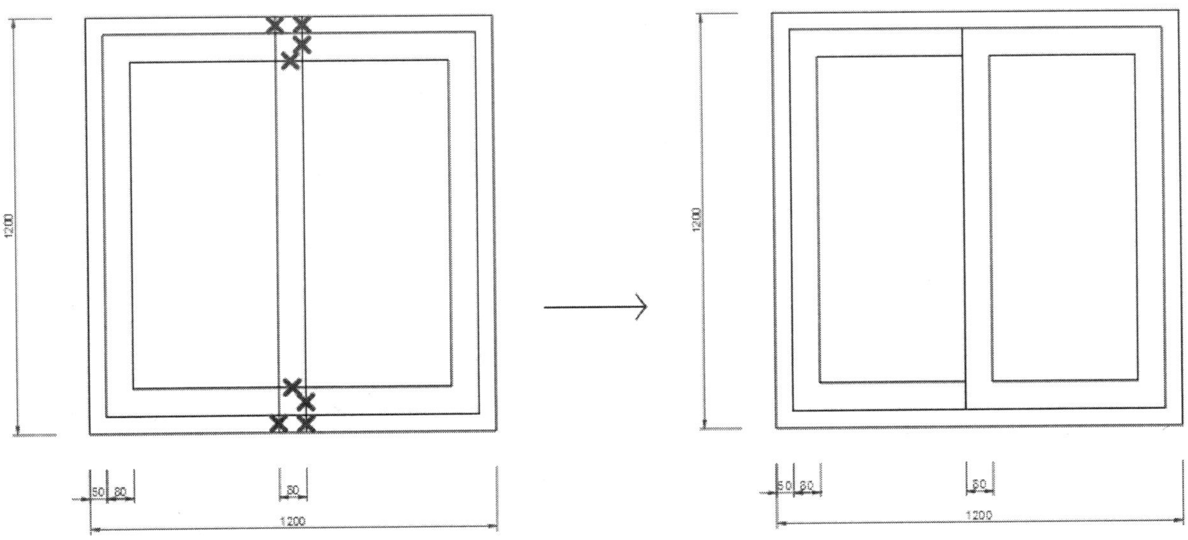

- 명령 : trim 또는 tr Enter↵
- 객체 선택 또는 <모두 선택> : Enter↵
- [울타리(F)/걸치기(C)/프로젝트(P)/모서리(E)/지우기(R)/명령 취소(U)] : X표시 모두클릭

10. Extend 명령 (연장)

(1) 기능 : 직선 또는 곡선을 어떤 기준이 되는 물체에까지 연장하는 명령어입니다.

(2) 명령방법

- ▸명령행 입력 : extend 또는 ex
- ▸메뉴 : 수정/연장
- ▸홈 탭 : 수정패널/

(3) 입력

- 명령 : extend 또는 ex Enter↵
  경계 모서리 선택 ...
- 객체 선택 또는 <모두 선택> : 경계선을 선택합니다. 선택이 끝나면 Enter↵를 칩니다.
  연장할 객체 선택 또는 Shift 키를 누른 채 선택하여 자르기 또는
- [울타리(F)/걸치기(C)/프로젝트(P)/모서리(E)/명령 취소(U)] : 연장할 객체를 선택합니다.

※ 여기서 중요한 점은 연장할 경계선을 미리 지정해주어야 한다는 점입니다.

※ 한꺼번에 여러 개의 객체를 연장할 때는 울타리(f) 또는 걸치기(c) 옵션을 사용하여 작업속도를 높일 수 있다.

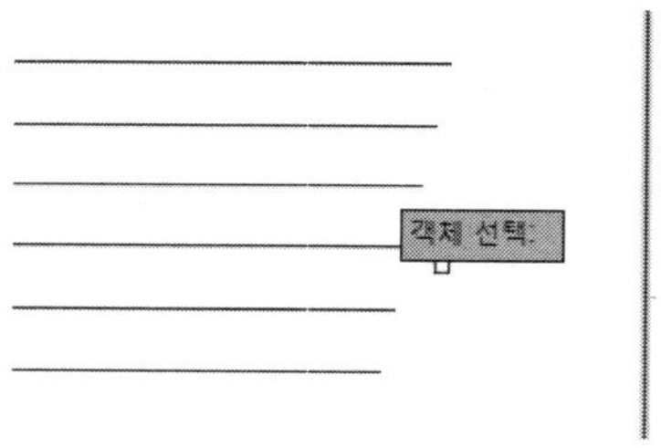

경계선 선택

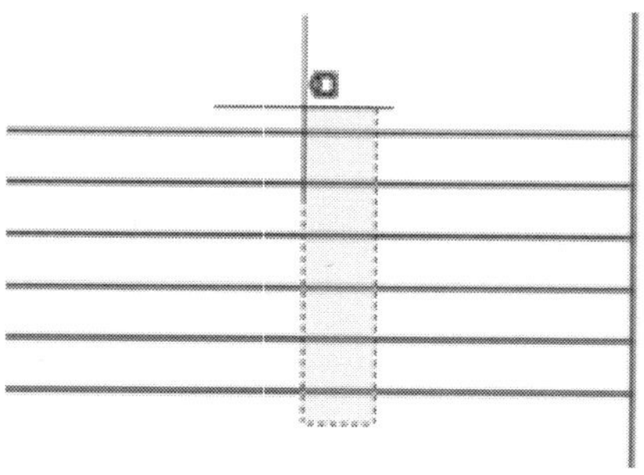

걸치기 옵션을 이용한 연장

11. Break 명령 (끊기)

(1) 기능 : 객체의 일부분을 끊어 내거나 분리하는 명령어입니다.

(2) 명령방법

- ▸명령행 입력 : break 또는 br
- ▸메뉴 : 수정/끊기
- ▸홈 탭 : 수정패널/ 

(3) 입력

- 명령 : break 또는 br Enter↵
- BLACK 객체 선택 : 끊기를 할 객체를 선택합니다.
- BLACK 두 번째 끊기 점을 지정 또는 [첫 번째 점(F)] : f Enter↵를 입력하여 첫 번째 점을 입력할 수 있도록 합니다.
- BLACK 첫 번째 끊기 점 지정 : 끊기를 할 첫 번째 점을 지정합니다.
- BLACK 두 번째 끊기 점을 지정 : 끊기를 할 두 번째 점을 지정합니다.

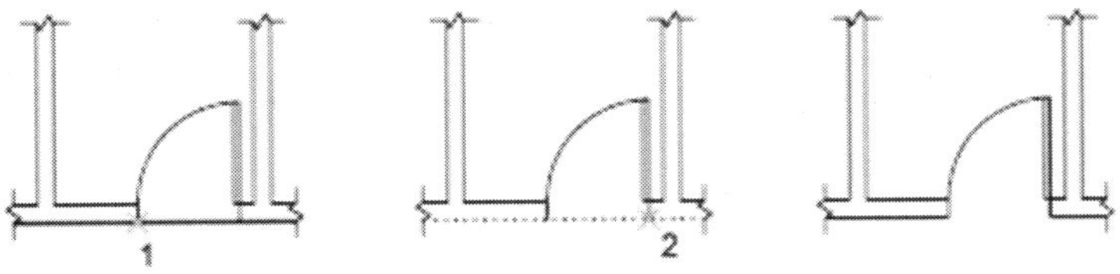

첫 번째 끊기점　　두 번째 끊기점　　결과

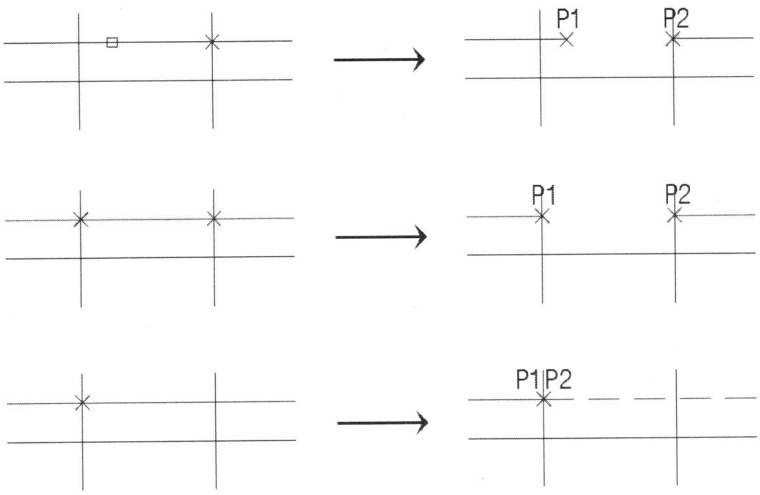

끊기 전　　끊기 후

12. Stretch 명령(신축)

(1) 기능 : 객체를 줄이거나 늘리는 명령어입니다.

(2) 명령방법

▸ 명령행 입력 : stretch 또는 s

▸ 메뉴 : 수정/신축

▸ 홈 탭 : 수정패널/ 

(3) 입력

- 명령 : stretch 또는 s [Enter↵]

걸침 윈도우 또는 걸침 폴리곤만큼 신축할 객체 선택...

반드시 crossing으로 선택해야 합니다.

- 객체 선택 : 크기조절 할 객체를 선택합니다. 선택이 끝나면 [Enter↵]를 칩니다.
- 기준점 지정 또는 [변위(D)] <변위> : 기준점을 지정합니다.
- 두 번째 점 지정 또는 <첫 번째 점을 변위로 사용> : 이동점을 지정합니다.

※ 크기조절에서 가장 중요한 것은 객체 선택시에 반드시 크기 조절할 부분만 crossing 선택하여야 한다는 것입니다. window선택을 할 경우 이동(move)와 같은 기능을 하게 됩니다.

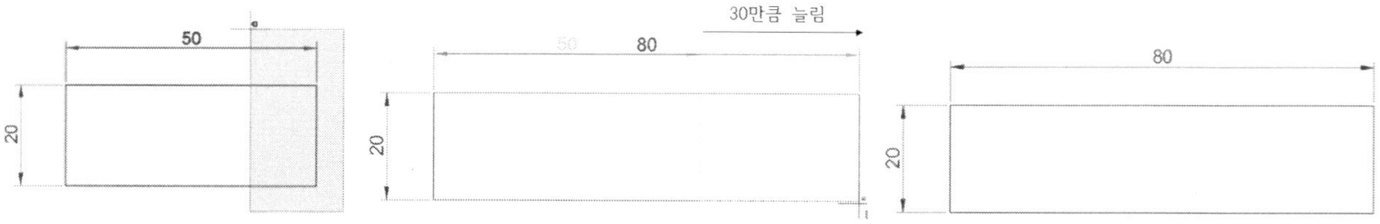

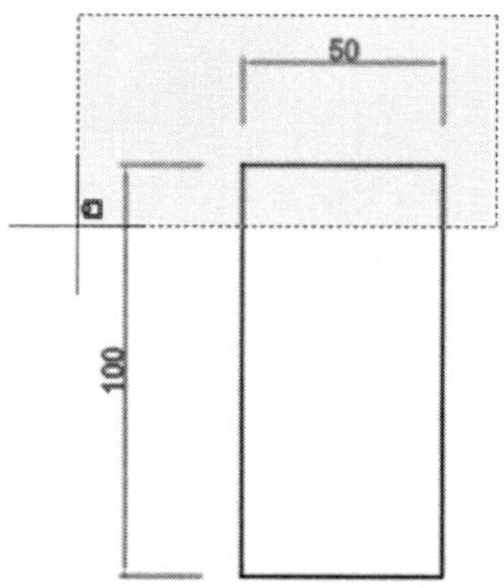

교차선택을 사용하여 선택된 객체

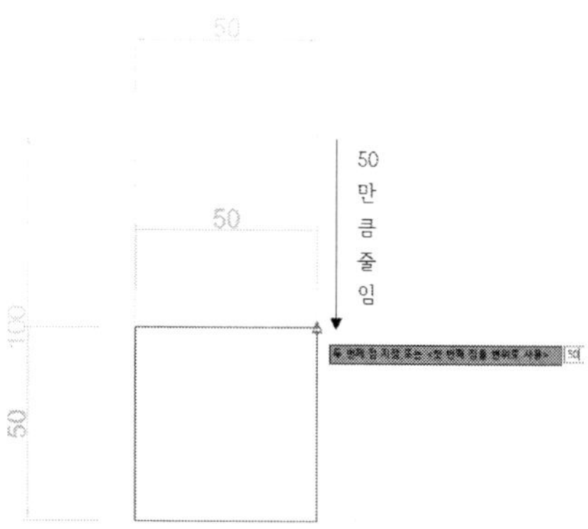

신축 이동

결과

따라하기

1. 아래 왼쪽 도면의 길이 1800㎜를 1500㎜로 대칭이 되도록 크기 조절하시오

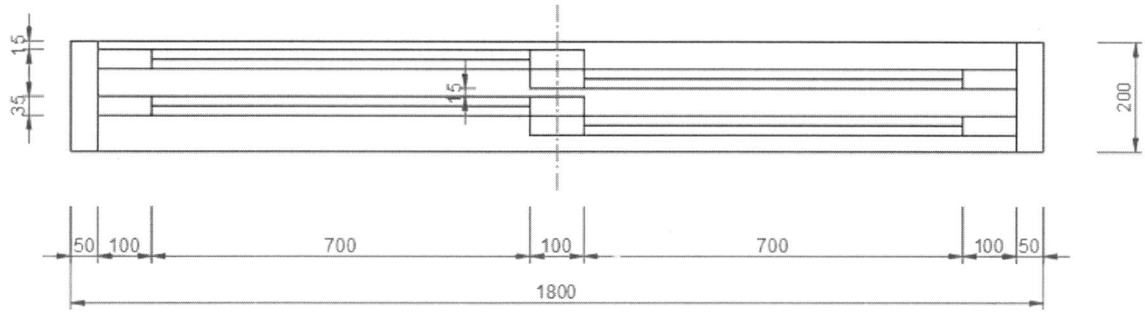

- 명령 : stretch 또는 s Enter↵
- 객체 선택 : C Enter↵
- 객체 선택 : P1에서 P2로 드래그 Enter↵

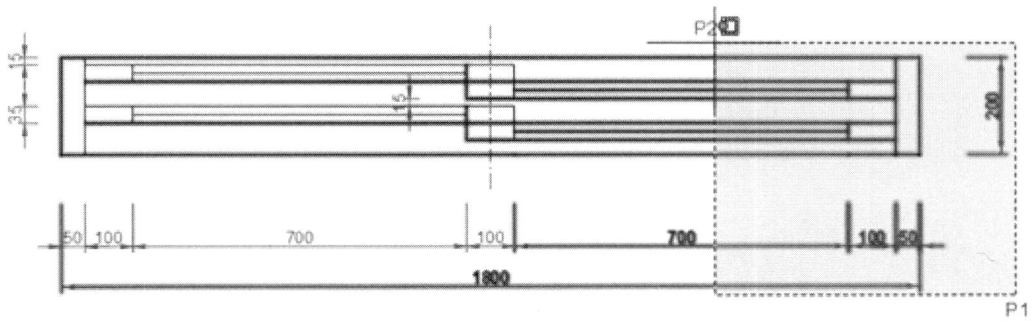

- 기준점 지정 또는 [변위(D)] <변위> : P3클릭,
- 두 번째 점 지정 또는 <첫 번째 점을 변위로 사용> : 150<180 Enter↵ 또는 -150,0 Enter↵

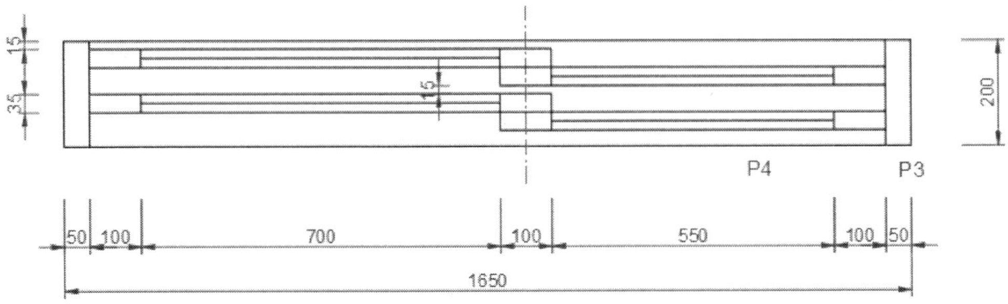

- 반복 사용 결과 길이가 1500㎜로 조정되었습니다.

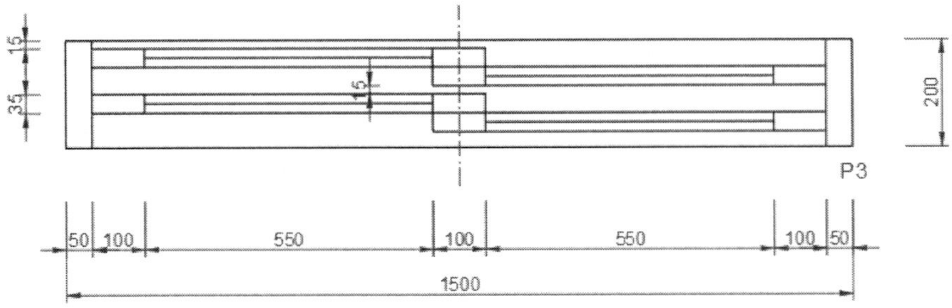

13. Scale 명령(축척)

(1) 기능 : 객체의 크기를 크게 또는 작게 변경하는 명령어입니다.

(2) 명령방법

- ▸명령행 입력 : scale 또는 sc
- ▸메뉴 : 수정/축척
- ▸홈 탭 : 수정패널/

(3) 입력

- 명령 : scale 또는 sc Enter↵
- 객체 선택 : 객체를 선택합니다. 선택이 끝나면 Enter↵를 칩니다.
- 기준점 지정 : 기준점을 지정합니다.
- 축척 비율 지정 또는 [복사(C)/참조(R)] : 축척 비율을 입력하거나 참조 길이를 사용합니다. (축척 비율이 1보다 크면 확대되고, 1보다 작으면 축소됩니다.)

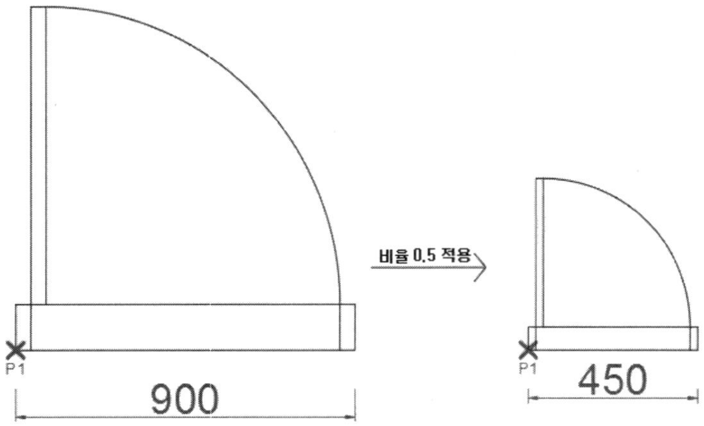

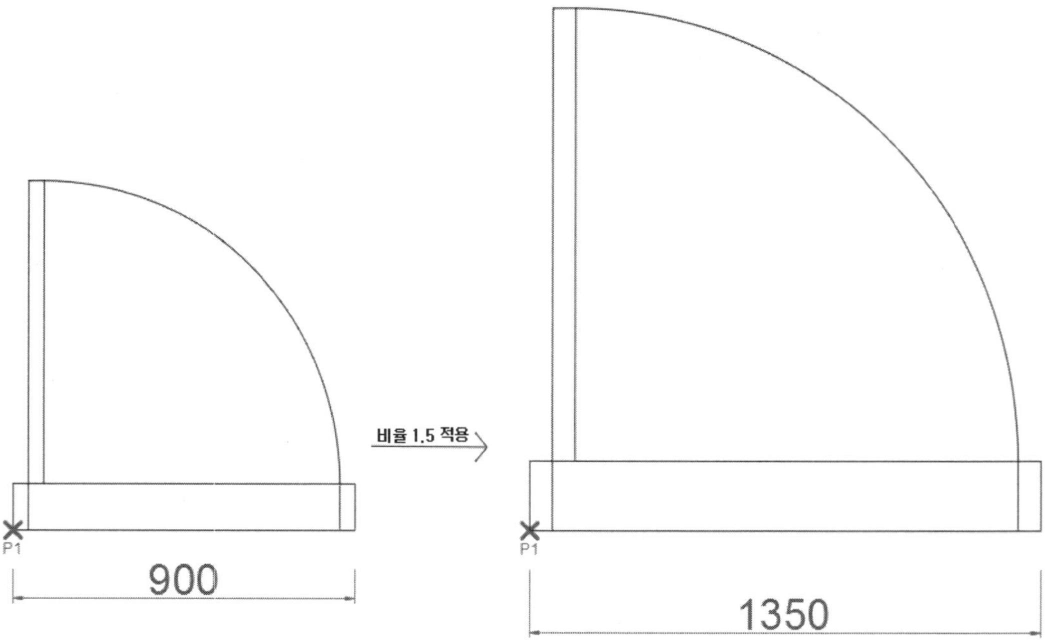

따라하기

1. 아래와 같이 SCALE 적용하시오

▸길이를 직접 입력하는 방법

- 명령 : scale 또는 sc Enter↵
- 객체 선택 : 문 평면도를 선택
- 기준점 지정 : P1을 선택합니다.
- 축척 비율 지정 또는 [복사(C)/참조(R)] : r
- 참조 길이 지정 <1.0000> : 900
- 새 길이 지정 또는 [점(P)] <1.0000> : 800

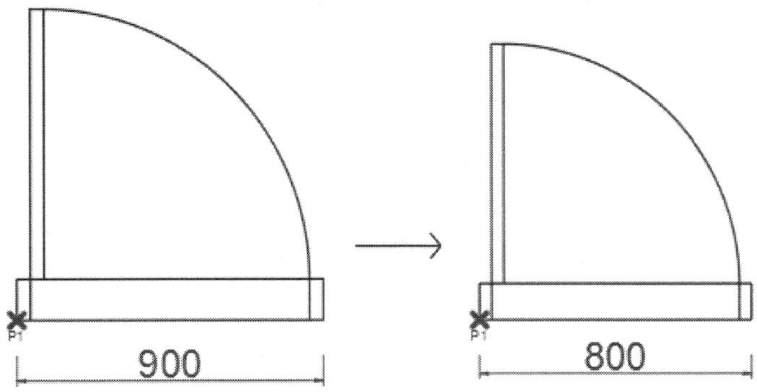

▸비율 지정하는 방법

- 명령 : scale 또는 sc Enter↵
- 객체 선택 : 문 평면도를 선택
- 기준점 지정 : P1 선택
- 축척 비율 지정 또는 [복사(C)/참조(R)] : 0.9 Enter↵

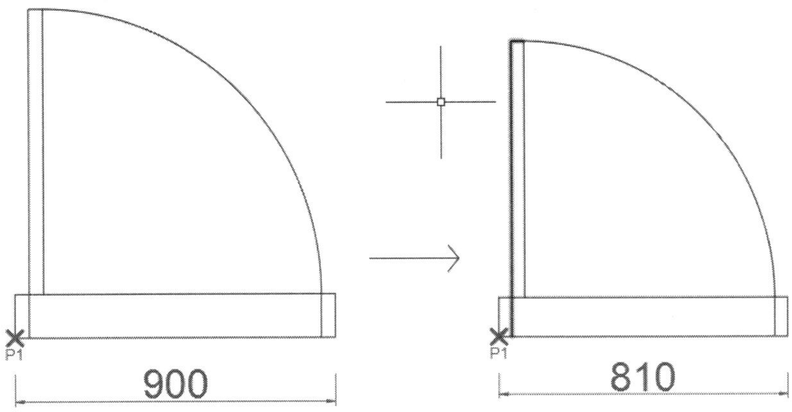

Ⅳ. 주석과 레이어 패널 사용하기

01. 문자입력하기

1. TEXT 명령 (단일행 문자 입력하기)

(1) 기능 : 한 줄의 문자를 입력하거나 여러 줄의 행을 입력할 때 사용합니다.

(2) 명령방법

- ▸명령행 입력 : text 또는 dt
- ▸메뉴 : 그리기/문자/단일행 문자
- ▸홈 탭 : 주석패널 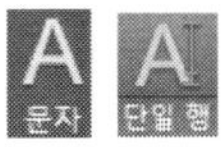

(3) 입력

- 명령 : text 또는 dt Enter↵

→ 현재 문자 스타일 : “Standard” 문자 높이 : 2.5000 주석 : 아니오 자리맞추기 : 왼쪽

- 문자의 시작점 지정 또는 [자리맞추기(J)/스타일(S)] : 문자의 시작점을 입력하거나 옵션을 선택합니다.
- 높이 지정 <2.5000> : 높이를 입력합니다.
- 문자의 회전 각도 지정 <0> : 회전 각도를 입력합니다.
- 문자입력 Enter↵ Enter↵

2. Mtext 명령 (여러줄 문자)

(1). 기능 : 단일행 문자와 달리 여러 행의 긴 문장을 입력할 때 사용하는 명령어입니다.

(2) 명령방법

- ▸명령행 입력 : mtext 또는 t
- ▸메뉴 : 그리기/문자/여러줄 문자
- ▸홈 탭 : 주석패널 

(3) 입력

- 명령 : mtext 또는 t Enter↵
- 현재 문자 스타일 : “Standard” 문자 높이 : 3 주석 : 아니오
- 첫 번째 구석 지정 : 문자가 들어 갈 박스의 첫번째 코너를 지정합니다.
- 반대 구석 지정 또는 [높이(H)/자리 맞추기(J)/선 간격두기(L)/회전(R)/스타일(S)/폭(W)/열(C)] : 박스의 나머지 코너를 지정하거나 옵션을 선택합니다.

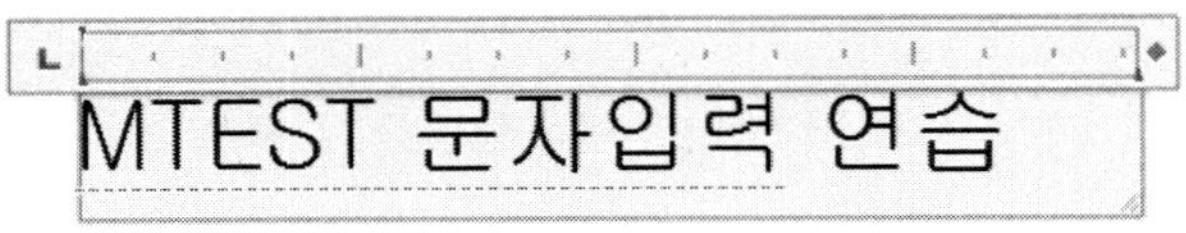

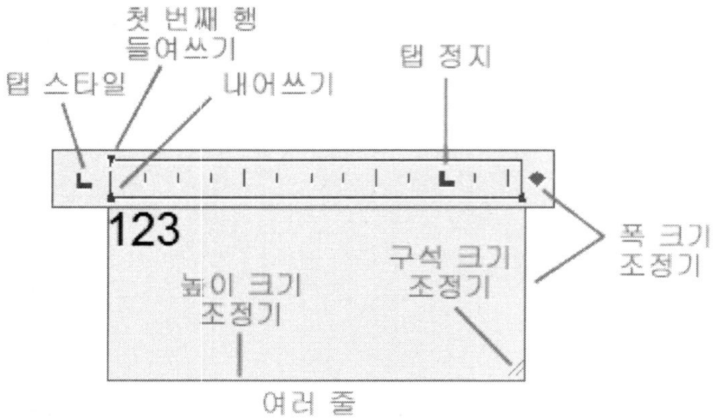

3. 문자 편집기 사용하기

- 스타일 및 형식지정, 단락, 삽입, 철자검사, 도구, 옵션, 닫기 패널로 구성되어 있습니다.

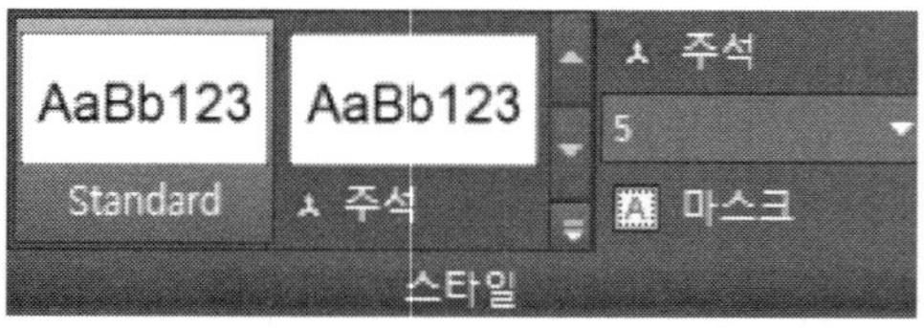

스타일, 크기, 마스크 설정 탭입니다.

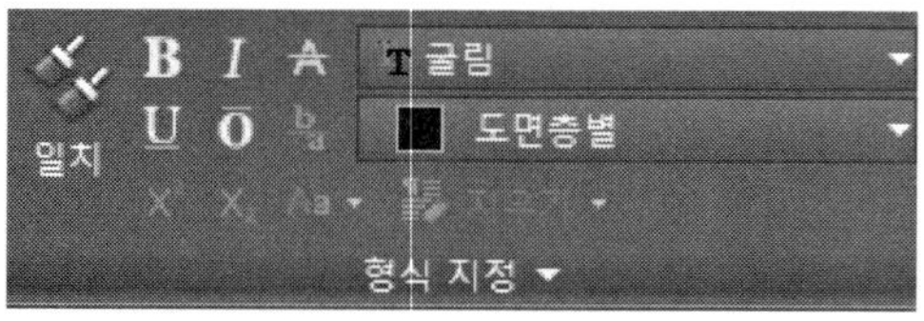

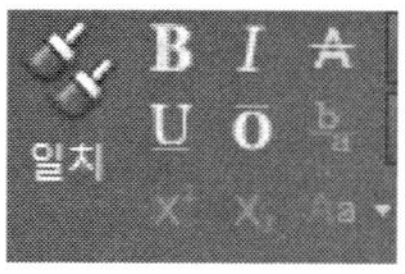

형식일치, 굵게, 기울임, 취소, 밑줄, 오브라인, 분수, 윗첨자, 아래첨자, 대소문자

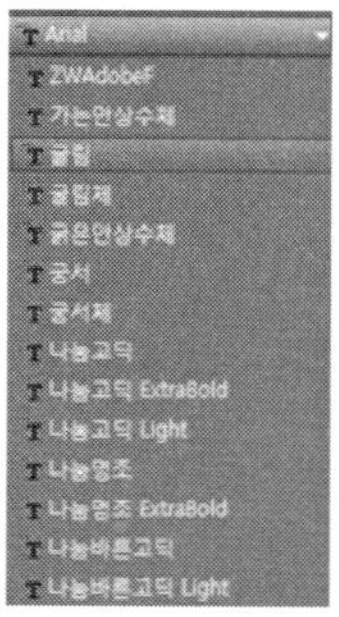

글꼴

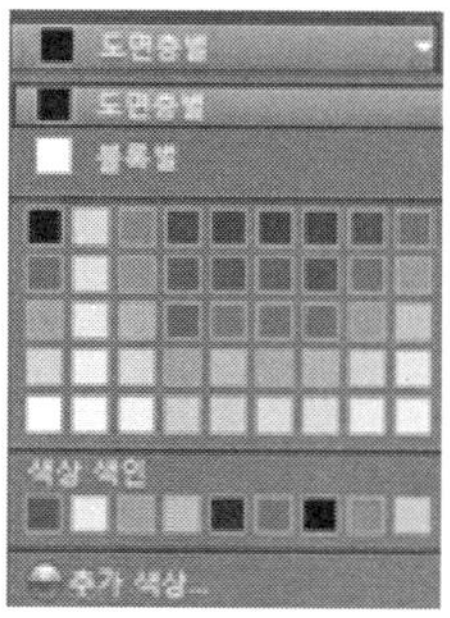

색상

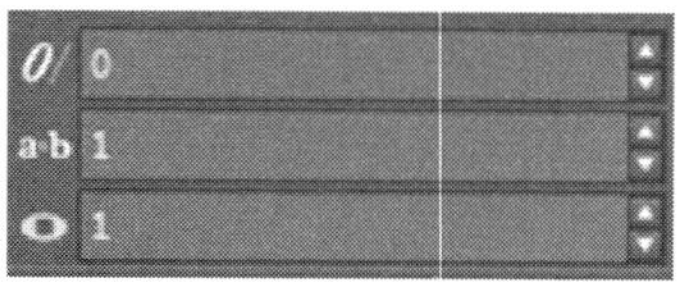

기울기 각도, 자간거리, 폭 비율(장평) 지정

자리맞추기, 글머리기호 및 번호지정, 행간격

열삽입, 특수문자 삽입, 필드삽입

%%D(각도표시) : 36%%D → 36°

%%C(지름표시) : %%C36 → ∅36

%%P(공차표시) : %%P36 → ±36 등 기타 특수문자를 선택할 수 있다.

4. 문자 편집(수정)

→ 문자의 수정은 문자를 더블클릭 또는 DDedit 명령으로 수정 할 수 있습니다.

→ mtedit 명령은 여러 줄 문자를 편집합니다.

5. 문자 스타일(Style)명령 또는 

→ 유형(Style)은 글꼴, 높이, 폭비율, 기울기 각도 등의 여러 특성들을 설정 사용할 수 있습니다.

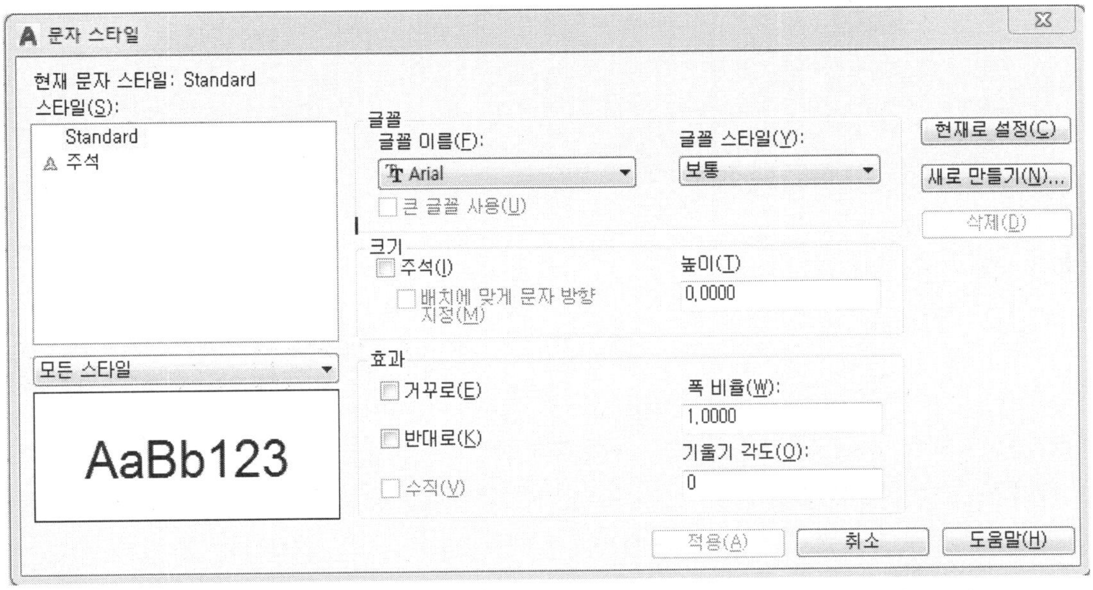

따라하기

1. 단일행 문자 따라하기.
   - 명령 : text 또는 dt Enter↵
   - 문자의 시작점 지정 또는 [자리맞추기(J)/스타일(S)] : 문자시작점 클릭
   - 높이 지정 <2.5000> : 10 Enter↵
   - 문자의 회전각도 지정 <0> : 0 Enter↵
   - TEXT : 건축CAD 기초실습 Enter↵ Enter↵
   - 결과 : 

2. 여러 줄 문자 따라하기.
   - 명령 : mtext 또는 t Enter↵
   - 현재 문자 스타일 : "Standard" 문자 높이 : 3 주석 : 아니오
   - 첫 번째 구석 지정 :
   - 반대 구석 지정 :
   - 문자 높이 : 10
   - 글자형식 지정 : 굵게, 굴림
   - 글자입력 : **주택 1층 평면도** SCALE 1/30 입력
   - 닫기 

   - 결과 

3. MTEDIT(여러 줄 문자 편집)하기

→
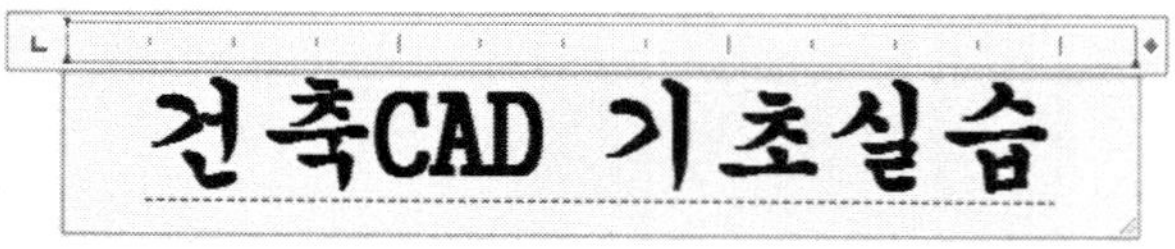

   - 명령 : mtedit 또는 여러줄 문자 더블클릭
   - 문자 더블클릭 또는 편집 문자드래그 굵게(켜기), 문자크기(20), 글꼴(궁서체) 색상(파란색), 자리맞추기(중심), 폭 크기조정
   - 

→

02. Dimlinear 명령(치수입력하기)

1. DIM(여러 유형의 치수 작성)

(1) 기능 : 치수 기입할 객체 위에 마우스를 놓으면 DIM 명령이 사용할 적합한 치수 유형의 미리 보기를 자동으로 표시합니다. 치수 기입할 객체, 선 또는 점을 선택하고 치수를 그릴 도면 영역의 아무 곳이나 클릭합니다.

- 지원되는 치수 유형 범위에는 수직, 수평, 정렬된 및 회전된 선형 치수부터 각도 치수, 반지름, 지름, 꺾기 반지름 및 호 길이 치수, 기준선 및 연속 치수가 있습니다. 필요한 경우 명령행 옵션을 사용하여 치수 유형을 변경할 수 있습니다.

(2) 명령방법

▸ 명령행 입력 : dim

▸ 홈 탭 : 주석패널 또는 주석 탭/치수패널

(3) 입력

- 명령 : dim Enter↵ 또는 치수 선택
- 객체 선택 또는 첫 번째 치수보조선 원점 지정 또는 [각도(A)/기준선(B)/계속(C)/세로좌표(O)/정렬(G)/분산(D)/도면층(L)/명령취소(U)]: 객체선택 또는 치수보조선 지정(첫 번째 선택 그리고 두 번째 선택)할 수 있습니다. (계속 치수 지정이 가능합니다)

(4) 객체선택일 경우 : 선택하는 객체에 적용 가능한 치수 유형이 자동 선택되고 해당 치수 유형에 맞는 프롬프트가 표시됩니다.

선택된 객체 유형	동작
호	기본적으로 치수 유형을 반지름 치수로 지정합니다.
원	기본적으로 치수 유형을 반지름 치수로 지정합니다.
선	기본적으로 치수 유형을 선형 치수로 지정합니다.
치수	선택된 치수를 수정할 수 있는 옵션을 표시합니다.
타원	선을 선택하도록 설정된 옵션으로 기본 지정합니다.

(5) 첫 번째 치수보조선 원점, 두 점을 선택하면 선형 치수를 작성합니다.

2. Qdim(신속치수)

(1) 기능 : 복잡한 객체를 표준 배치 방법에 따라 일련의 치수를 신속하게 기입하는 명령어입니다.

(2)명령방법

▸ 명령행 입력 : qdim

▸ 메뉴 : 치수/신속치수

▸ 주석 탭 : 빠른 작업

(3) 입력

- 명령 : qdim Enter↵ 또는 선택

→ 연관 치수 우선순위 = 끝점(E)

- 치수 기입할 형상 선택 : 객체를 선택하고 [Enter↵]합니다.
- 치수선의 위치 지정 또는 [연속(C)/다중(S)/기준선(B)/세로좌표(O)/반지름(R)/지름(D)/데이텀 점(P)/편집(E)/설정(T)] <연속(C)> : 치수선의 위치를 지정하거나 옵션을 선택합니다.

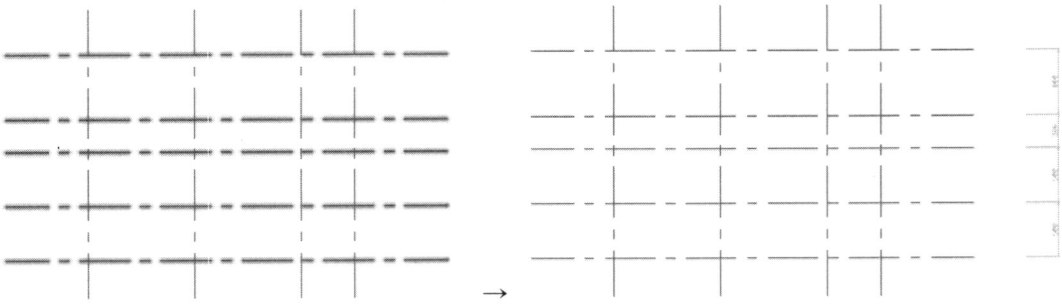

신속치수 할 객체 선택 → 치수선의 위치를 잡아 클릭

(4) 신속치수의 옵션

- 연속 : 선형 치수선이 모두 동일한 선의 끝에서 끝까지 걸쳐 있는 일련의 연속 치수를 작성합니다.
- 다중 : 선형 치수선이 서로 일정한 간격으로 간격띄우기 되어 있는 일련의 다중 치수를 작성합니다.
- 기준선 : 선형 치수가 공통 치수보조선을 공유하는 일련의 기준선 치수를 작성합니다.
- 세로좌표 : 치수보조선 하나와 데이터 점을 기준으로 측정된 X 또는 Y 값을 함께 사용하여 피쳐에 주석을 단 일련의 세로좌표 치수를 작성합니다.
- 반지름 : 선택한 호 및 원의 반지름 값이 표시된 일련의 반지름 치수를 작성합니다.
- 지름 : 선택한 호 및 원의 지름 값이 표시된 일련의 지름 치수를 작성합니다.
- 데이텀 점 : 기준선 치수와 세로좌표 치수의 새 데이텀 점을 설정합니다.
- 편집 : 치수를 생성하기 전에 선택한 점 위치를 제거합니다.
- 설정 : 치수보조선 원점(교차점 또는 끝점)을 지정하기 위한 객체 스냅 우선순위를 설정합니다.

3. Dimlinear(선형치수)

(1) 기능 : 수평 수직 또는 회전 치수선과 함께 선형의 치수를 작성합니다.

(2). 명령방법

- ▸명령행 입력 : dimlinear
- ▸메뉴 : 치수/선형
- ▸홈 탭 : 주석패널 또는 주석 탭 : 치수패널

(3) 입력

- 명령 : dimlinear [Enter↵] 또는 선택
- 첫 번째 치수보조선 원점 지정 또는 <객체 선택> : 첫 번째 치수보조선 원점을 지정합니다.
- 두 번째 치수보조선 원점 지정 : 두 번째 치수보조선 원점을 지정합니다.
- 치수선의 위치 지정 또는 [여러 줄 문자(M)/문자(T)/각도(A)/수평(H)/수직(V)/회전(R)] : 치수선 위치를 지정하거나 옵션을 선택합니다.

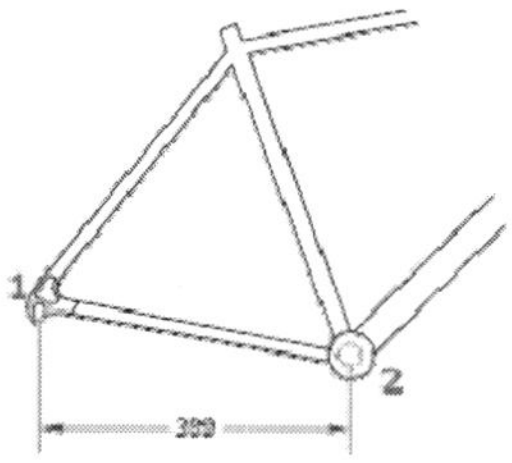

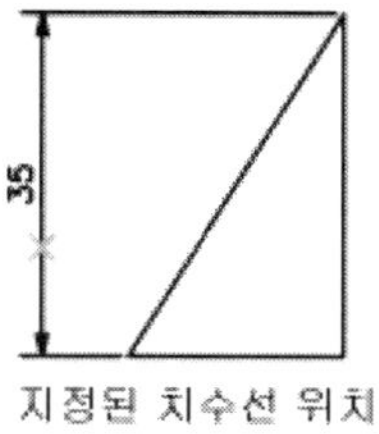

지정된 치수선 위치

수평선형

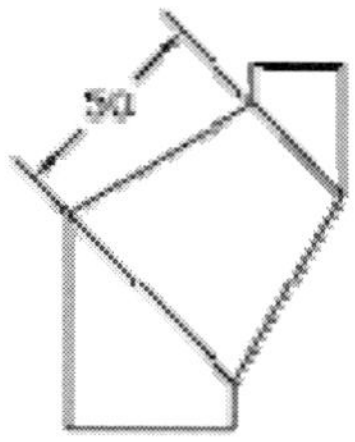

회전된 선형

4. Dimaligned(정렬 치수)

(1) 기능 : 두개의 치수 보조선의 원점을 잇는 선에 평행하도록 치수를 기입하는 명령어입니다.

(2) 명령방법

- ▸명령행 입력 : dimaligned
- ▸메뉴 : 치수/정렬
- ▸홈 탭 : 주석패널 또는 주석 탭 : 치수패널

(3) 입력

- 명령 : dimaligned Enter
- 첫 번째 치수보조선 원점 지정 또는 <객체 선택> : 첫 번째 치수보조선 원점을 지정합니다.
- 두 번째 치수보조선 원점 지정 : 두 번째 치수보조선 원점을 지정합니다.
- `치수선의 위치 지정 또는 [여러 줄 문자(M)/문자(T)/각도(A)] : 치수선 위치를 지정하거나 옵션을 선택합니다.

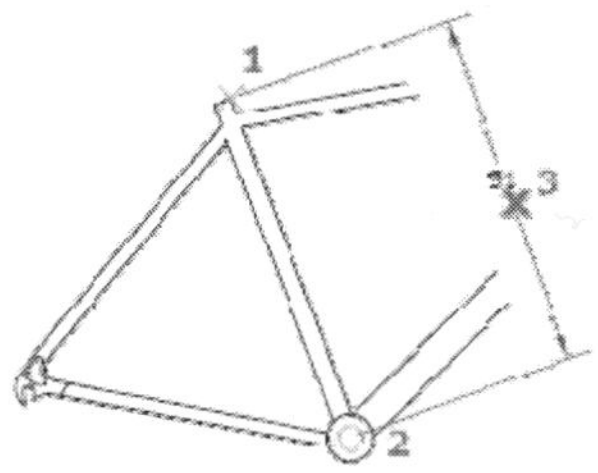

5. Dimcontinue(연속 치수)

(1) 기능 : 이미 존재하는 치수의 두 번째 치수보조선으로부터 시작하여 연속으로 치수를 기입하는 명령어입니다.

(2) 명령방법

- ▸명령행 입력 : dimcontinue
- ▸메뉴 : 치수/연속
- ▸주석 탭 : 치수패널

(3) 입력

- 명령 : dimcontinue Enter 또는 선택
- 두 번째 치수보조선 원점 지정 또는 [명령 취소(U)/선택(S)] <선택(S)> : 이미 존재하는 앞의 치수보조선을 첫 번째 보조선으로 보고 다음 치수의 두 번째 치수 보조선의 원점을 지정합니다.

- 치수 문자 = 90 : 치수 문자가 표시됩니다.
- 두 번째 치수보조선 원점 지정 또는 [명령 취소(U)/선택(S)] <선택(S)> : 다시 반복합니다. 종료하려면 Enter↵칩니다.

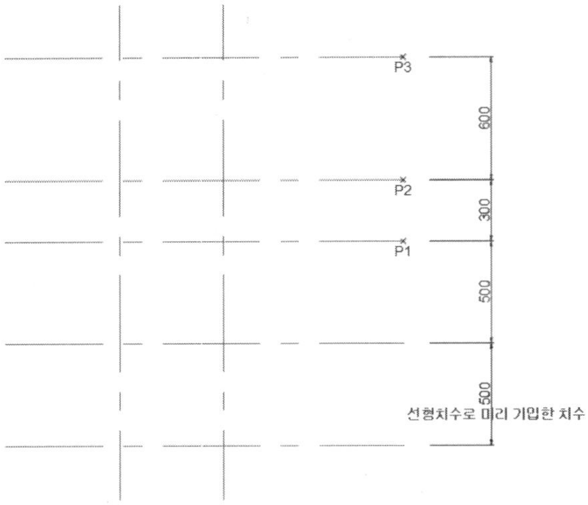

6. Dimbaseline(기준선 치수)

(1) 기능 : 이미 존재하는 치수의 첫 번째 치수보조선으로부터 시작하여 다중치수를 기입하는 명령어입니다.

(2) 명령방법

- ▸명령행 입력 : dimbaseline
- ▸메뉴 : 치수/기준선
- ▸주석 탭 : 치수패널

(3) 입력

- 명령 : dimbaseline Enter↵ 또는 선택
- 두 번째 치수보조선 원점 지정 또는 [명령 취소(U)/선택(S)] <선택(S)> : 이미 존재하는 앞의 첫 번째 치수보조선을 첫 번째 보조선으로 보고 다음 치수의 두 번째 치수보조선의 원점을 지정합니다.
- 치수 문자 = 210 : 치수 문자가 표시됩니다.
- 두 번째 치수보조선 원점 지정 또는 [명령 취소(U)/선택(S)] <선택(S)> : 다시 반복합니다. 종료하려면 Enter↵를 칩니다.

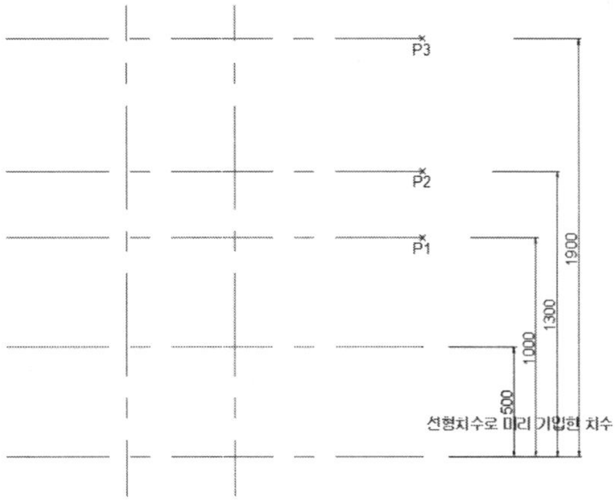

7. Dimradius(반지름 치수)

(1) 기능 : 호나 원의 반지름 치수를 기입하는 명령어입니다.

(2) 명령방법

- ▸명령행 입력 : dimradius
- ▸메뉴 : 치수/반지름
- ▸주석 탭 : 치수패널

(3) 입력

- 명령 : dimradius Enter↵ 또는 선택
- 호 또는 원 선택 : 호나 원을 선택 Enter↵

→ 치수 문자 = 100

- 치수선의 위치 지정 또는 [여러 줄 문자(M)/문자(T)/각도(A)] : 치수선의 위치를 지정하거나 옵션을 입력합니다.

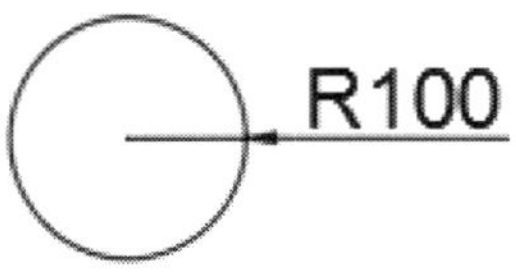

8. Dimdiameter(지름 치수)

(1) 기능 : 호나 원의 지름 치수를 기입하는 명령어입니다.

(2) 명령방법

- ▸명령행 입력 : dimdiameter
- ▸메뉴 : 치수/지름
- ▸주석 탭 : 치수패널

(3) 입력

- 명령 : dimdiameter Enter↵ 또는 선택
- 호 또는 원 선택 : 호나 원을 선택 Enter↵

→ 치수 문자 = 100

- 치수선의 위치 지정 또는 [여러 줄 문자(M)/문자(T)/각도(A)] : 치수선의 위치를 지정하거나 옵션을 입력합니다.

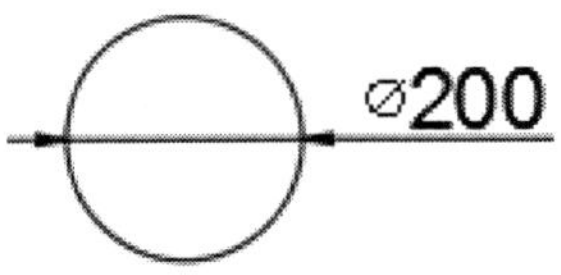

9. Dimangular(각도 치수)

(1) 기능 : 각도를 표시하는 치수를 표시하는 명령어입니다.

(2) 명령방법

- ▸명령행 입력 : dimangular
- ▸메뉴 : 치수/각도

▸ 주석 탭 : 치수패널

(3) 입력

- 명령 : dimangular Enter↵ 또는 선택
- 호, 원, 선을 선택하거나 <정점 지정> : 호, 원, 선 중 하나를 지정합니다.
- 두 번째 각도 끝점 지정 : 두 번째 치수보조선 원점을 지정합니다.
  (원이나 선을 지정한 경우에만 나타납니다.)
- 치수 호 선의 위치 지정 또는 [여러 줄 문자(M)/문자(T)/각도(A)/사분점(Q)] : 지수선 위치를 지정하거나 옵션을 선택합니다.

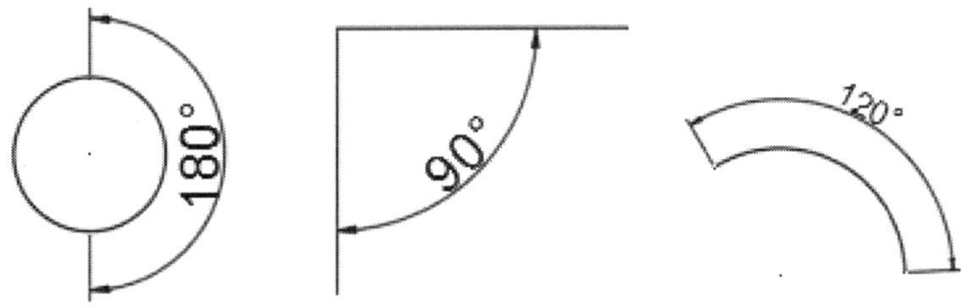

10. Mleader(다중 지시선)

(1) 기능 : 객체에 치수가 들어가지 않거나, 주석을 달 때 사용하는 명령어입니다.

(2) 명령방법

▸ 명령행 입력 : mleader

▸ 메뉴 : 치수/다중 지시선

▸ 홈 탭 : 치수패널

(3) 입력

- 명령 : mleader Enter↵ 또는 선택
- 지시선 화살촉 위치 지정 또는 [지시선 연결선 먼저(L)/컨텐츠 먼저(C)/옵션(O)] <옵션> : 지시선의 화살촉 위치를 지정하거나 옵션을 설정합니다.
- 

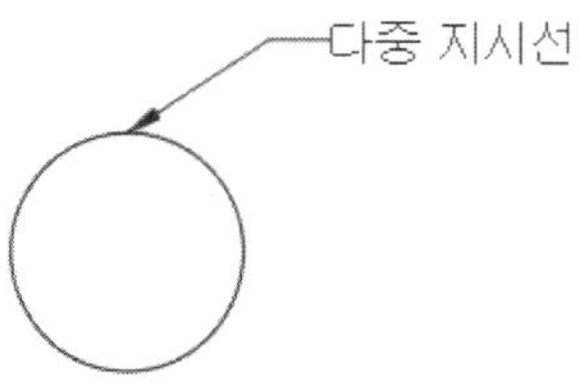

11. Dimstyle(치수 유형)

(1) 기능 : 치수 스타일 관리자 대화상자를 불러와 치수 유형을 작성, 관리하도록 하는 명령어입니다.

(2) 명령방법

▸ 명령행 입력 : dimsty

▸ 메뉴 : 치수/치수 스타일

▸ 홈 탭 : 치수패널 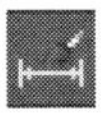

(3) 입력

▸ 명령 : dimsty [Enter↵] 또는 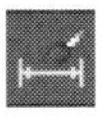 선택

치수 스타일 관리자 대화상자가 나타납니다.

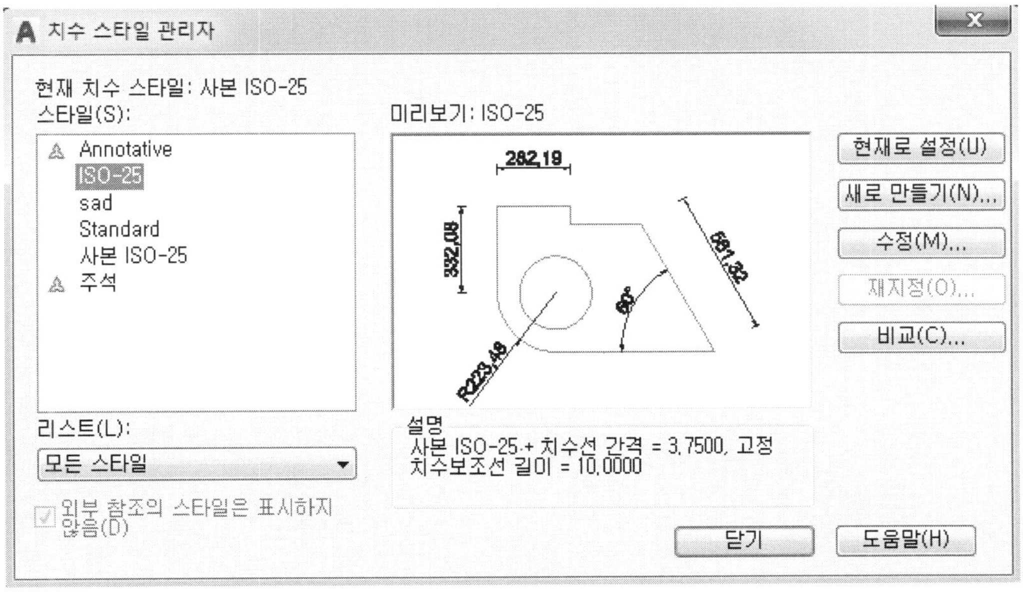

▸ 현재로 설정 : 선택된 유형을 현재 사용할 유형으로 지정합니다.

▸ 새로 만들기 : 새로운 유형을 만들 때 사용합니다.

▸ 수정 : 기존의 유형을 수정할 때 사용합니다.

▸ 재지정 : 특정 치수에 대해 임시적으로 그 설정값을 재지정을 합니다.

▸ 비교 : 치수 스타일 비교 대화상자가 나타납니다.

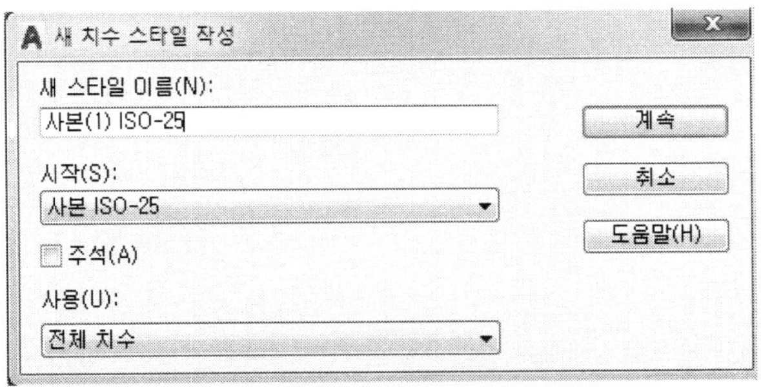

▸ 표시한 곳에 7가지 종류의 탭 : 선, 기호와 화살표, 문자, 맞춤, 1차 단위, 대체 단위, 공차에 대해 변경하여 사용합니다.

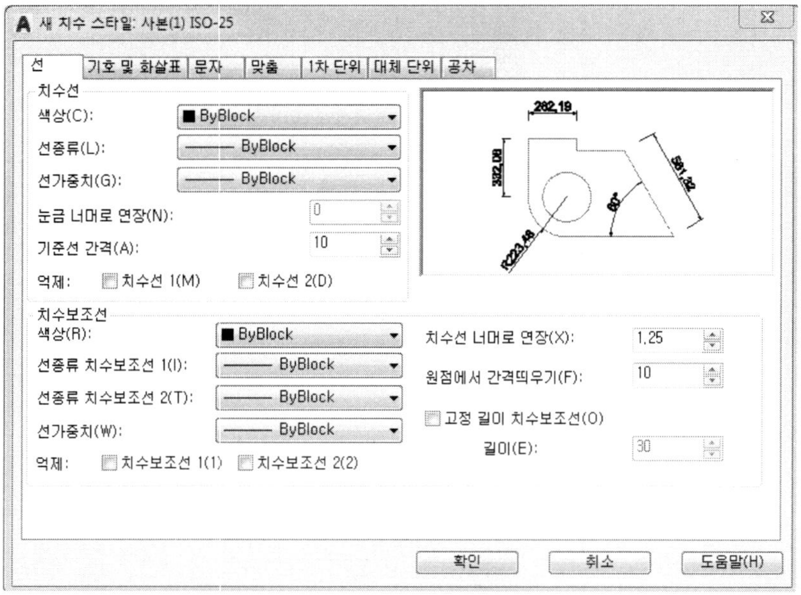
새 치수 스타일: 사본(1) ISO-25
선
기호 및 화살표
문자
맞춤
1차 단위
대체 단위
공차
치수선
색상(C):
ByBlock
선종류(L):
ByBlock
선가중치(G):
ByBlock
눈금 너머로 연장(N):
0
기준선 간격(A):
10
억제:
치수선 1(M)
치수선 2(D)
치수보조선
색상(R):
ByBlock
선종류 치수보조선 1(I):
ByBlock
선종류 치수보조선 2(T):
ByBlock
선가중치(W):
ByBlock
억제:
치수보조선 1(1)
치수보조선 2(2)
치수선 너머로 연장(X):
1.25
원점에서 간격띄우기(F):
10
고정 길이 치수보조선(O)
길이(E):
30
확인
취소
도움말(H)

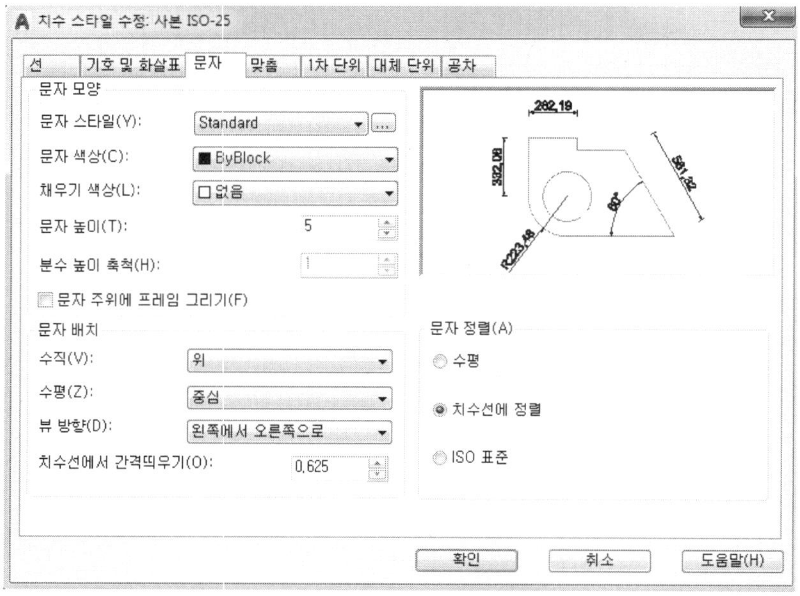
치수 스타일 수정: 사본 ISO-25
선
기호 및 화살표
문자
맞춤
1차 단위
대체 단위
공차
문자 모양
문자 스타일(Y):
Standard
문자 색상(C):
ByBlock
채우기 색상(L):
없음
문자 높이(T):
5
분수 높이 축척(H):
1
문자 주위에 프레임 그리기(F)
문자 배치
수직(V):
위
수평(Z):
중심
뷰 방향(D):
왼쪽에서 오른쪽으로
치수선에서 간격띄우기(O):
0.625
문자 정렬(A)
수평
치수선에 정렬
ISO 표준
확인
취소
도움말(H)

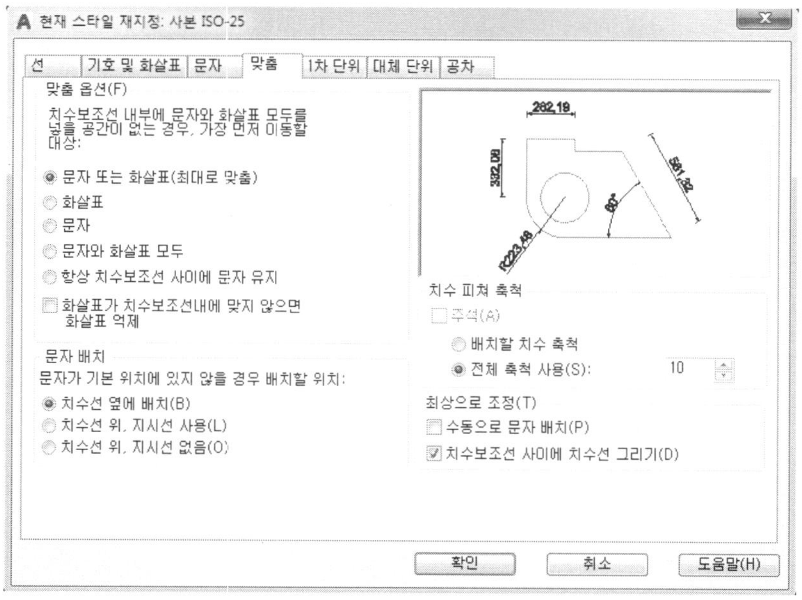
현재 스타일 재지정: 사본 ISO-25
선
기호 및 화살표
문자
맞춤
1차 단위
대체 단위
공차
맞춤 옵션(F)
치수보조선 내부에 문자와 화살표 모두를 넣을 공간이 없는 경우, 가장 먼저 이동할 대상:
문자 또는 화살표(최대로 맞춤)
화살표
문자
문자와 화살표 모두
항상 치수보조선 사이에 문자 유지
화살표가 치수보조선내에 맞지 않으면 화살표 억제
문자 배치
문자가 기본 위치에 있지 않을 경우 배치할 위치:
치수선 옆에 배치(B)
치수선 위, 지시선 사용(L)
치수선 위, 지시선 없음(O)
치수 피쳐 축척
주석(A)
배치할 치수 축척
전체 축척 사용(S):
10
최상으로 조정(T)
수동으로 문자 배치(P)
치수보조선 사이에 치수선 그리기(D)
확인
취소
도움말(H)

03. LAYER 만들기(도면층 만들기)

1. 기능 : 도면층 특성 관리자를 통해 도면층을 관리하는 명령어입니다.
2. 명령방법
    - 명령행 입력 : layer 또는 la
    - 메뉴 : 형식/도면층
    - 홈 탭 : 도면층 패널
3. 입력

- 명령 : layer(la) Enter 또는 선택

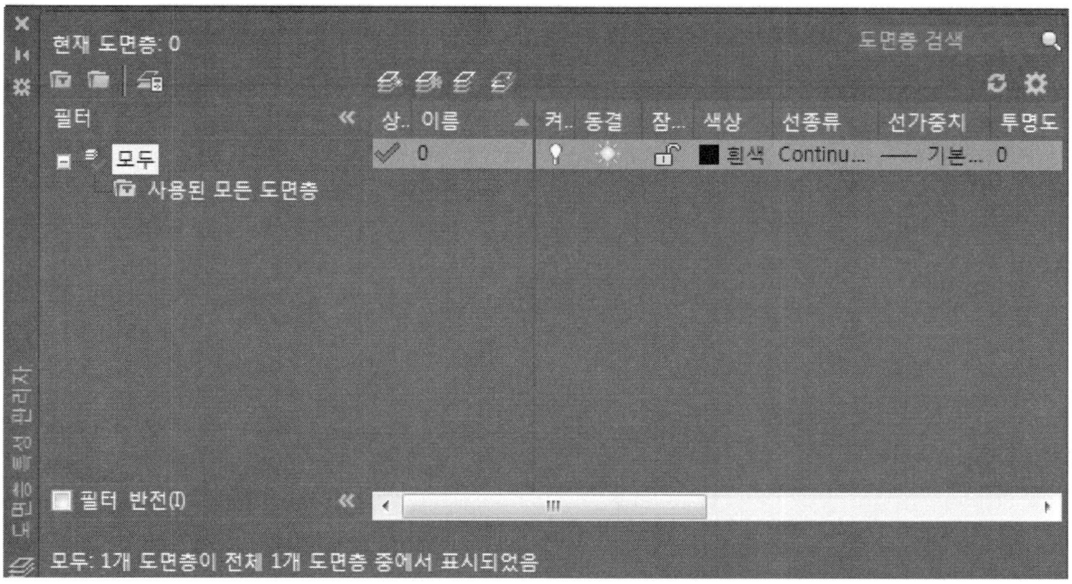

- 건축도면 작업 시작하기 전에 기본적으로 중심선, 구조, 입면, 창호, 가구, 문자, 치수, 해칭, 숨은선 등 새 도면층을 추가하고 작업하는 것이 좋습니다.

 (필요에 따라 도면층은 언제든지 추가 및 삭제가 가능합니다.)

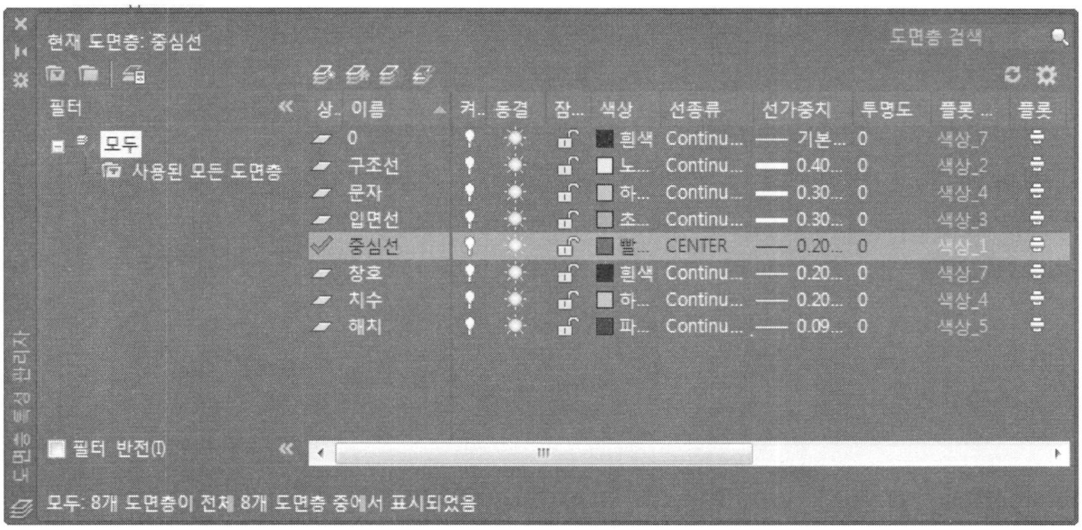

- 각각의 도면층에 색상, 선종류, 선가중치를 설정합니다.

- "중심선"의 색상을 빨간색으로 설정하기 위해 표준 색상에서 빨간색(색상 색인 1)을 선택합니다. (나머지 도면층의 색상도 같은 방법으로 설정해 줍니다.)

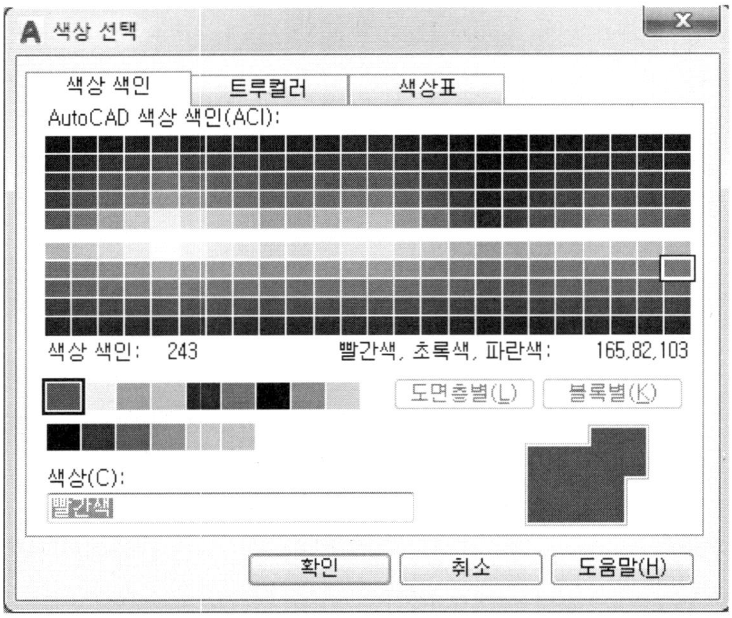

- "중심선"의 선 종류를 바꾸기 위하여 목록에서 Continuous를 선택하면 선 종류 선택 대화상자가 나타납니다. 여기에는 현재 도면에서 사용할 수 있는 선종류가 표시되어 있습니다. "중심선"에서 사용하려는 선이 없기 때문에 선종류를 로드하기 위해 로드(Load)버튼을 누른 후 원하는 선종류인 "CENTER"를 선택합니다.

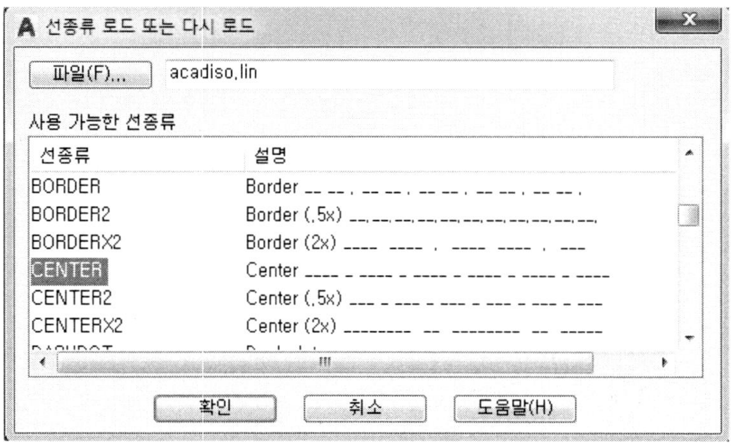

- 선종류 선택 대화상자에 "CENTER"가 추가되었음을 볼 수 있습니다. 이제 "CENTER"를 선택하고 확인버튼을 누르면 "중심선"의 선종류가 "CENTER"로 바뀌게 됩니다.
- "중심선"의 선가중치를 바꾸기 위하여 목록에서 선가중치 아이콘을 클릭하면 선가중치 대화상자가 나타납니다.

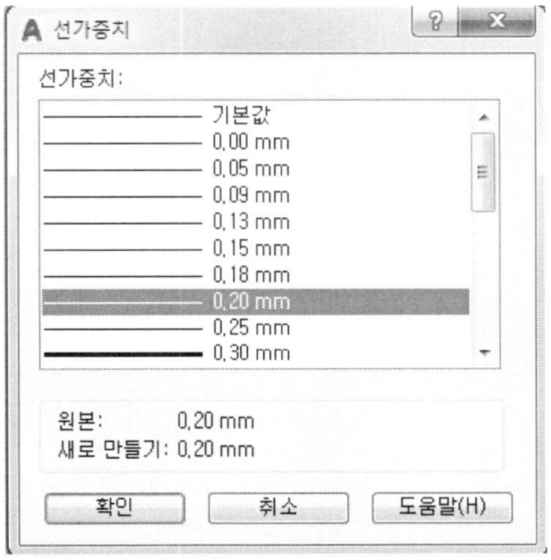

가중치를 0.2mm를 설정하고 확인

4. 켜기, 동결, 잠금 설정

- 켜기/끄기 : 지정한 도면층을 보이게 하거나 보이지 않게 하는 기능입니다.
- 동결/해동 : 지정한 도면층을 동결시키거나 동결 해지하는 기능입니다. 켜기/끄기와 비슷한 기능이지만 속도향상에 도움이 됩니다.
- 잠금/잠금풀기 : 도면층을 잠그거나 푸는 기능입니다. 도면층이 잠기면 해당 객체는 화면상에 나타나 있지만 편집은 불가능합니다.

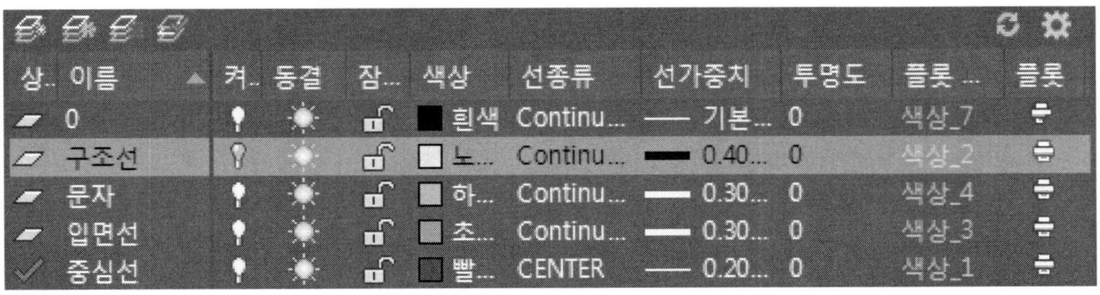

- 플롯(Plot)설정은 해당 도면층을 출력할 것인가의 여부를 지정하는 기능입니다, 
- 모든 새 객체는 현재 도면층에 그려집니다. 도면층 특성 관리자에서 초록색 선택 표식 은 현재 도면층 을 나타냅니다.

V. 특성과 블록 및 출력 사용하기

01. Properties 명령(특성)

(1) 기능 : 수행 중인 작업에 따라 객체 특성을 바꿔줄 수 있도록 하는 명령어입니다.

(2) **명령방법**

- ▸명령행 입력 : properties 또는 pr, ch
- ▸메뉴 : 수정/특성
- ▸뷰 탭 : 팔레트 패널 

(3) **특성 팔레트 사용** : 특성 팔레트는 모든 특성 설정의 전체 리스트를 제공합니다.

- 선택한 객체가 없는 경우 모든 새 객체에 사용할 현재 특성을 보고 변경할 수 있습니다.
- 단일 객체가 선택되면 해당 객체의 특성을 보고 변경할 수 있습니다.
- 여러 객체가 선택된 경우에는 공통 특성을 보고 변경할 수 있습니다.

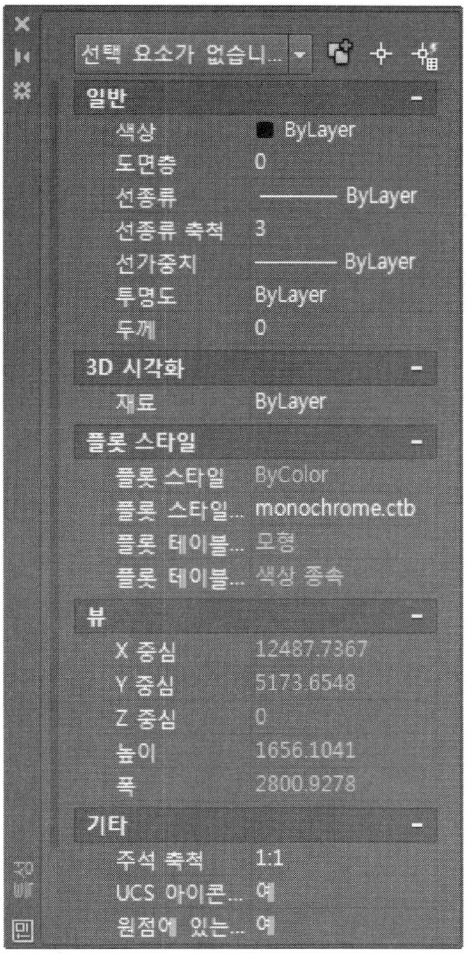

(4) **빠른 특성 팔레트 사용**

일반적으로 객체를 두 번 클릭하여 빠른 특성 팔레트를 열고 해당 특성을 변경할 수 있습니다.

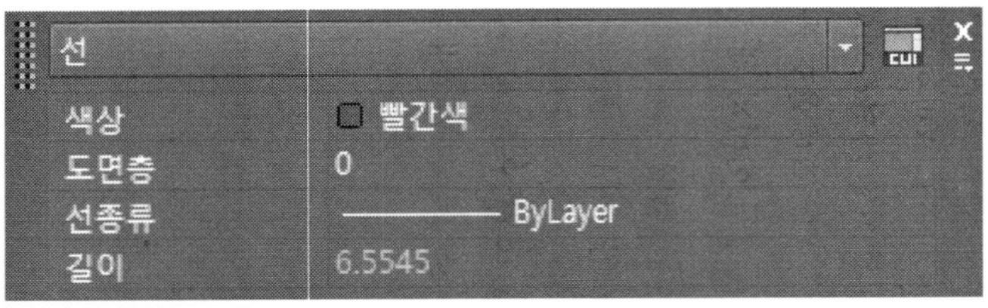

몇몇 객체 유형의 경우에는 두 번 클릭하면 빠른 특성 팔레트가 아닌 편집기가 열리거나 객체별 명령이 시작됩니다. 이러한 객체 유형으로는 블록, 폴리선, 스플라인 및 문자가 있습니다.
사용자 인터페이스 사용자화(CUI) 대화상자에서 각 객체 유형을 두 번 클릭할 때 사용되는 팔레트 또는 명령을 조정합니다.

(5) **리본의 특성 패널 사용**

리본의 홈 탭에서 도면층 및 특성 패널을 사용하여 도면층, 색상, 선가중치 및 선 종류와 같이 자주 액세스하는 특성에 대한 설정을 확인하거나 변경할 수 있습니다.

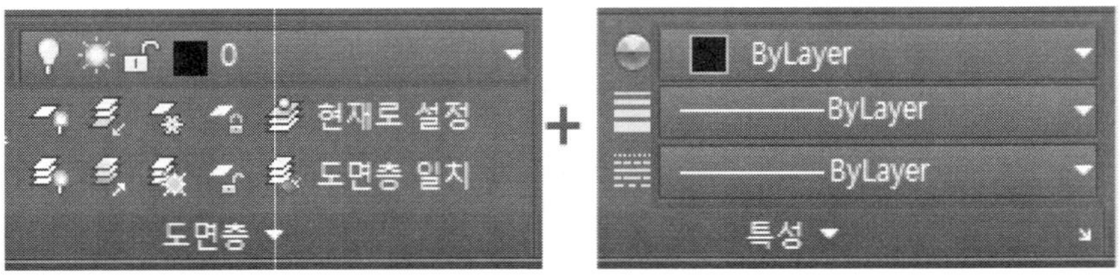

객체가 선택되지 않은 경우 위에 강조된 드롭다운 리스트에 도면의 현재 설정이 표시됩니다. 객체를 선택하면 드롭다운 리스트에 해당 객체에 대한 특성 설정이 표시됩니다.

02. Matchprop 명령(특성일치)

(1) 기능 : 선택한 객체의 특성을 다른 객체에 적용시키는 명령어입니다.

(2) 명령방법

- ▸명령행 입력 : Matchprop 또는 Ma
- ▸메뉴 : 수정(M) /특성일치(M)
- ▸홈 탭 : 특성패널 특성일치

(3) 입력

- 명령 : Matchprop(Ma) Enter↵ 또는 
- 원본 객체를 선택하십시오 : 원본 개체 선택합니다.
- 대상 객체를 선택 또는 [설정(S)]: 특성일치 할 객체를 선택합니다. 종료하려면 Enter↵ 칩니다.

(4) 설정(S) : 옵션을 선택하면 특성 설정 대화상자가 나타나며, 이를 통해 일치시키거나 그러지 않으려는 특성의 항목을 제어할 수 있습니다.

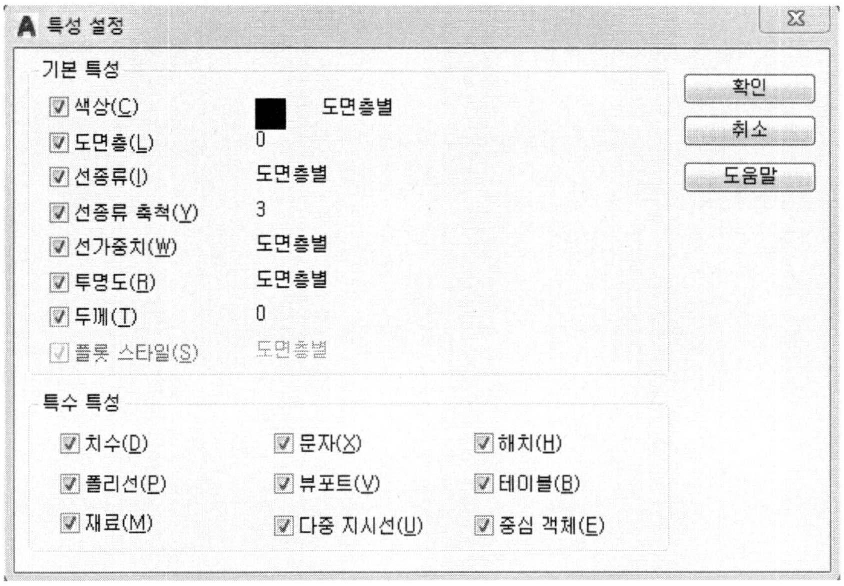

03. Change 명령(변경)

(1) 기능 : 객체의 특성을 바꾸어주는 명령어입니다.

(2) 명령방법

▸ 명령행 입력 : change

(3) 입력

- 명령 : change Enter↵
- 객체 선택 : 변경할 객체를 선택합니다. 선택이 끝나면 Enter↵ 합니다.
- 변경점 지정 또는 [특성(P)] : 선의 길이, 원의 지름 등을 변경할 수 있습니다.

(4) 특성(Properties) 옵션

변경할 특성 입력 [색상(C)/고도(E)/도면층(LA)/선종류(LT)/선종류축척(S)/선가중치(LW)/두께(T)/투명도(TR)/재료(M)/주석(A)] : 객체의 색, 높이, 도면층, 선종류, 선종류축척, 선가중치, 두께 등을 변경할 수 있습니다.

04. Block 명령(블록)

1. 기능 : 블록을 만드는 명령어입니다.
2. 명령방법
   - 명령행 입력 : block 또는 b
   - 메뉴 : 그리기/블록/만들기
   - 홈 탭 : 블록패널 
3. 입력
   - 명령 : block 또는 b Enter↵

     블록정의 대화상자가 나타납니다.

   - 이름 난에 블록의 이름을 적습니다.
   - 기준점에서 선택점을 클릭하면 대화상자가 사라지고 원래 도면 화면으로 돌아갑니다.

     삽입 기준점 지정 : 블록 삽입시 기준이 되는 점을 지정해 줍니다.
   - 객체 선택 버튼을 클릭합니다.

     객체 선택 : 블록으로 먼들 객체들을 선택합니다. 선택이 끝나면 Enter↵를 칩니다.
   - 대화상자에서 확인 버튼을 클릭하면 블록이 만들어 집니다.
4. 옵션 설명
   - 유지(Retain) : 블록으로 만들려는 객체들을 그대로 유지하도록 합니다.
   - 블록으로 변환(Convert) : 블록으로 만들려는 객체들을 블록으로 변환시킵니다.
   - 삭제(Delete) : 블록으로 만들려는 객체들을 삭제시킵니다.

따라하기

1. 표제란을 만들어 블록 만들어 봅시다.

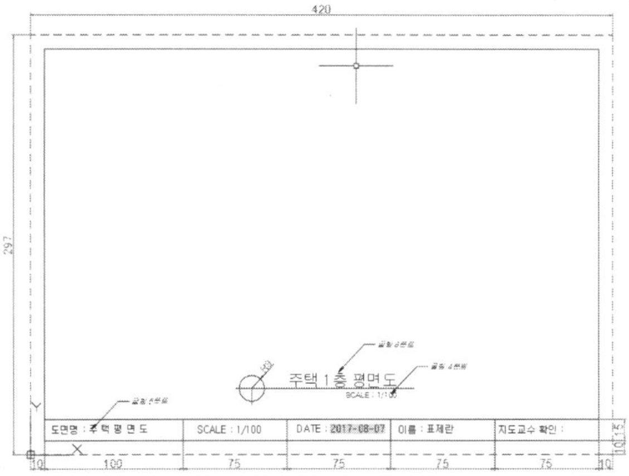

- 명령 : b Enter↵
- 이름 난에 '표제란'라고 입력합니다.

- 선택점 버튼을 클릭합니다. 선택점(K)

  삽입 기준점 지정 : 블록 삽입시 기준이 되는 점을 지정해 줍니다.

- 객체 선택 버튼을 클릭합니다. 객체 선택(T)

  객체 선택 : 전체를 선택합니다. 선택이 끝나면 Enter↵합니다.

- 대화상자에서 확인 버튼을 클릭하면 블록이 만들어집니다.

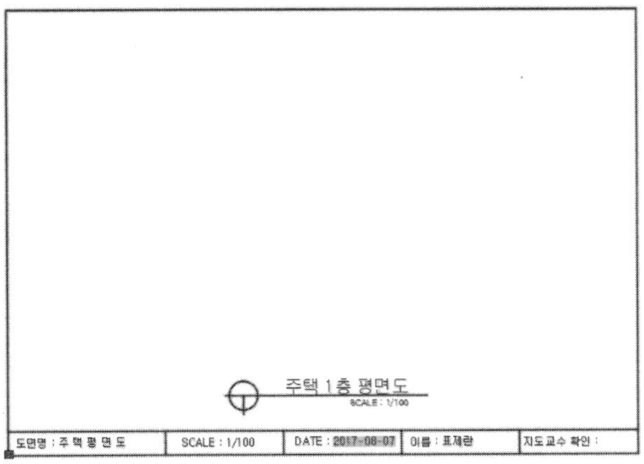

05. Insert 명령(삽입)

(1) 기능 : 블록 또는 도면 파일을 불러와 삽입하는 명령어입니다.

(2) 명령방법

- 명령행 입력 : insert 또는 i
- 메뉴 : 삽입/블록
- 홈 탭 : 블록패널 삽입

(3) 입력

- 명령 : insert 또는 i Enter↵
  삽입 대화상자가 나타납니다.

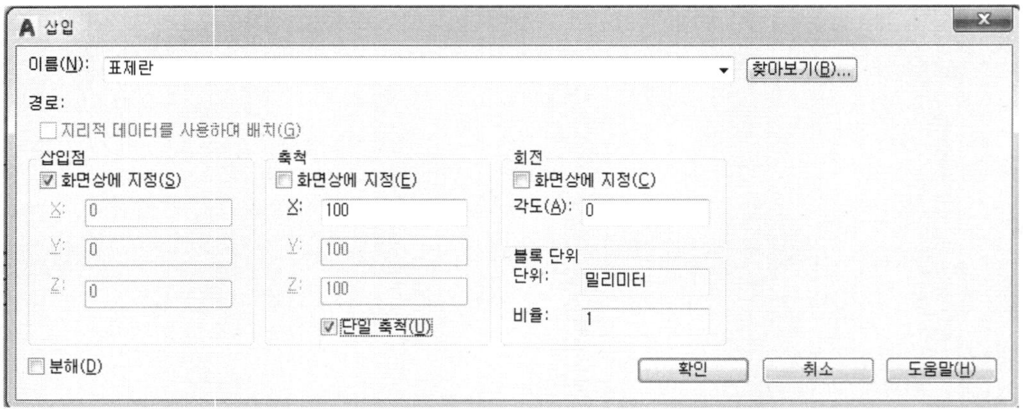

- 삽입하려는 블록의 이름을 직접 입력하거나 찾아보기 버튼을 이용하여 파일을 선택한 후 확인 버튼을 클릭하면 삽입이 이루어집니다.

(4) 옵션에서 보이듯이 삽입점, 축척, 회전, 분해 등을 따로 지정할 수 있습니다.

- 삽입점 : 화면상에서 삽입점의 좌표를 지정하거나 대화상자에 좌표를 직접 입력할 수 있습니다.
- 축척 : 화면상에서 축척을 지정하거나 대화상자에서 비율을 직접 입력할 수 있습니다. 단일축척 체크하면 동일 비율로 지정됩니다.
- 회전 : 마우스로 회전각을 지정하거나 대화상자에 각도를 직접 입력할 수 있습니다.
- 분해 : 불러 올 블록이나 파일의 분해 여부를 묻는 체크 박스입니다. 원본 객체를 수정할 경우에만 분해를 체크해서 불러들입니다.

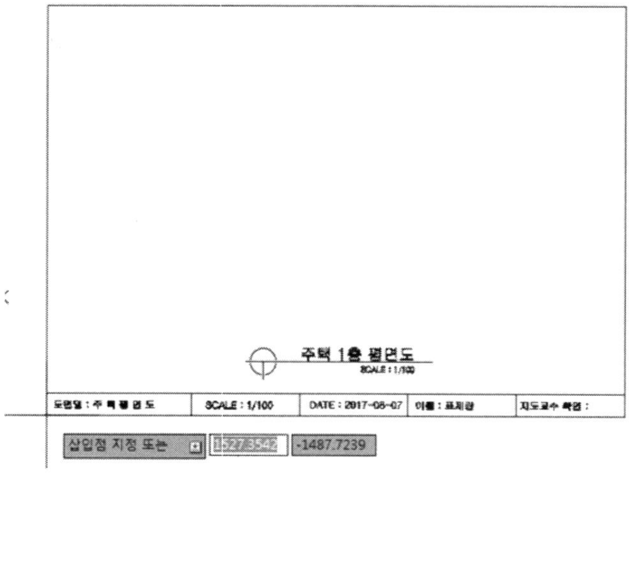

따라하기

아래 도면을 보고 CAD명령어를 사용하여 태극기를 완성하시오.

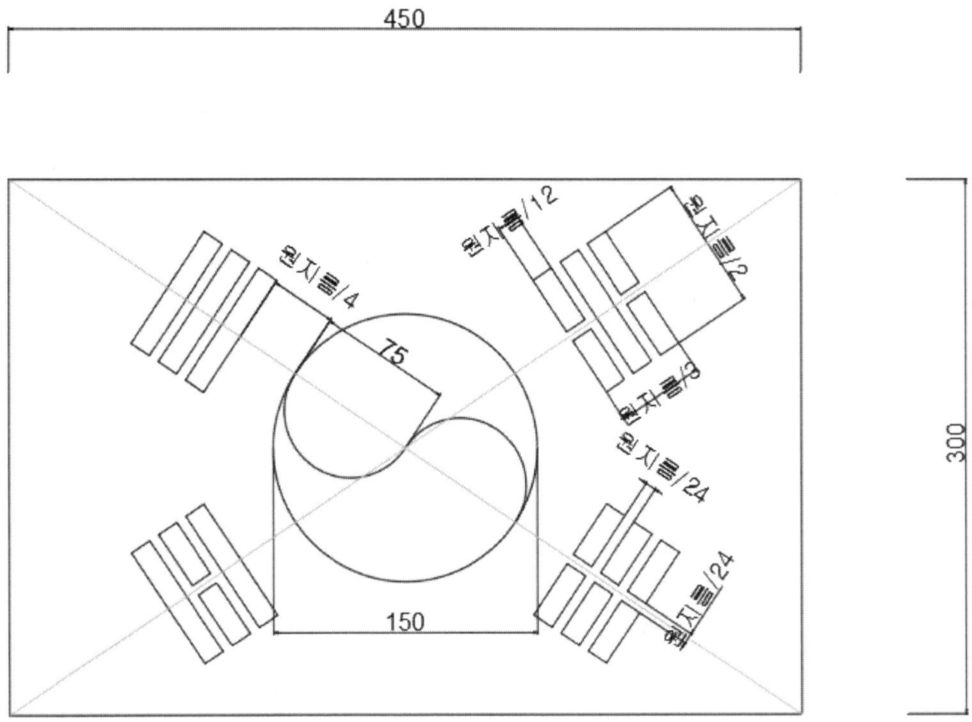

비율 가로(3) : 세로(2)

06. Plot(출력하기)

(1) 기능 : 도면을 출력하는 명령어입니다.

(2) 명령방법

- ▸ 명령행 입력 : plot 또는 print
- ▸ 메뉴 : 파일/플롯
- ▸ 출력 탭 : 도면층 패널 또는 신속접근 도구막대

(3) 입력

- ▸ 명령 : plot 또는 print Enter↵ 또는 선택

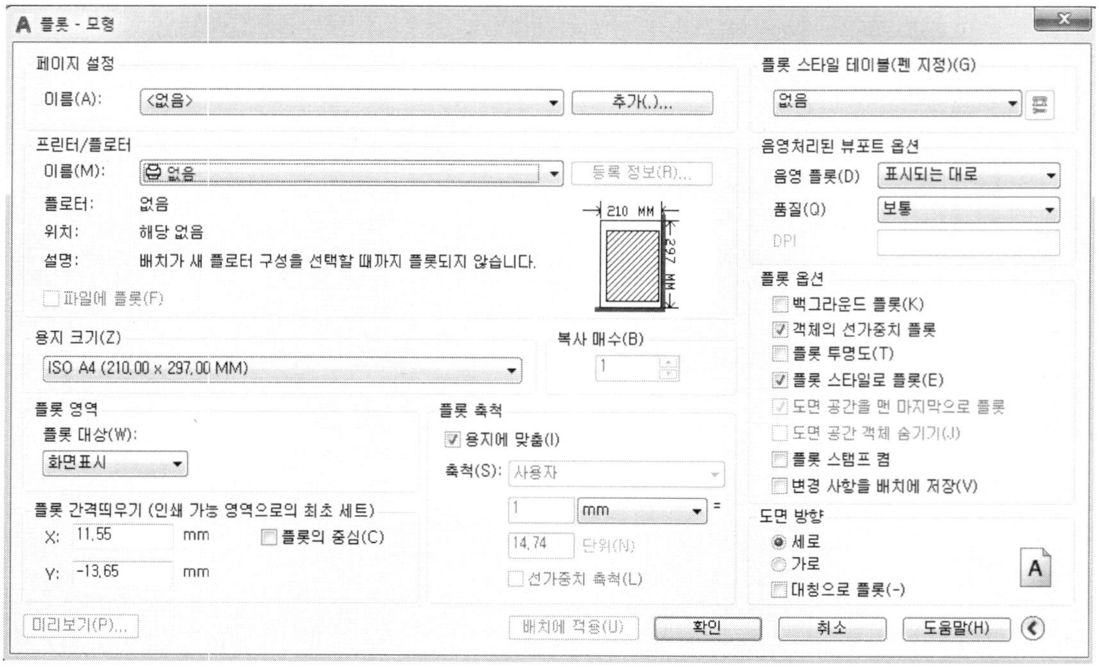

※ 인쇄와 플로팅의 차이 : 인쇄와 플로팅은 CAD 출력에서 교대로 사용할 수 있습니다. 일반적으로 프린터에서는 문자만 생성되고 플로터에서는 백터 그래픽이 생성됩니다. 프린터가 더욱 강력해지고 벡터 데이터의 고품질 래스터 이미지를 생성할 수 있게 됨에 따라 프린터와 플로터의 차이는 대부분 없어졌습니다.

(4) 플롯 옵션

- 페이지 설정 : 도면에서 명명되어 저장된 페이지 설정 리스트를 표시합니다.

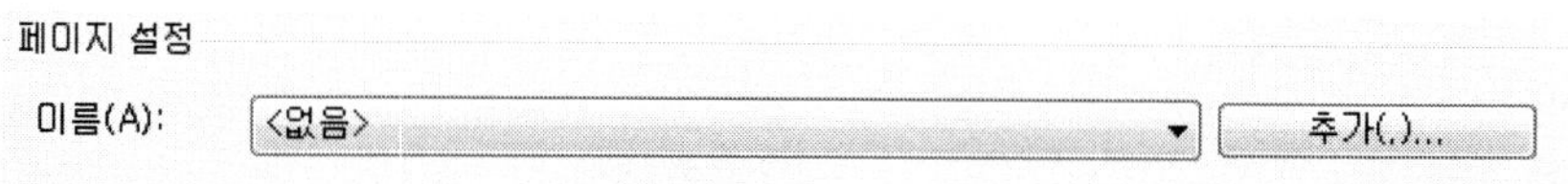

- 프린터/플로터 : 배치를 플롯할 때 사용하도록 구성된 플로팅 장치를 지정합니다.

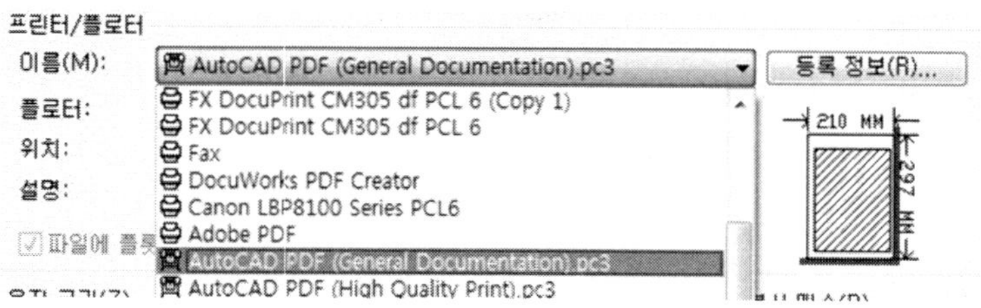

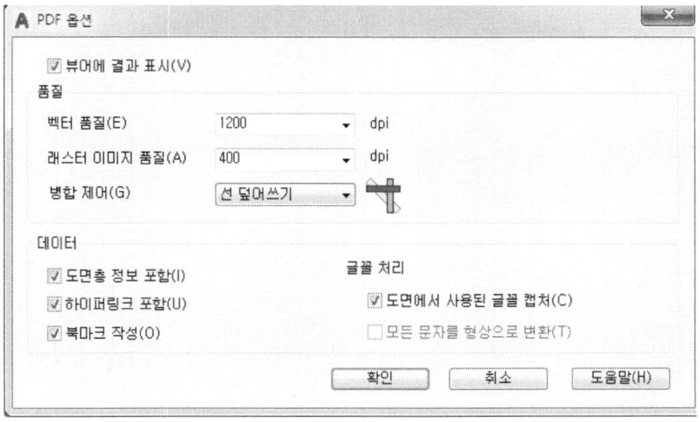

- 용지 크기 : 선택된 플로팅 장치에 사용할 수 있는 표준 용지 크기를 표시합니다.

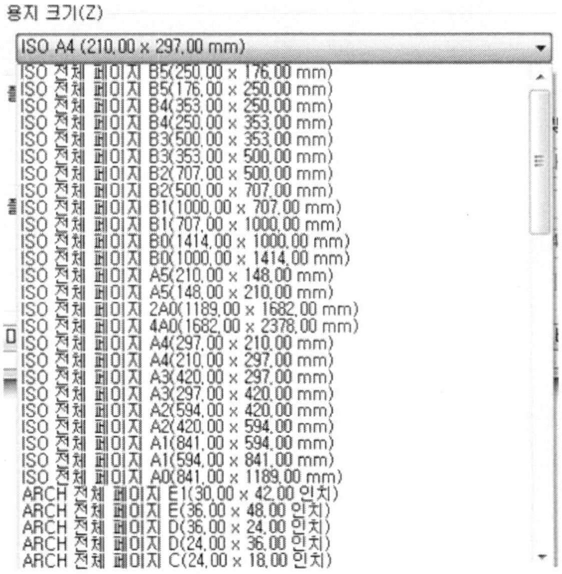

- 플롯 영역 : 도면에서 플롯할 부분을 지정합니다. 플롯 대상에서 플롯될 도면의 영역을 선택할 수 있습니다.

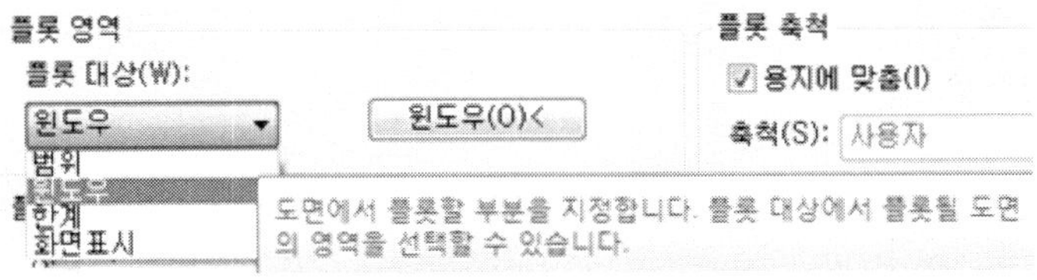

- 플롯 간격띄우기 : 플롯 간격띄우기 기준 지정 옵션(옵션 대화상자, 플롯 및 게시 탭)에서 지정한 설정에 따라, 인쇄 가능 영역의 왼쪽 아래 구석 또는 용지의 모서리를 기준으로 플롯 영역의 간격띄우기를 지정합니다. 플롯 대화상자의 플롯 간격띄우기 영역에는 지정된 플롯 간격띄우기 옵션이 괄호 안에 표시됩니다.

- 플롯 축척 : 도면 단위의 크기를 플롯 단위와 상대적으로 조정합니다. 배치를 플롯할 때 기본 축척 설정은 1:1입니다. 모형 탭을 플롯할 때 기본 설정은 용지에 맞춤입니다.

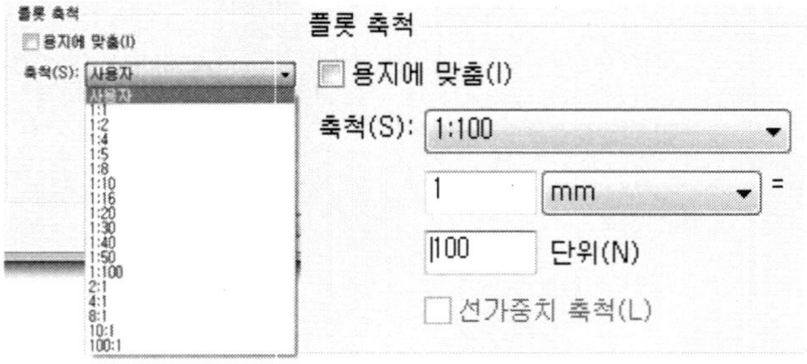

- 미리보기 : PREVIEW 명령을 시작하여 도면을 플롯된 상태로 표시합니다. 미리보기를 종료하고 플롯 대화상자로 복귀하려면 Esc 키 또는 Enter 키를 누르거나, 마우스 오른쪽 버튼을 클릭하고 바로 가기 메뉴에서 종료를 클릭합니다.
- 플롯 스타일 테이블(펜 지정) : 플롯 스타일 테이블을 설정하거나 플롯 스타일 테이블을 편집하거나 또는 새 플롯 스타일 테이블을 작성합니다.

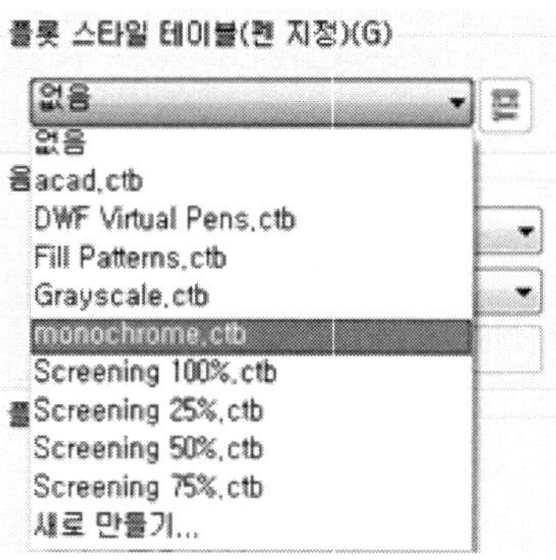

흑백인쇄(monochrome.ctb)

- 음영처리된 뷰포트 옵션 : 음영처리된 뷰포트와 렌더링된 뷰포트가 플롯되는 방법을 지정하고 해상도 수준 및 dpi를 결정합니다. AutoCAD LT에서는 렌더 뷰포트 옵션을 사용할 수 없습니다.

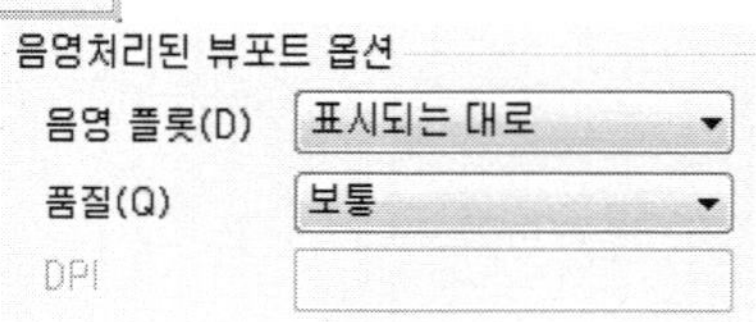

- 플롯 옵션 : 선가중치, 투명도, 플롯 스타일, 음영처리 플롯 및 객체가 플롯되는 순서에 대한 옵션을 지정합니다.

- 도면 방향 : 가로방향 및 세로방향을 지원하는 플로터에 대해 용지의 도면 방향을 지정합니다. 문자 아이콘은 페이지에서 도면의 방향을 나타냅니다.

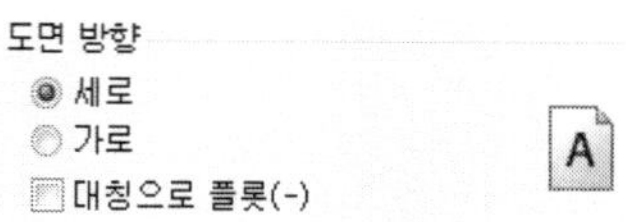

- 확인버튼을 누르면 플롯이 진행됩니다.

VI. 건축설계도면그리기

01. 건축설계도면의 개념적 이해
  1. 평면도
  2. 입면도
  3. 단면도
  4. 건축 3D 모델링

02. 단독주택 도면(1)
  1. 평면도 그리기
  2. 단면도 그리기
  3. 입면도 그리기

03. 단독주택 도면(2)
  1. 평면도 그리기
  2. 단면도 그리기
  3. 입면도 그리기

04. 아파트 도면
  1. 평면도 그리기
  2. A부분 단면상세도
  3. B부분 단면상세도

05. 근린생활시설 도면
  1. 평면도 그리기
  2. A부분 단면상세도
  3. B부분 단면상세도

06. 학교시설 도면
  1. 평면도 그리기
  2. A부분 단면상세도
  3. B부분 단면상세도

07. 통나무 주택도면
  1. 평면도(1층, 다락층, 지붕)그리기
  2. 입면도(정면, 우측면, 배면) 그리기
  3. 단면도(횡, 종) 그리기

01. 건축설계도면의 개념적 이해

1. 평면도(Plan)

건물의 각층을 일정한 높이(1.2~1.5m정도)의 수평면에서 절단한 면을 수평 투사한 도면. 각층의 방 배치, 출입구, 창 등의 위치를 나타내기 위해 그린다. 또, 평면도 중에 실내에 있어서의 기계, 기구나 가구류의 평면적인 크기나 위치를 나타내는 경우가 있다. 또, 지붕, 옥상층 등의 수평 투영도도 평면도의 일종이다.

2. 단면도(Section)

평면도에 표시할 수 없는 건물의 입체적 성질, 즉 고저·단면구조·각종설비계통의 안배 처리방식을 수직방향에서 표시하는 것을 목적으로 함.

- 절단방향에 따라 **종단면도**와 **횡단면도**가 있다.
- 단면의 위치 및 자른 자리의 방향은 평면도에 명시되어 있는 것이 편리함. 즉, 평면도 위에 호출기호 Ⓐ∽Ⓐ', ㉮∽㉮′ 등으로 표시함이 좋음.
- 개구부는 간단히 가는 선으로 기입함.
- 공간의 보이는 부분도 공간과 구조의 설명에 알기 쉬운 범위에서 기입함.
- 단면도는 건물의 내부 공간뿐만이 아니라, 외부공간의 환경설계에도 중요한 역할을 함.
- 단면도에 반드시 표시할 사항은 다음과 같다.

① 각층높이 · 천장(반자)높이 · 건물층높이

② 처마높이 · 처마길이 · 용마루높이

③ 창턱높이 · 창 높이

④ 지반(선)높이 · 바닥높이 · 계단표시 · 파라펫(parapet) · 난간높이 · 돌출부분(차양 · 베란다)의 수평치수.

⑤ 격자배치(grid system)가 가능할 때는 단면의 가구(架構)부호 표시.

표시방법상 주의할 점은, 절단부분은 명확하기 위하여 조금 굵게 표시하며 지붕틀 속 기초 구조벽은 공간만으로 상세를 표시하지 않아도 무방하다. 그러나 절단된 면의 바로 보이는 벽체창호의 전개도는 표시하며, 칸막이 부분의 출입구와 기타 필요한 시설의 높이나 크기는 표시하는 것이 유효함.

- 건물을 지면과 수직으로 자른 후 잘라진 내부를 옆에서 보고 그린 것이다.

3. 입면도(Elevation)

건물의 연직면으로의 투상도(投像圖). 건축물의 외면 정면 좌우측면 후면에서 본 외관 각부의 형상, 창호(개구부) 등의 위치 · 치수 · 마감 방법 등을 알 수 있다.

4. 건축 3D모델링

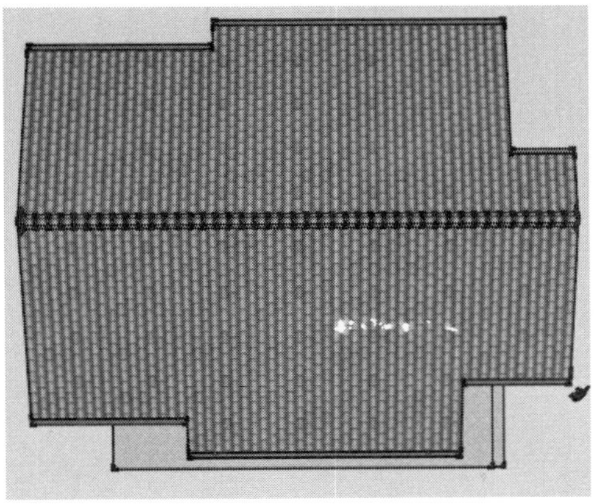

지붕평면도

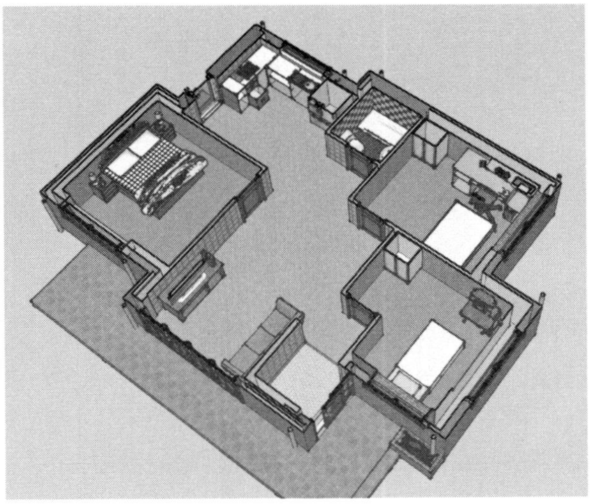

입체평면도

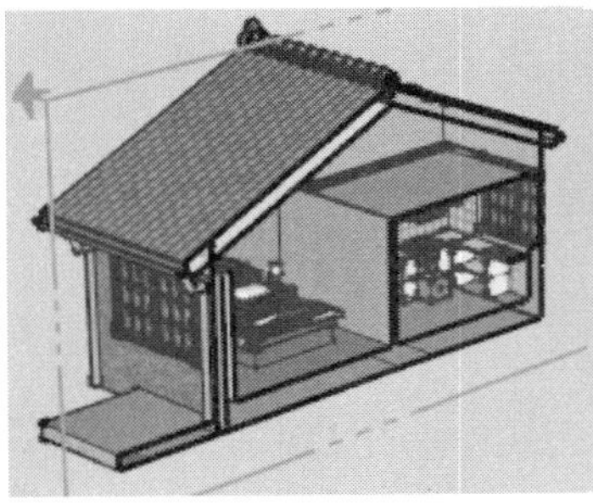

종단면도

투시도(아이소메트릭)

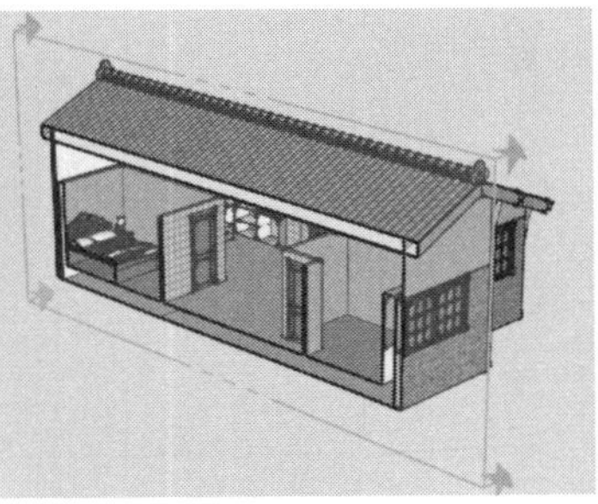

횡단면도

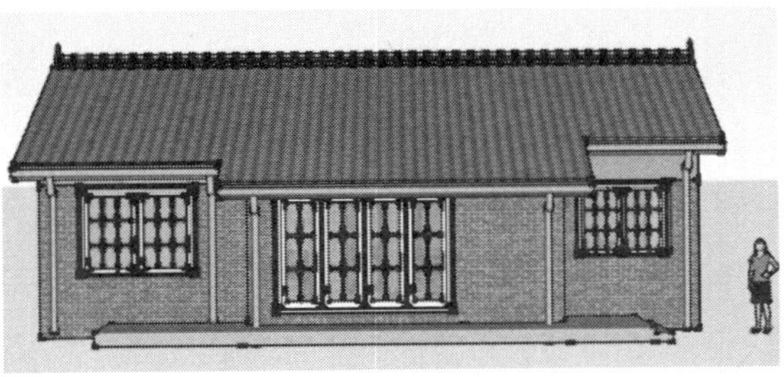

입면(정면)도

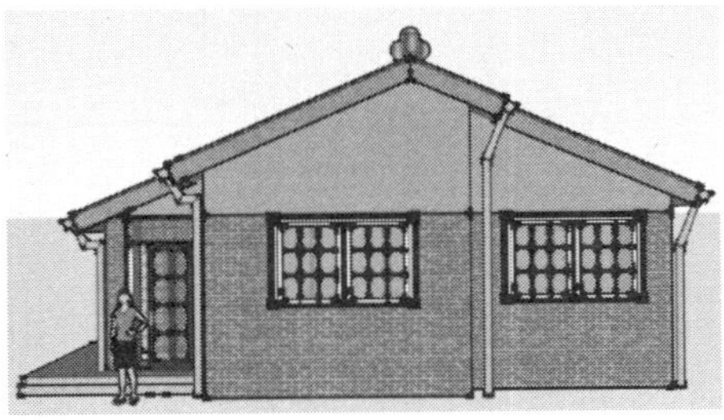

입면도(우측면도)

입면도(후면도/배면도)

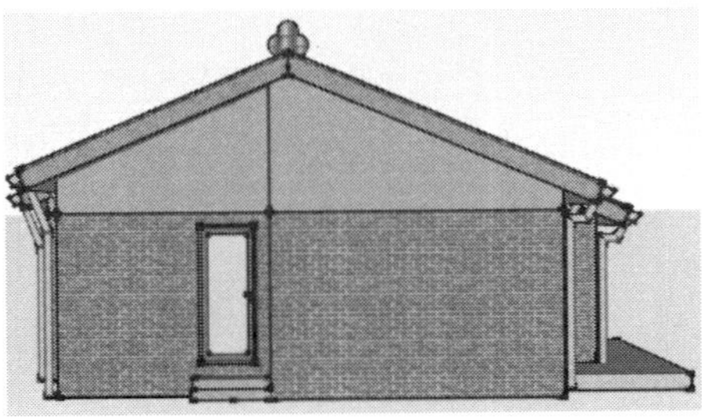

입면도(좌측면도)

02. 단독주택 도면(1)

1. 평면도 그리기

(1) 평면도 작성순서

- 도면의 중앙에 도면을 배치한다.
- 건축물의 구조체의 중심선을 일점쇄선으로 그린다.
- 벽체두께는 중심선을 기준으로 기둥 및 구조체를 그린다(마감을 포함).
- 개구부(창,문)를 표시하여 창호를 그려 벽체를 완성한다.
- 칸막이, 가구, 위생기구 등을 그려 넣는다.
- 실명과 재료표시 등을 하고 해치를 넣는다.
- 주요 부분의 치수를 기입한다.
- 도면명과 축척을 기입하고 평면도를 완성한다.

(2) 도면 요구조건

- 기초 : 철근콘크리트 구조로 한다.
- 벽체 : 외벽 - 외부로부터 붉은벽돌 0.5B, 공간 80㎜, 시멘트벽돌 1.0B로 하고 외부마감은 치장벽돌 마감으로 한다.
  내벽 - 두께1.0B 시멘트 벽돌 쌓기로 한다.
- 단열재 : 외벽은 80㎜, 바닥은 50㎜, 천장은 100㎜
- 지붕 : 철근콘크리트 경사슬래브 위 시멘트 기와잇기 마감(물매4/10 이상)
- 처마나옴 : 벽체중심에서 600㎜
- 반자높이 : 2,400㎜, 처마반자 설치
- 창호 : 목재창호로 하되 2중창인 경우 외부창호는 알루미늄새시로 한다.
- 각 실의 난방 : 온수파이프 온돌난방으로 한다.
- 기타 주어지지 않은 조건은 일반적인 시공수준으로 한다.

(3) 도면작업준비하기

- 도면층(LAYER) 설정 : 도면작업에 필요한 도면층을 설정한다.
- 치수의 축척(DIMSCALE) 및 선종류(LTSCALE)의 설정한다.

(4) 선의 굵기와 색상(이름 색상 선종류 선가중치)

- 중심선(center) : 빨강(1-red)/ 일점쇄선/0.2㎜
- 입면외각선 : 노랑(2-yellow) 실선/ 0.4㎜
- 입면선 : 흰색(7-white) 실선/0.3㎜
- 치수선 : 하늘색(4-cyan) 실선/0.3㎜
- 재료명 : 녹색(3-green) 실선/0.2㎜
- 해치 및 보조선 : 파랑(5-blue) 실선/0.1㎜

(5) 평면도 그리기

① 중심선 그리기

- 먼저 도면층 특성에서 중심선 레이어를 추가하여 만들거나, 미리 만든 레이어 선택한다.
- 세로 중심선(1점 쇄선, 붉은색) 그리기 기준선을 그리고 간격띄우기 명령어로 다른 선들을 그린다.
- 1점 쇄선이 잘 보이지 않을 경우 선종류 축척(scale)을 도면에 따라 축척을 조정한다.
- 가로선도 세로선과 같은 방법으로 도면의 치수와 같이 간격띄우기로 그린다.

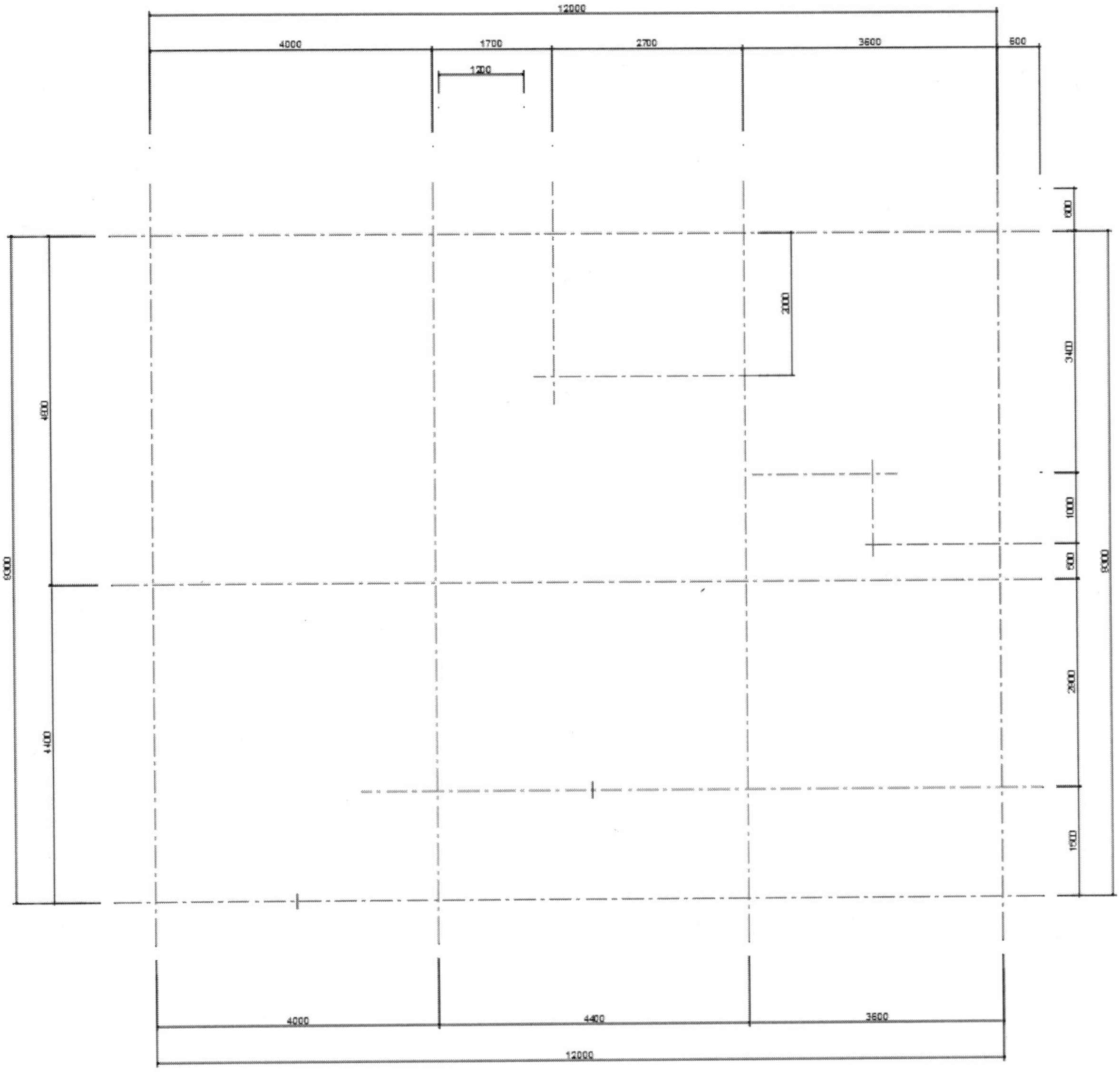

② 벽체 및 개구부위치 그리기

- 먼저 도면층 특성에서 레이어(Layer)를 추가하여 굵은(구조)선 만든다.
- 중심선을 기준으로 간격띄우기(Offset) 명령어로 구조벽선들을 그린다.
- 개구부(열리는 부분)의 위치에 따라 선(Line)을 그린다.

▶ 폴리선으로 그리는 방법

- 폴리선(pline)을 이용하여 중심선을 중복으로 폴리선을 그리고 간격띄우기한 후에 원본선을 지우기하는 방법을 사용하면 더 빠르고 쉽게 그릴 수 있으나 숙련이 필요할 것으로 본다.
- 다중선(mline)으로 선들을 그리고 여러 줄 편집도구(mledit) 사용하여 편집할 수 도 있다.
- 도면을 그리는 방법은 작업자가 편리한 방법을 선택하여 그린다.

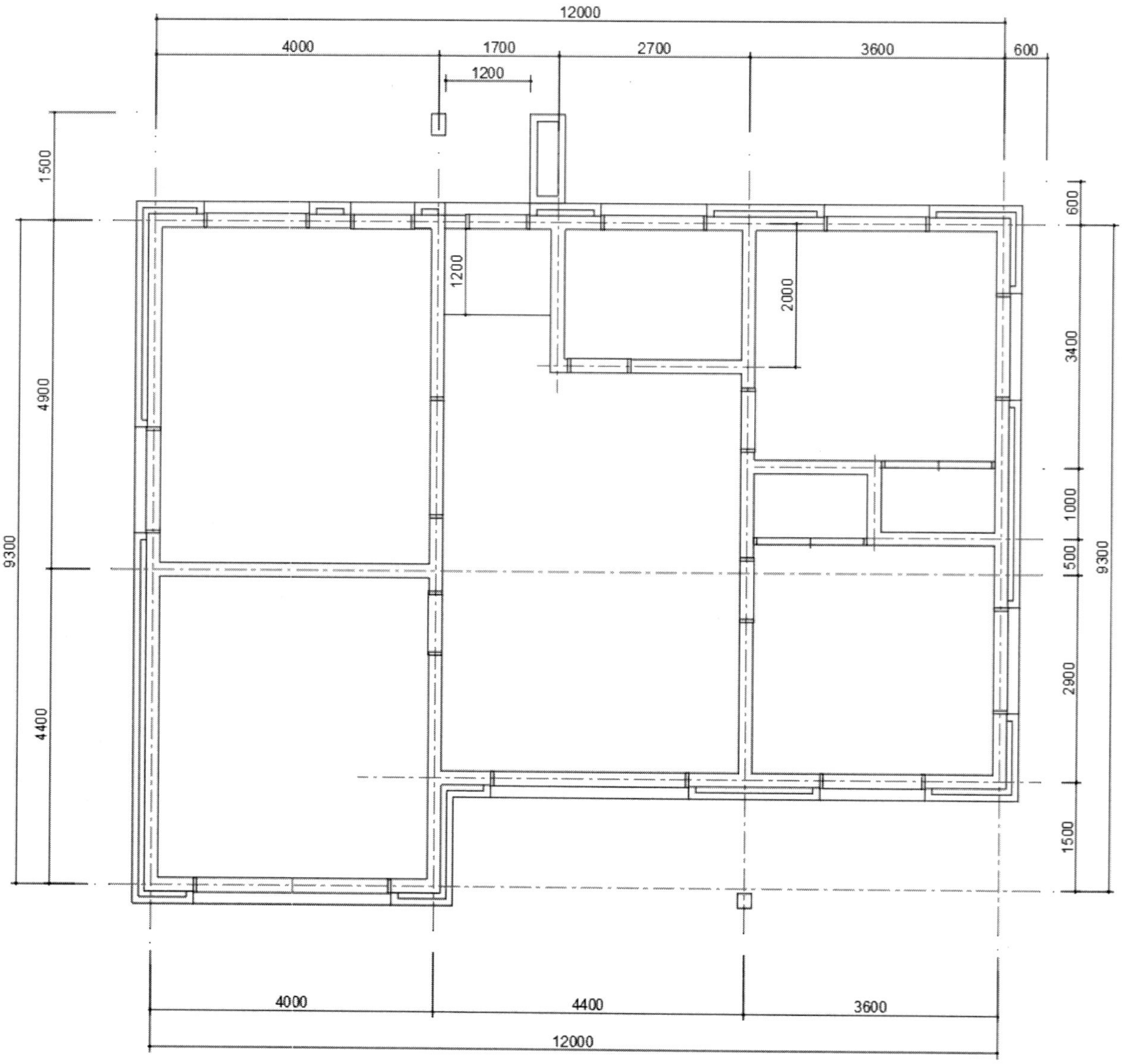

③ 개구부 및 계단 입면그리기

- 도면층 특성에서 레이어를 추가하여 가는 실선(입면선) 만들거나, 미리 만든 레이어 선택한다.
- 문과 창문의 크기 및 위치에 맞도록 그린다.
- 문과 창의 개폐방향을 확인하여 그린다.
- 창문아래 옆 세워진 벽돌 표현 간격 60㎜ 정도로 그린다.
- 계단(현관, 테라스, 지하실)은 폭 300㎜ 너비 도면에 맞도록 그린다.
- 계단 논슬립 표시 및 방향(UP, DN)을 표시한다.

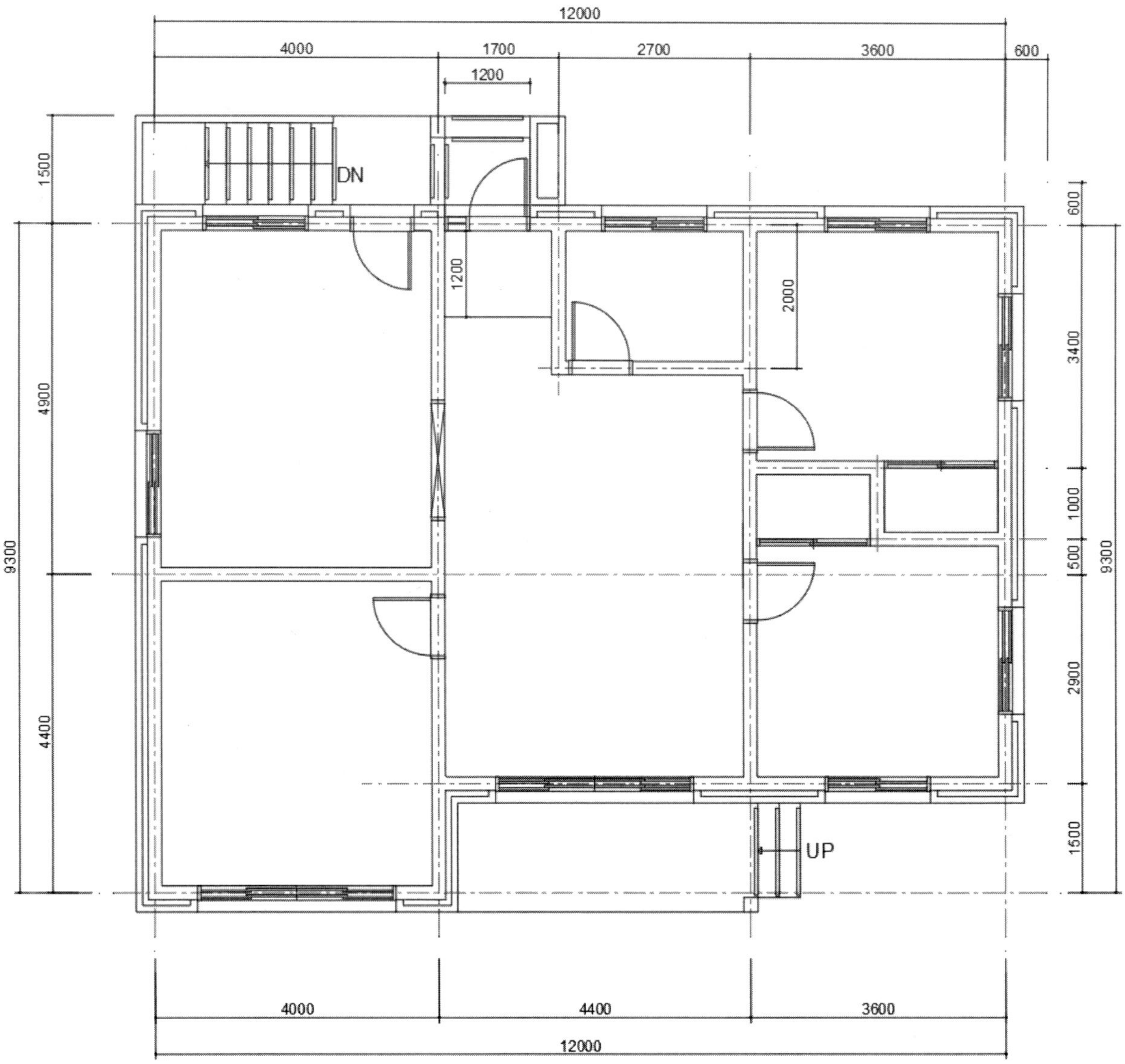

④ 가구, 싱크대, 위생기구 및 처마선 그리기

- 도면층 특성에서 집기류 레이어 추가 또는 미리 만든 레이어 선택한다.
- 각 실별 가구를 배치하여 그린다.
- 주방에 싱크대 및 냉장고를 배치하여 그린다.
- 화장실에 위생기구(욕조, 양변기, 세면기 등)를 배치하여 그리기
- 처마선의 종류 파선으로 하고, 처마선 작도는 외벽 중앙에서 바깥쪽으로 600㎜ 내밀어 그린다.

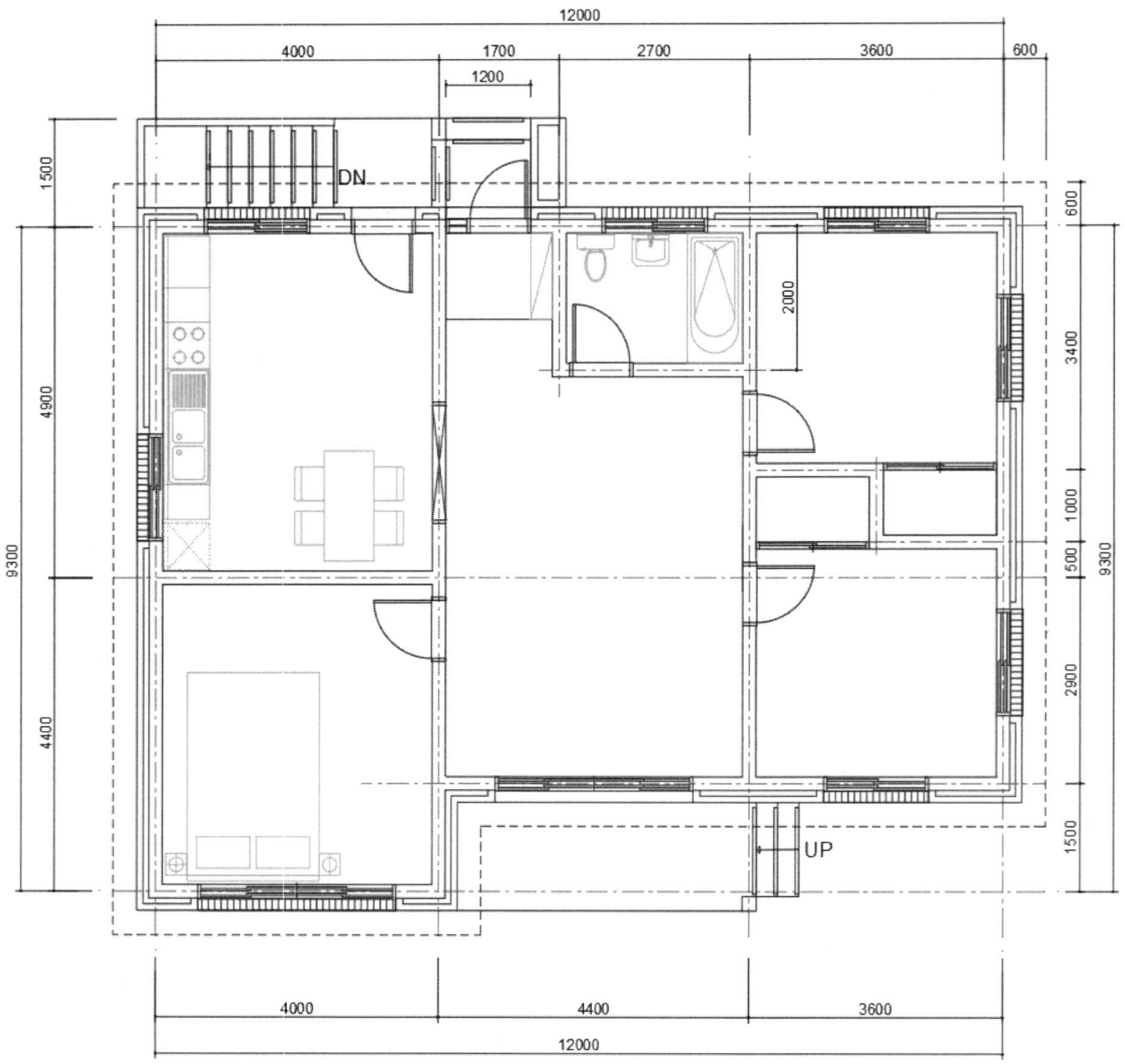

⑤ 문자, 방위표시, 단면선 표시하기

- 도면층 특성에서 실별 비품 레이어를 추가 또는 미리 만든 레이어 선택한다.
- MTEST(문자)를 선택하고 실의 가운데 정도위치에 둔다.
- 문자편집기에서 스타일, 형식지정, 단락을 선택하고 문자(거실)를 입력하고 닫기 한다.
- 문자를 복사하여 다른 위치에 붙여넣기 한다.
- 붙여 넣은 글자를 더블클릭하여 문자를 수정한다.
- 방위표시는 도면과 같이 작업한다.
- 도면명은 도면 하단 중앙에 위치하도록 한다.
- 기타 단면선을 그린다.

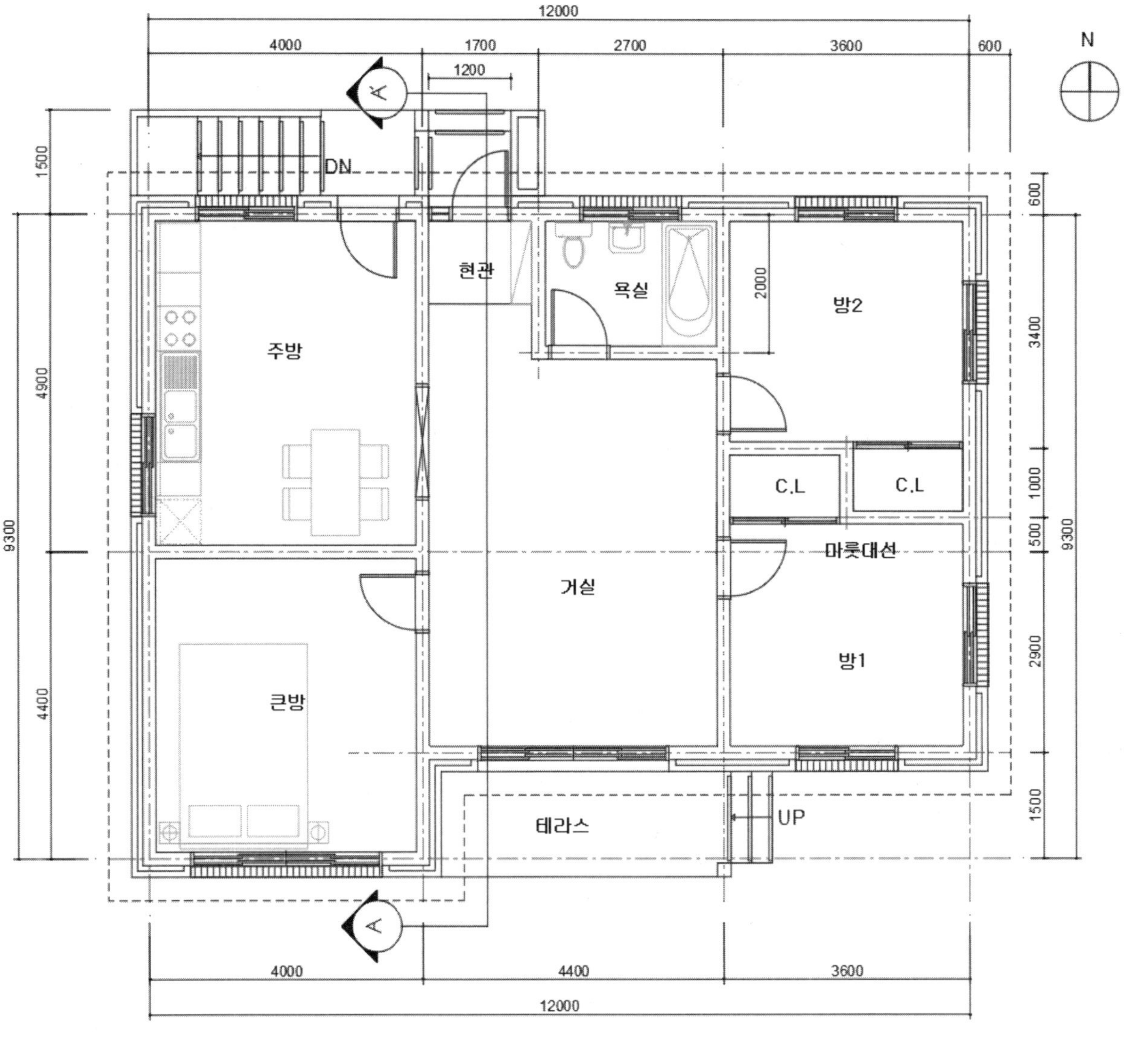

평 면 도 SCAE 1/40

⑥ 해치 넣기

- 도면층 특성에서 해치 레이어 추가 또는 미리 만든 레이어 선택한다.
- 해치 명령어를 선택하고 해치작성에 적합한 패턴 및 특성을 선택한다.
- 벽체 해치작업을 한다.
  (선택점을 줄여 빠르게 작업하기 위해서 중심선 레이어를 끄고 작업한다)
- 욕실, 거실바닥 해치작업을 위해 먼저 패턴 및 특성을 선택하고 경계선에서 선택점을 클릭하고 해치할 공간을 찍고 해치작성 닫기로 완료한다.
- 평면도를 완성한다.

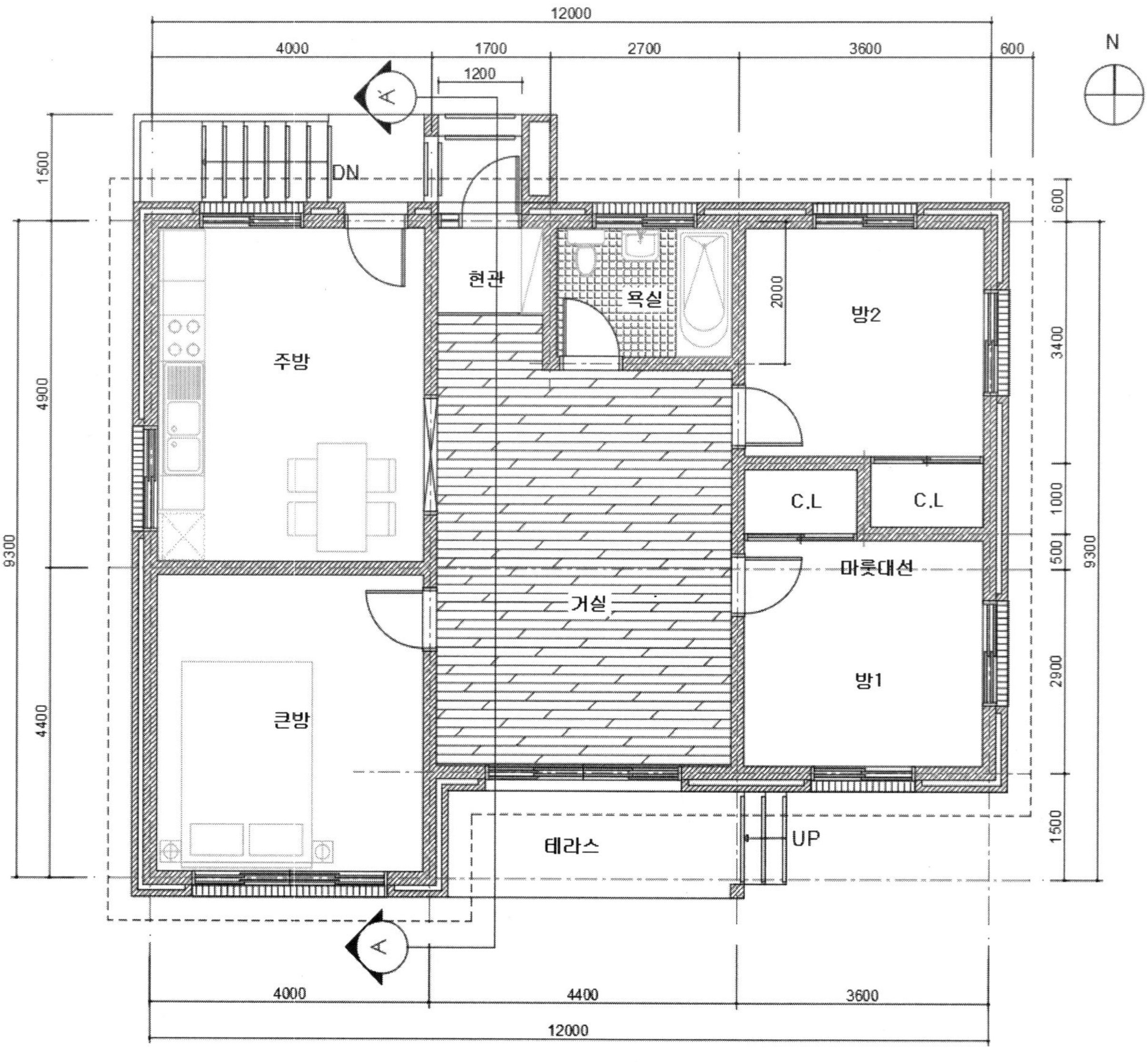

평 면 도 SCAE 1/40

2. 단면도 그리기

(1) 단면도 그리기 작성순서

- 도면의 중앙에 배치하도록 한다.
- 구조벽체의 중심선을 일점쇄선으로 그린다.
- 중심선을 기준으로 기둥, 및 벽체를 그린다.
- 개구부를 표시하고 단면선과 구분하여 창호를 그린다.
- 가구, 위생기구 등을 그린다.
- 건축물의 내·외부 마감재료 표시를 기입한다.
- 해치, 줄눈 등을 넣는다.
- 주요치수와 치수선을 기입한다.
  - 건물의 높이, 층간높이, 처마높이, 거실의 높이, 창의 높이, 바닥높이
- 도면명과 축척을 기입하고 단면도를 완성한다.

(2) 최장 처마중심선에서 마룻대까지 경사선 그리기

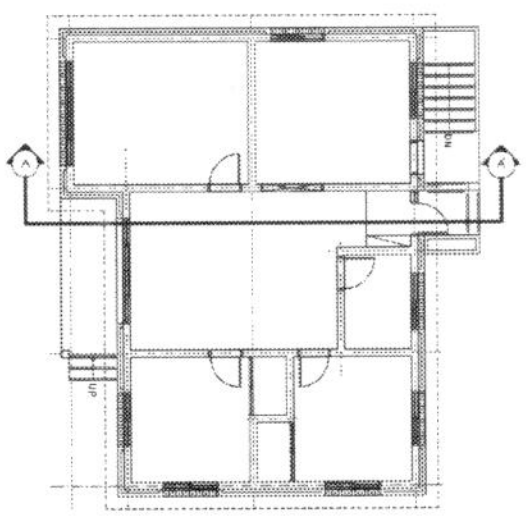

key plan

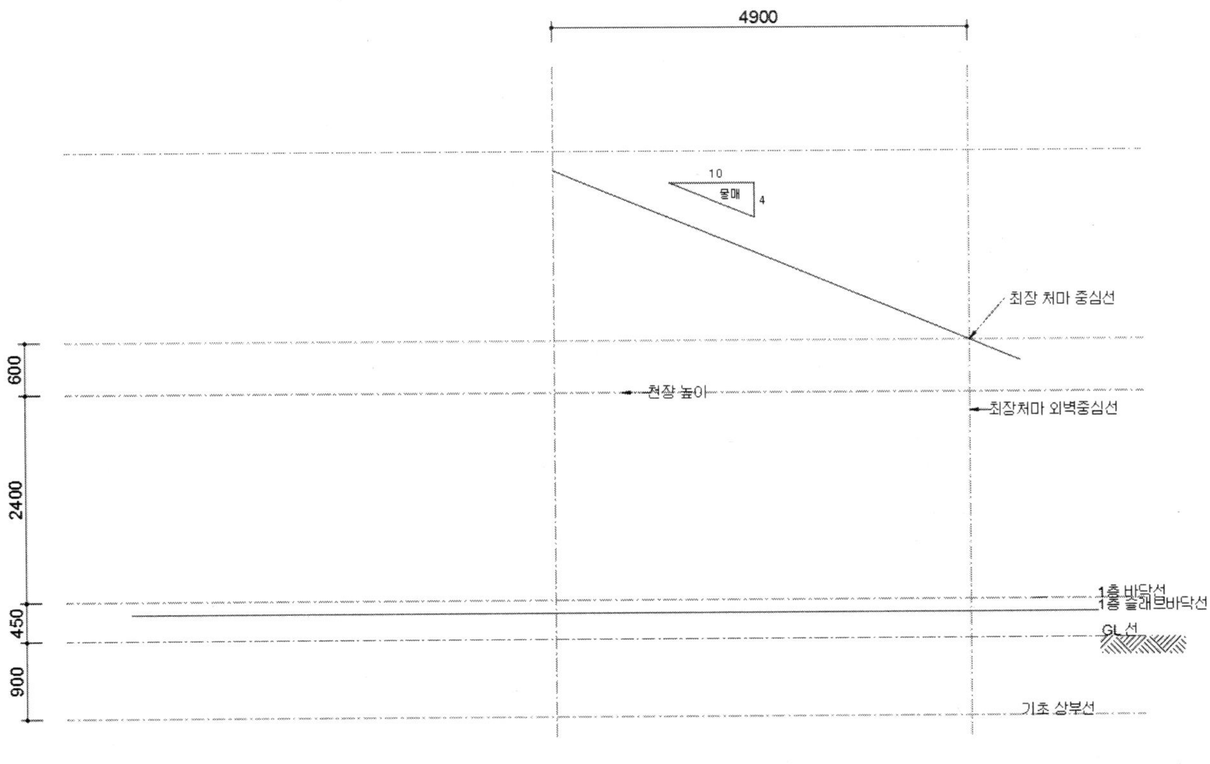

(3) 기초 및 벽선구도 그리기

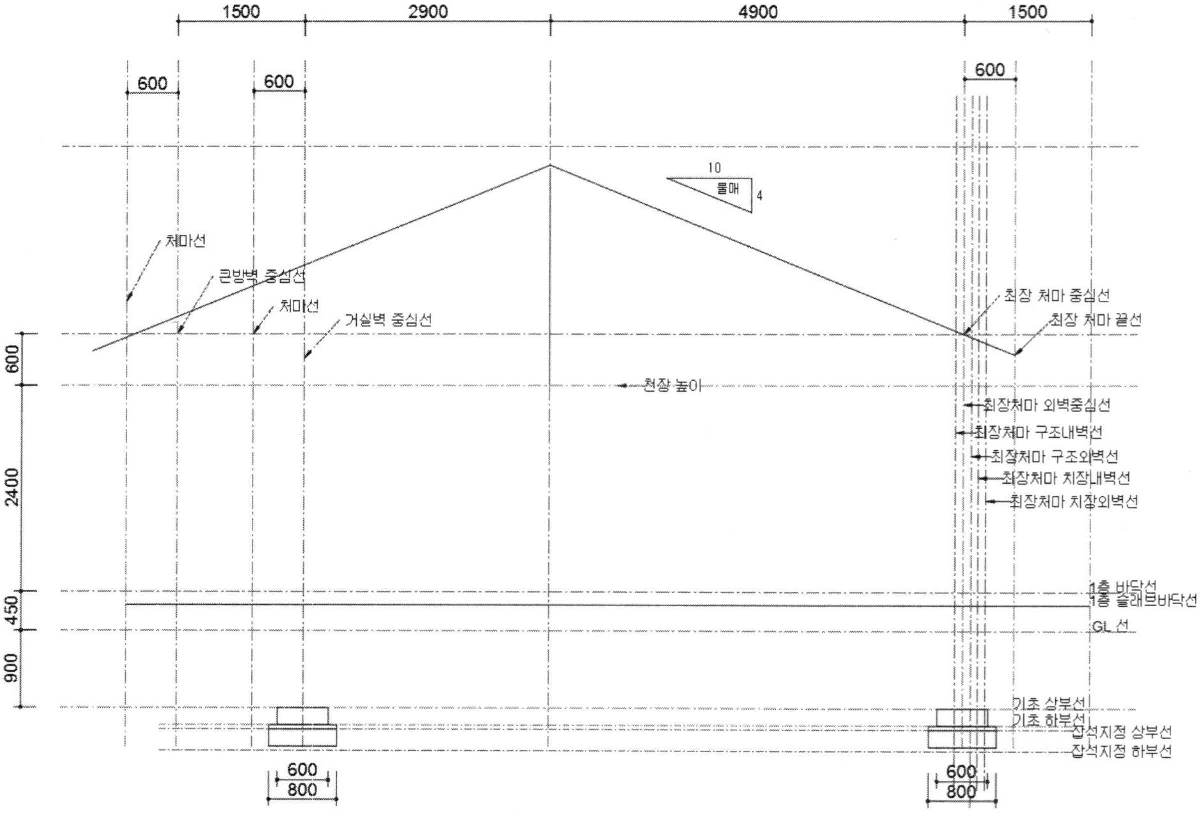

(4) 구조외형선 그리기(단면, 입면, 방수)

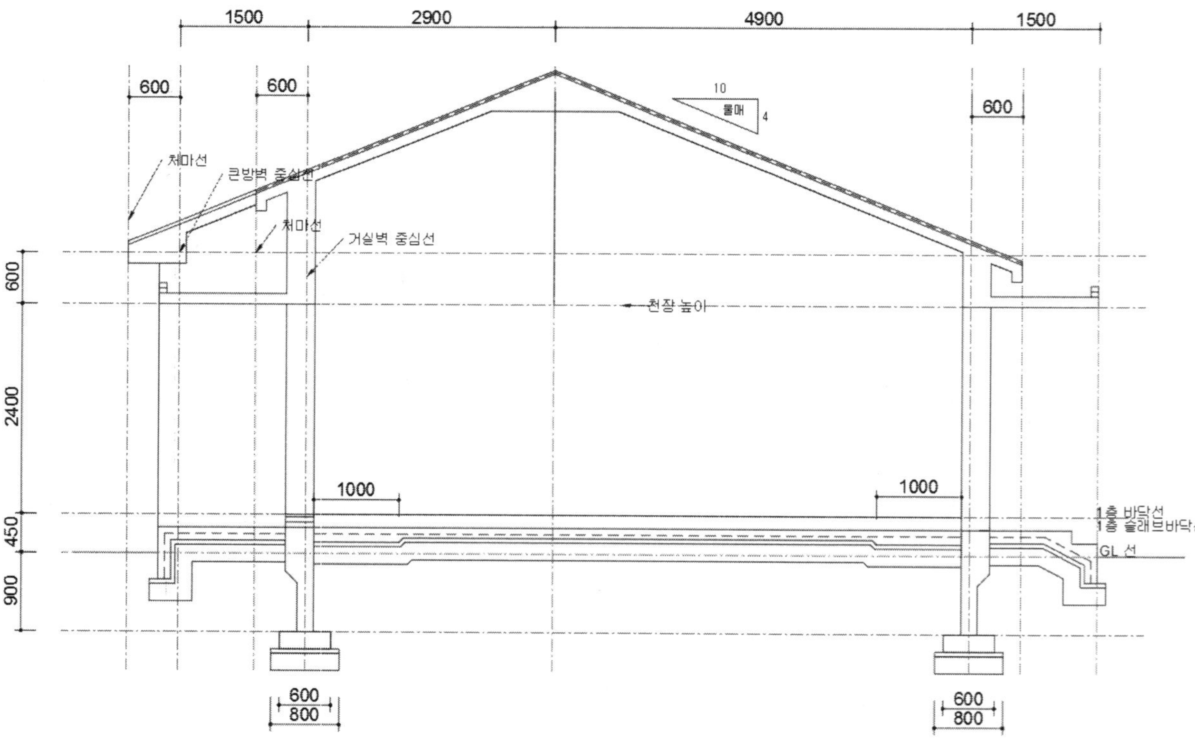

(5) 지정 및 온수파이프 그리기

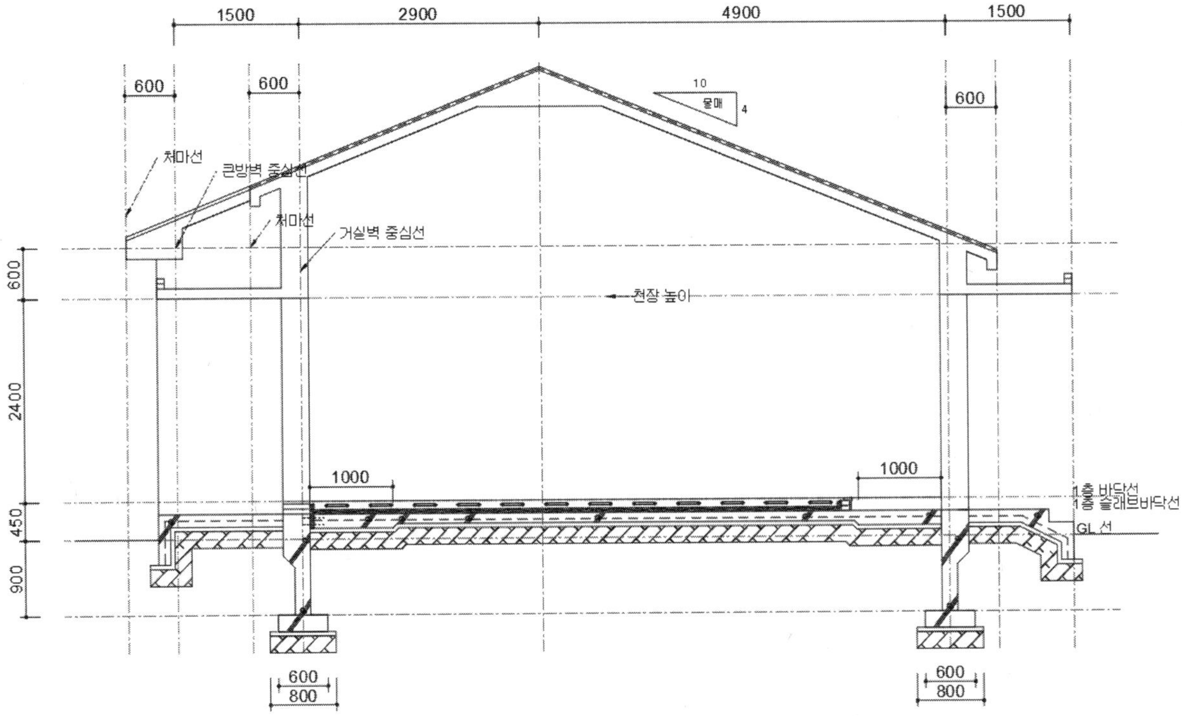

① 철근콘크리트 독립기초 그리기

- 중심선을 그리다.
- 수평선과 수직선을 치수에 맞게 간격을 띄워 선을 그린다.
- 동결선은 GL선에서 900㎜ 이하(중부지방 기준)에 둔다.
- 지정 및 기초판의 두께는 너비의 1/3이상으로 한다.
- 잡석지정의 너비는 기초판 너비의 200~300㎜크게 한다. 여기서는 한쪽에 100㎜ 크게 작도한다.
- 기초판과 잡석지정 사이 밑창콘크리트 두께는 60㎜로 한다.
- 재료표시 및 치수선을 기입한다.

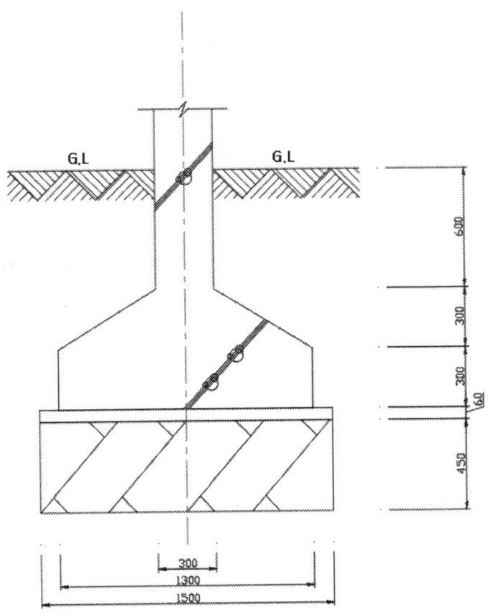

철근콘크리트 독립기초

② 동바리 기초

- 먼저 중심선을 그리다.
- 수평선과 수직선을 치수에 맞게 간격을 띄워 선을 그린다.
- 잡석지정 및 밑창콘크리트를 그린다.
- 철근콘크리트 기초판을 그린다.
- 동바리기둥을 105㎜로 그린다.
- 동바리위에 멍에를 105㎜로 그린다.
- 멍에 위에 장선 75㎜로 그린다.
- 재료표시 및 치수선을 기입한다.

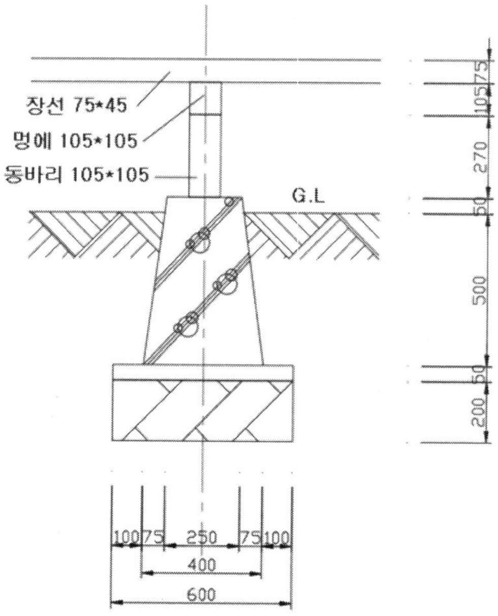

동바리기초

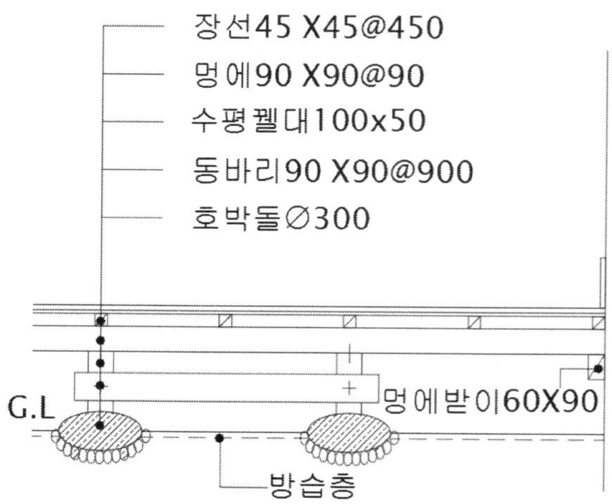

호박돌기초

③ 철근콘크리트 줄기초(외벽 공간벽 기초) 그리기

- 중심선은 내벽인 구조벽(1.0B)을 중심으로 그린다.
- 수평선과 수직선을 치수에 맞게 간격을 띄워 선을 그린다.
- 기초판 및 잡석지정의 높이는 기초판 너비의 1/3이상으로 한다.
- 잡석지정의 너비는 기초판 너비의 200~300㎜크게 한다.
- 잡석지정 및 밑창콘크리트를 그린다.
- 철근콘크리트 기초판을 그린다.
- 첫 번째 그림은 철근콘크리트 기둥 외벽 GL선에서 250㎜아래에 헌치(haunch)를 설치하여 상부벽을 받치게 한다.
- 벽체는 내벽, 공간벽, 외벽으로 그린다.
- 재료표시 및 치수선을 기입한다.

※ 밑창콘크리트는 지정에 속하며 밑창콘크리트를 버림 콘크리트라고도 한다.

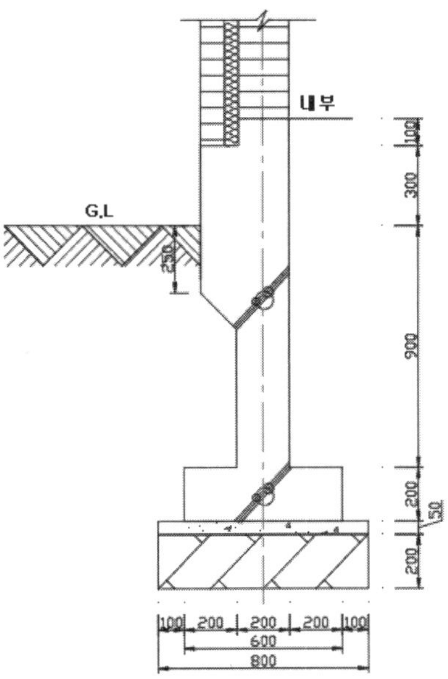

철근콘크리트 줄기초
(외벽 1.5B 공간벽 기초)

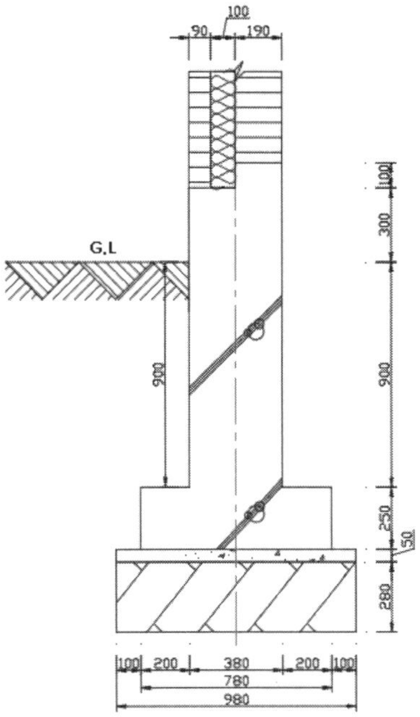

철근콘크리트 줄기초
(외벽 1.5B 쌓기)

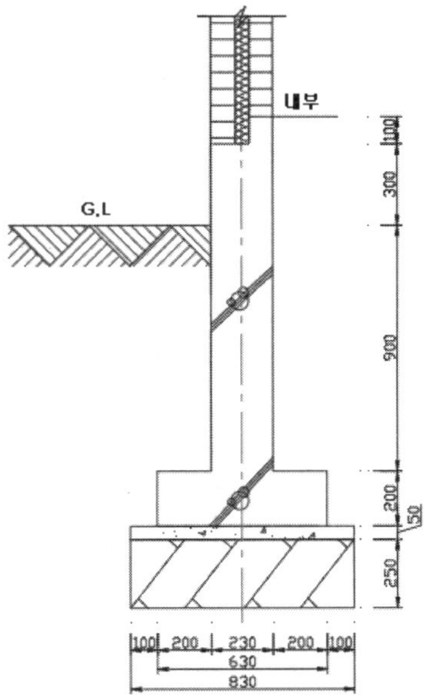

철근콘크리트 줄기초
(외벽 1.0B 공간벽 기초)

④ 테라스기초와 현관 계단기초 그리기

- 중심선은 구조 벽의 중심으로 그린다.
- 수평선과 수직선을 치수에 맞게 간격을 띄워 선을 그린다.
- 기초와 바닥의 잡석지정 및 밑창콘크리트를 그린다.
- 철근(무근포함)콘크리트 기초와 바닥을 그린다.
- 철근콘크리트 기초기둥은 헌치설치로 상부는 방습처리를 위해 도면과 같이 단을 둔다.
- 거실바닥은 질석보온재 및 온수파이프, 걸레받이를 그린다.
- 1.5B 공간 벽을 그린다.
- 재료표시 및 치수선을 기입한다.

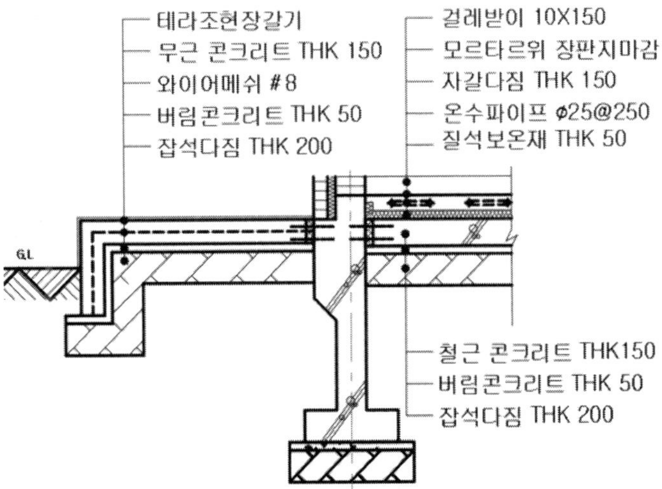

철근콘크리트 줄기초 및 테라스기초

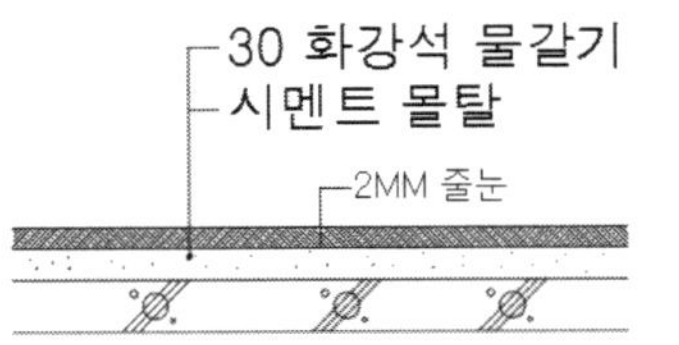

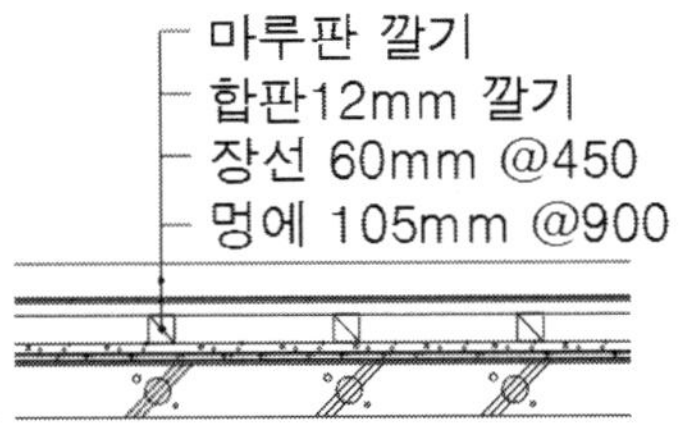

바닥마감재
(화강석 마루판)

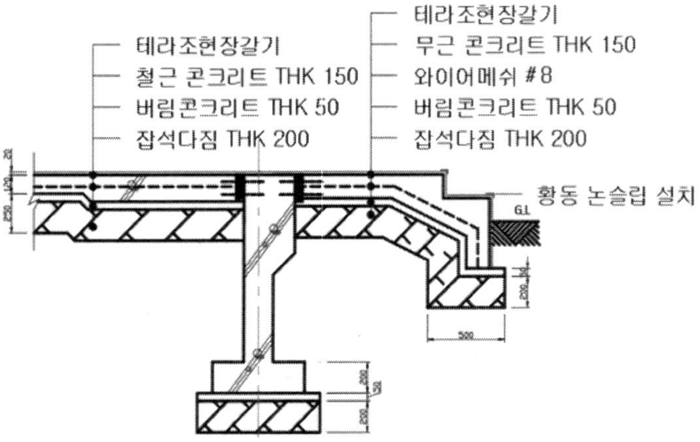

철근콘크리트 줄기초 및 계단기초

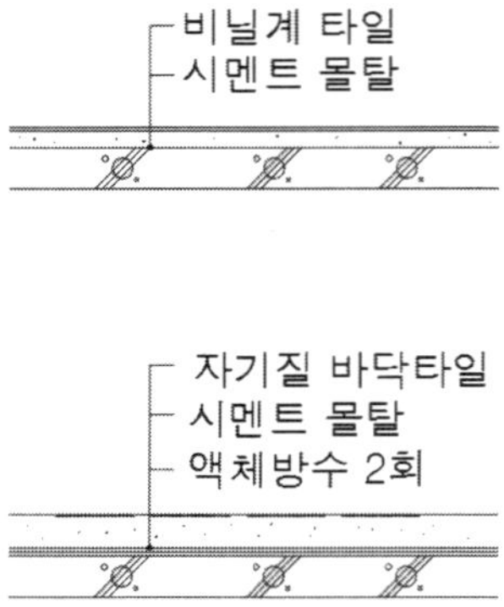

바닥 마감재
(비닐계 및 자기질타일)

⑤ 지하실기초 그리기

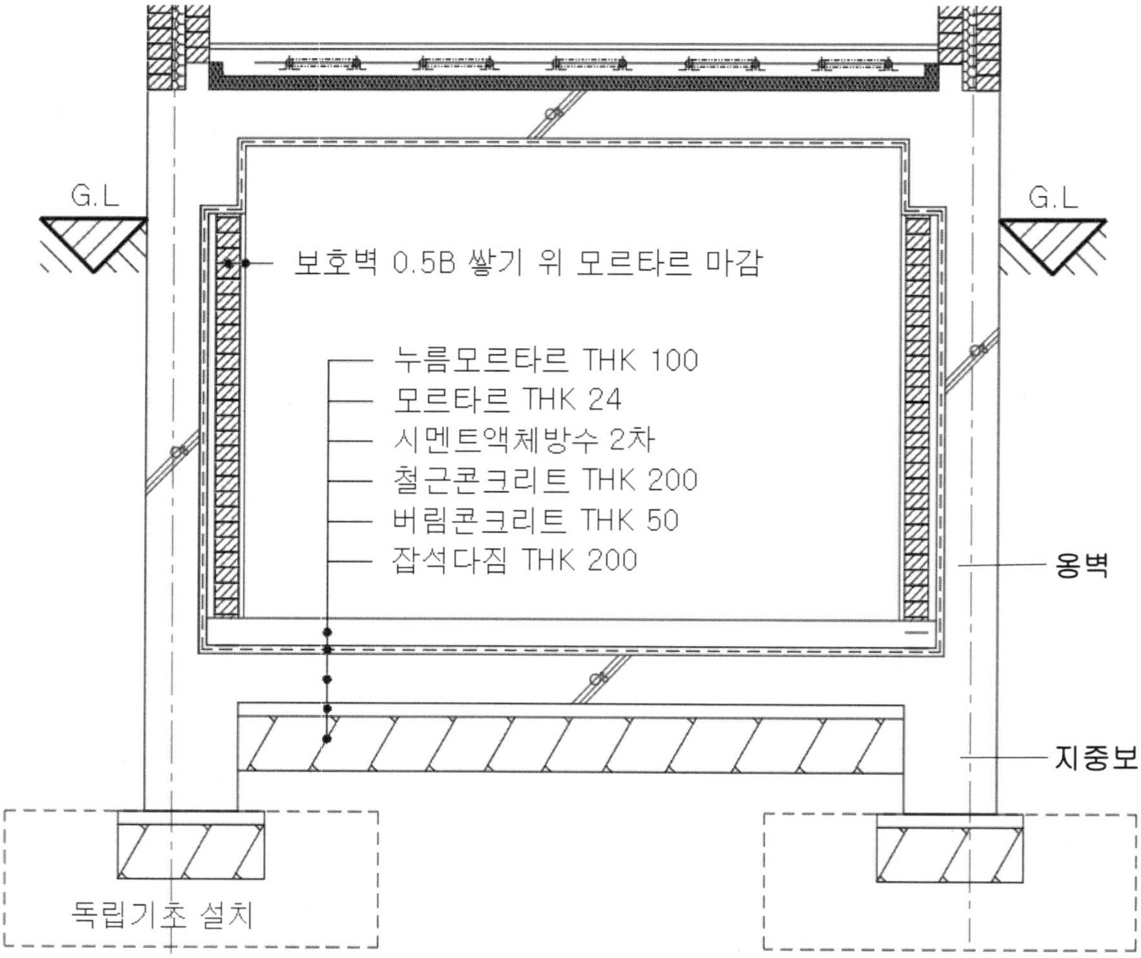

(6) 반자 그리기(처마반자 커텐박스 포함)

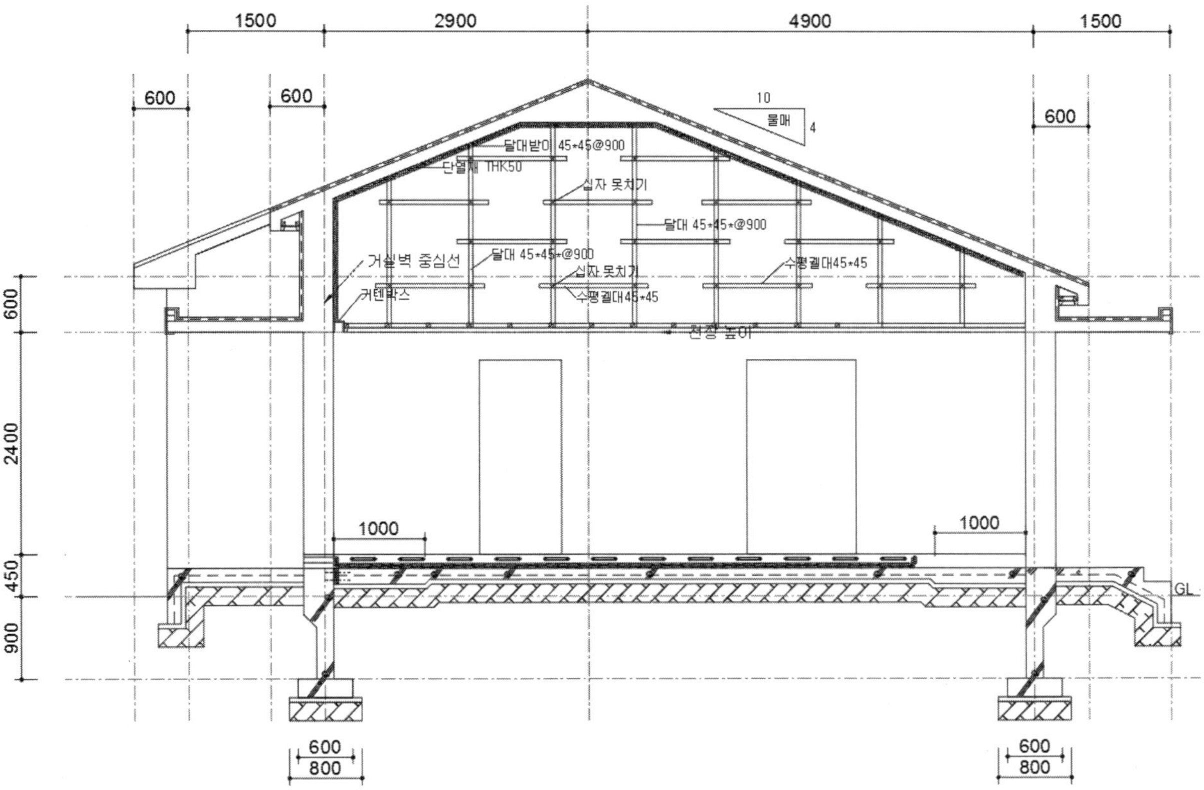

① 반자틀 상세 그리기

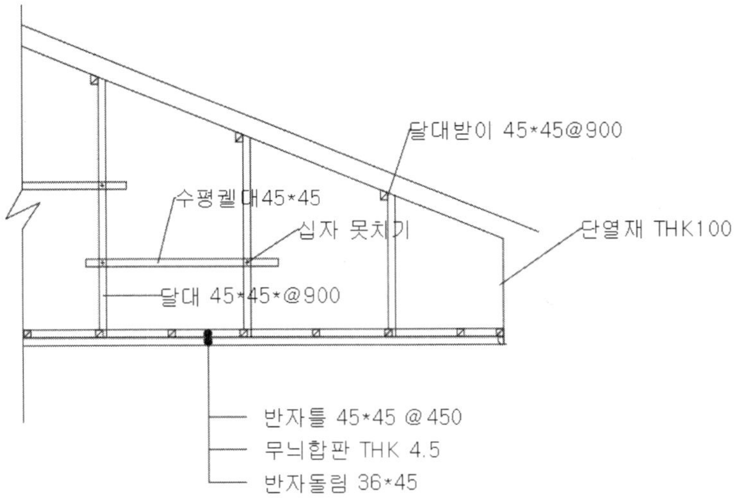

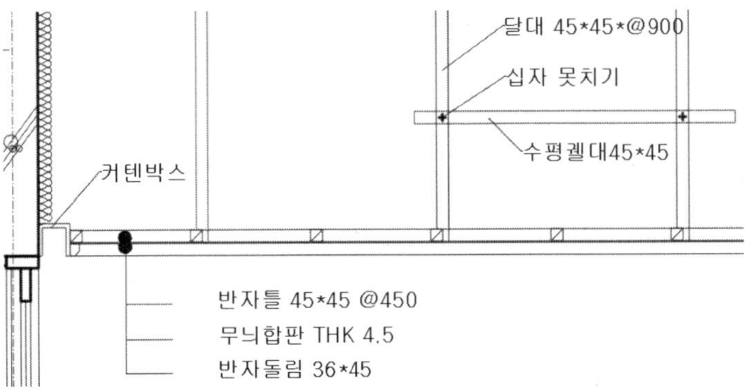

(7) 지붕그리기

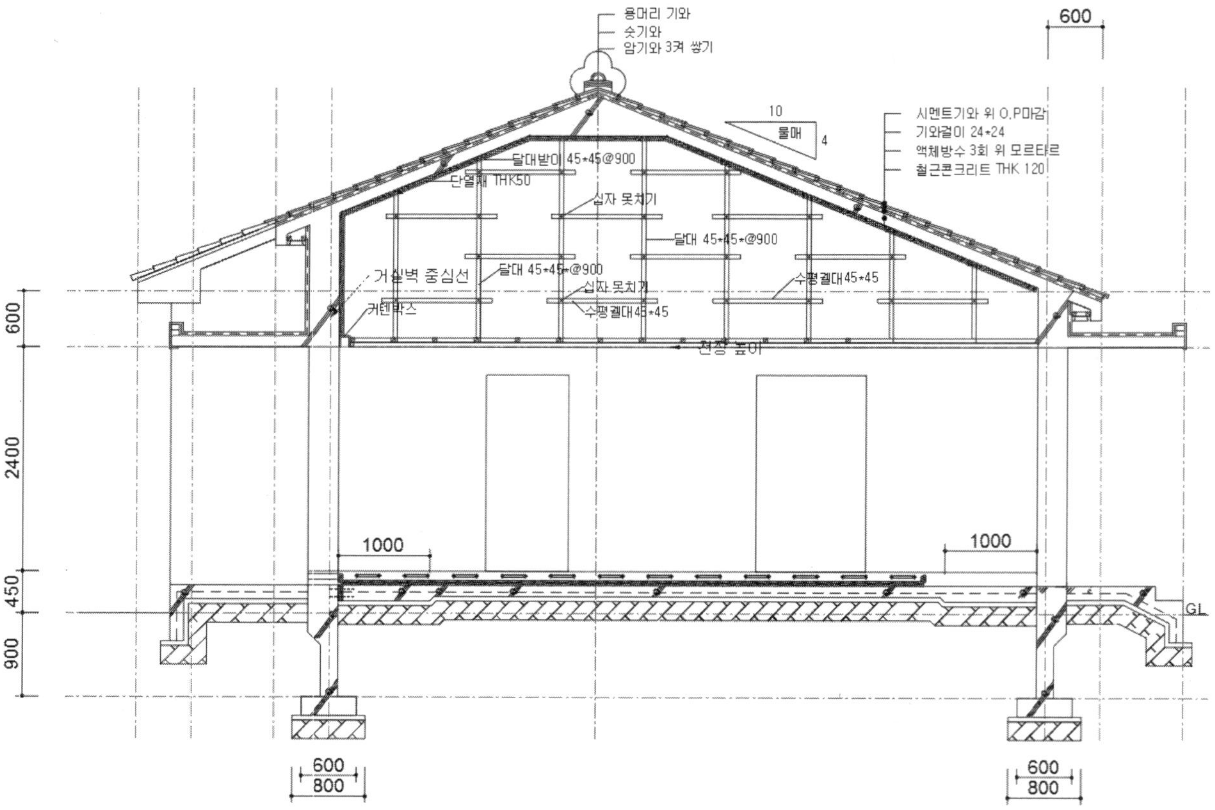

① 지붕물매 및 기와상세도 그리기

- 물매의 기울기는 사각형으로 작도한다.
- 지붕구조는 슬래브 120㎜, 방수층 20㎜(hidden선), 마감 20㎜, 기와걸이 20㎜, 기와살 20㎜로 Offset명령어로 작도한다.
- UCS 사용하여 기와한장을 그리고 Array 명령어로 작도한다.

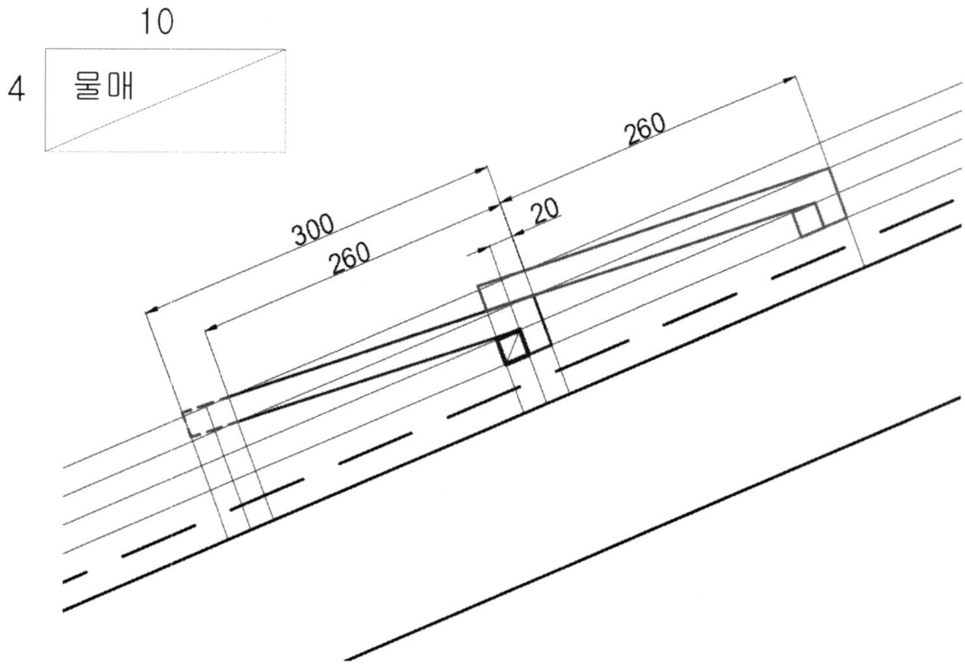

② 용머리기와 상세도 그리기

- 암기와 3켜를 호를 이용하여 폭300㎜ 두께20㎜로 그린다.
- 수키와 외경 R75㎜, 두께20㎜로 그린다.
- 용머리기와 암기와 3켜 상단모서리에서 원 R150㎜로 그리고 상부중앙에 원을 하나 그려 외각 선만 남기고 잘라낸다.

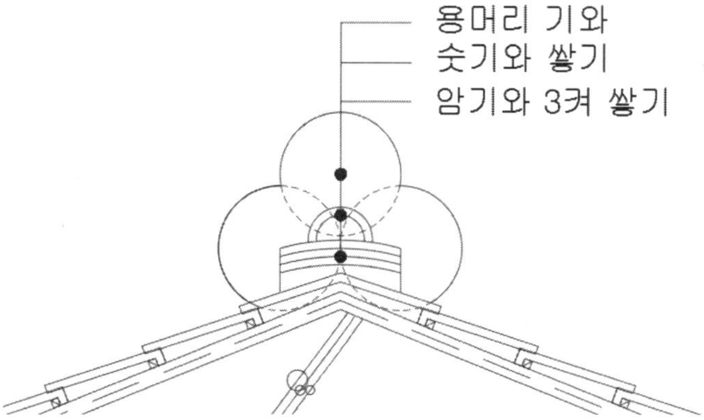

(7) 홈통그리기

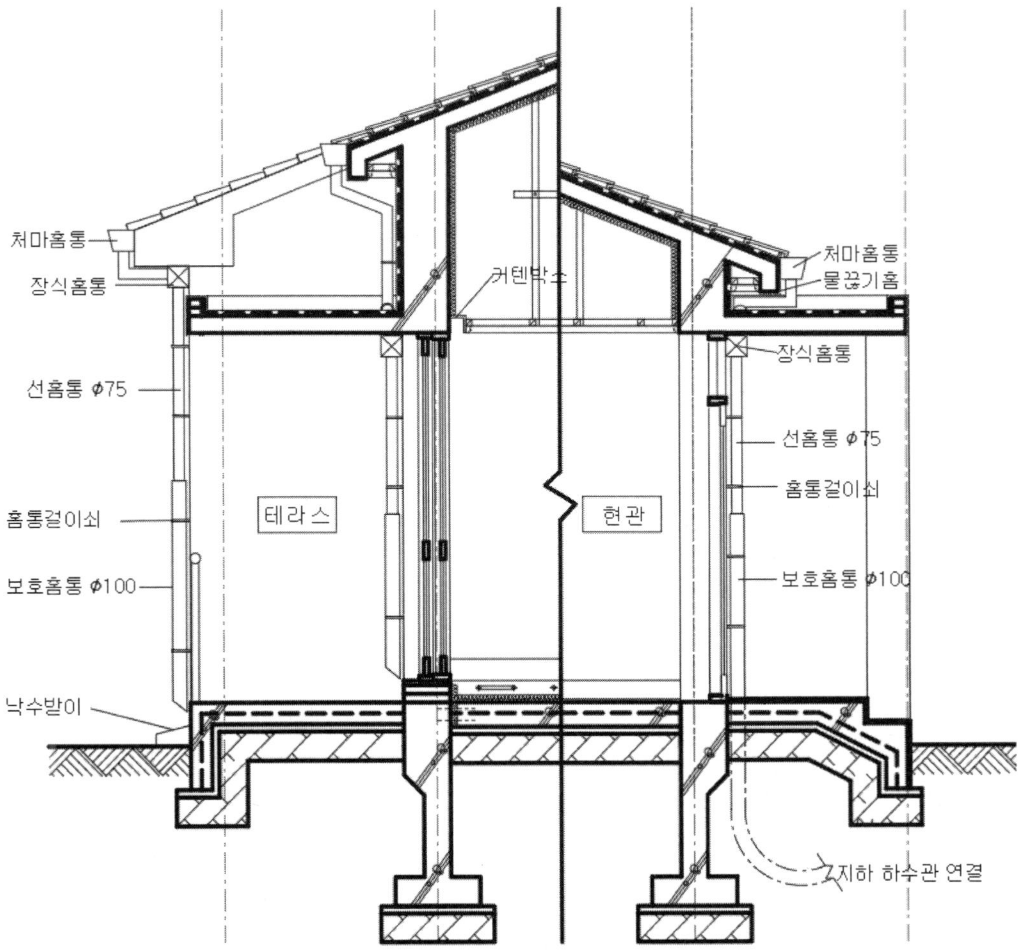

(8) 치수 및 재료명 기입하기

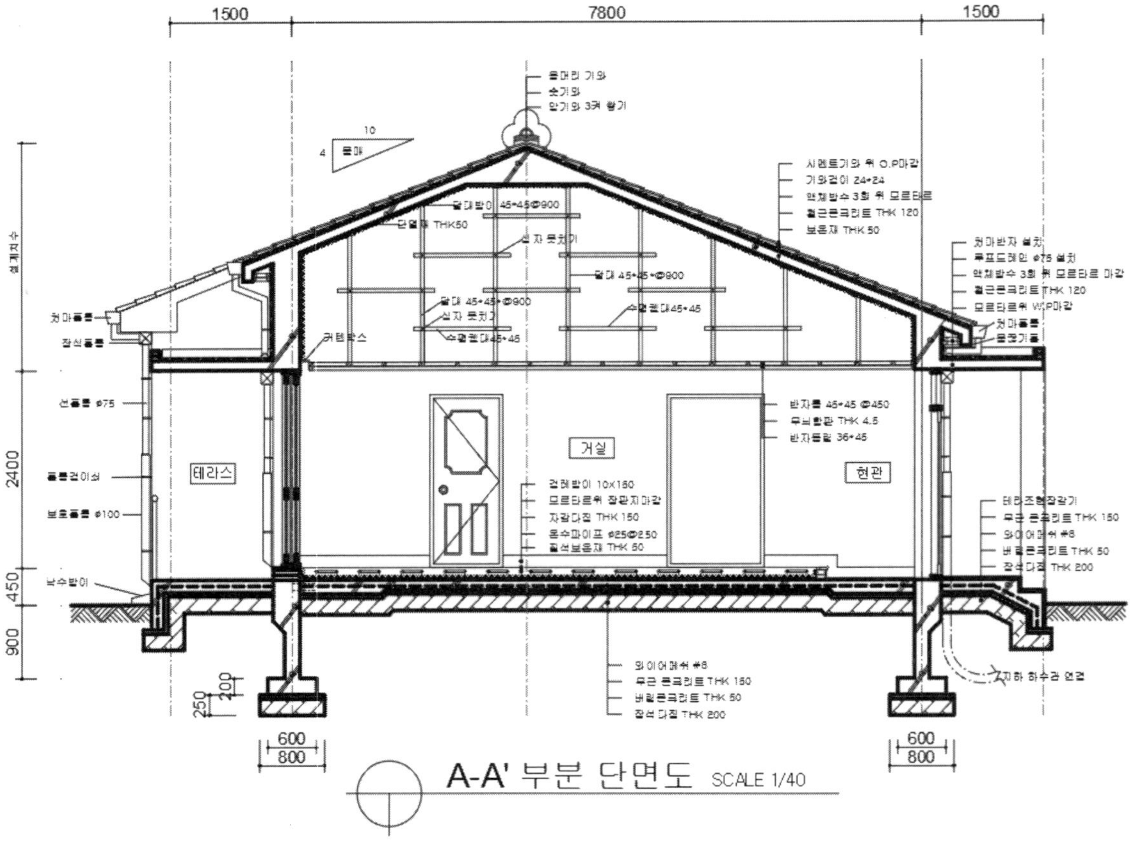

(9) 해치그리기 및 완성하기

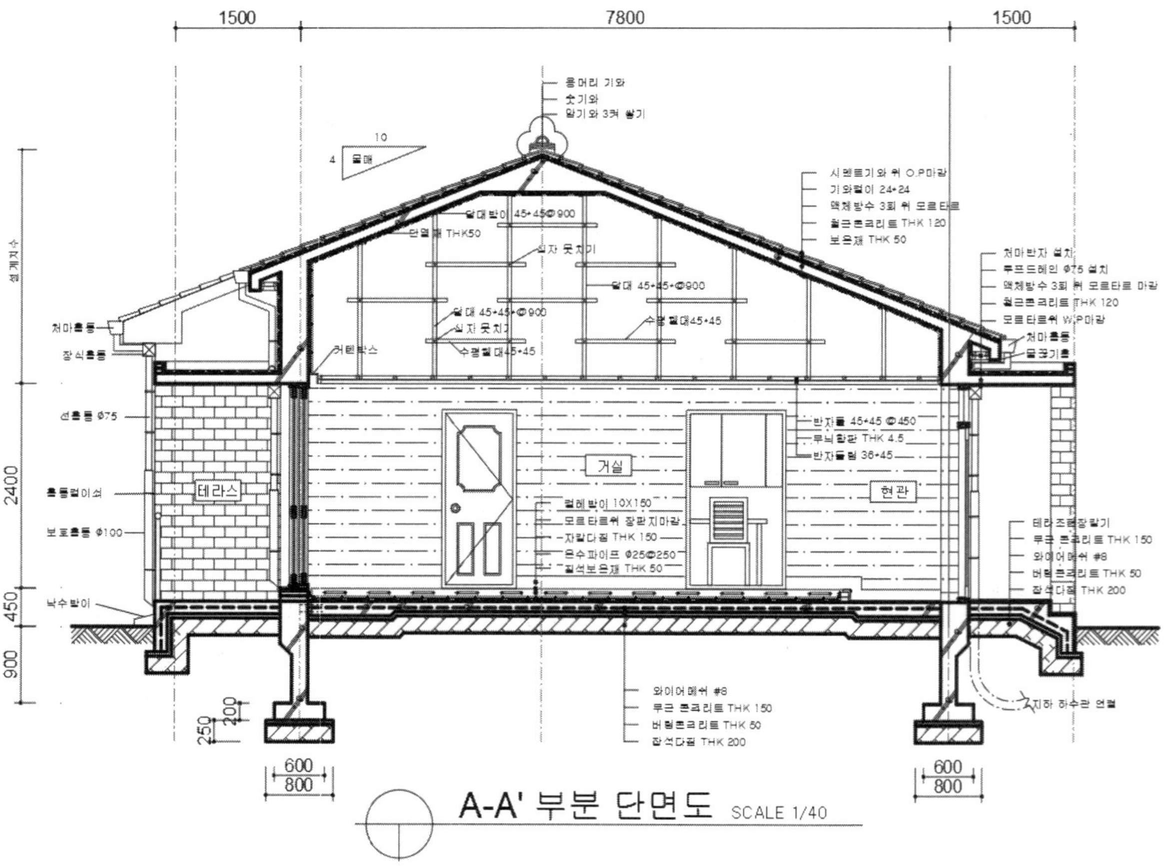

3. 입면도 그리기

(1) 입면도 작성순서

- 도면의 중앙에 배치하도록 한다.
- 구조벽체의 중심선을 일점쇄선으로 그린다.
- 입면외곽선을 그리고 전체 입면선을 그린다.
- 재료표시, 기타 선을 기입한다.
- 중심선을 지운다.
- 해치, 수목 등을 넣고 마무리 완성한다.
- 입면도의 종류

  - 정면도 : 건물의 정면으로 가장 중요한 입면이다(주로 남쪽이 많다).
  - 측면도 : 건물의 우측과 좌측의 입면도이다.
  - 배면도 : 정면의 반대쪽 입면이다.

(2) 남측면도(정면도) 그리기

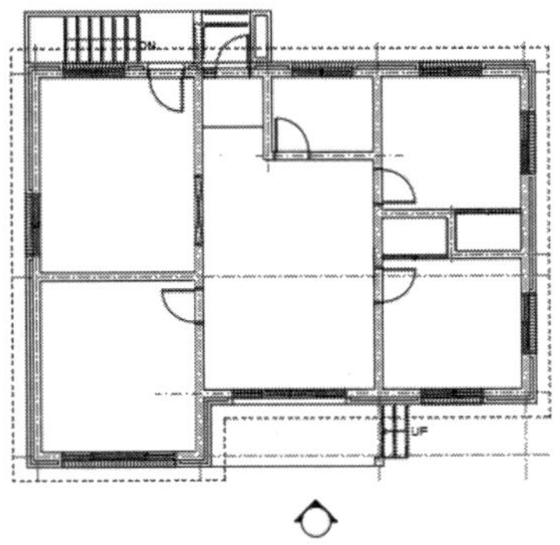

key plan/키 플랜

① 지붕처마 및 창호 구도하기

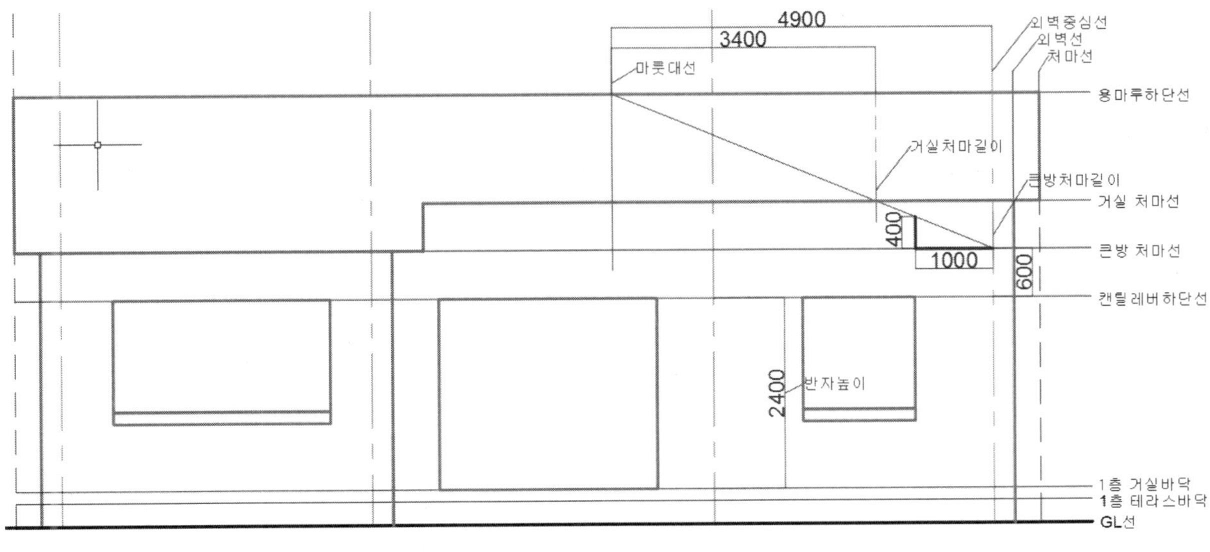

② 지붕, 창호 및 마감재료 표시

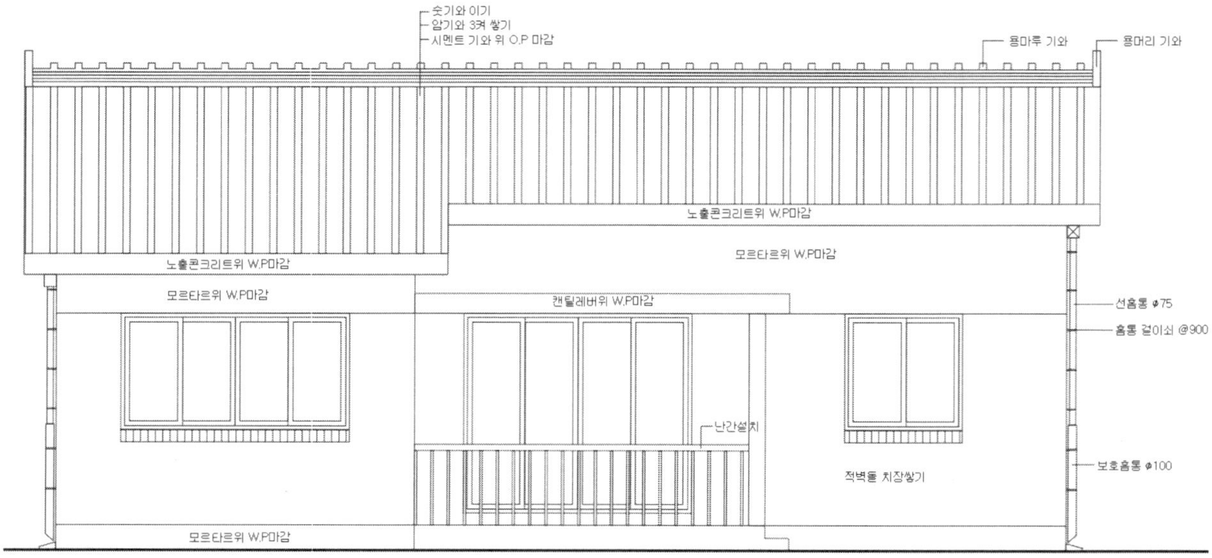

③ 남측입면도 완성(해치작업 등)

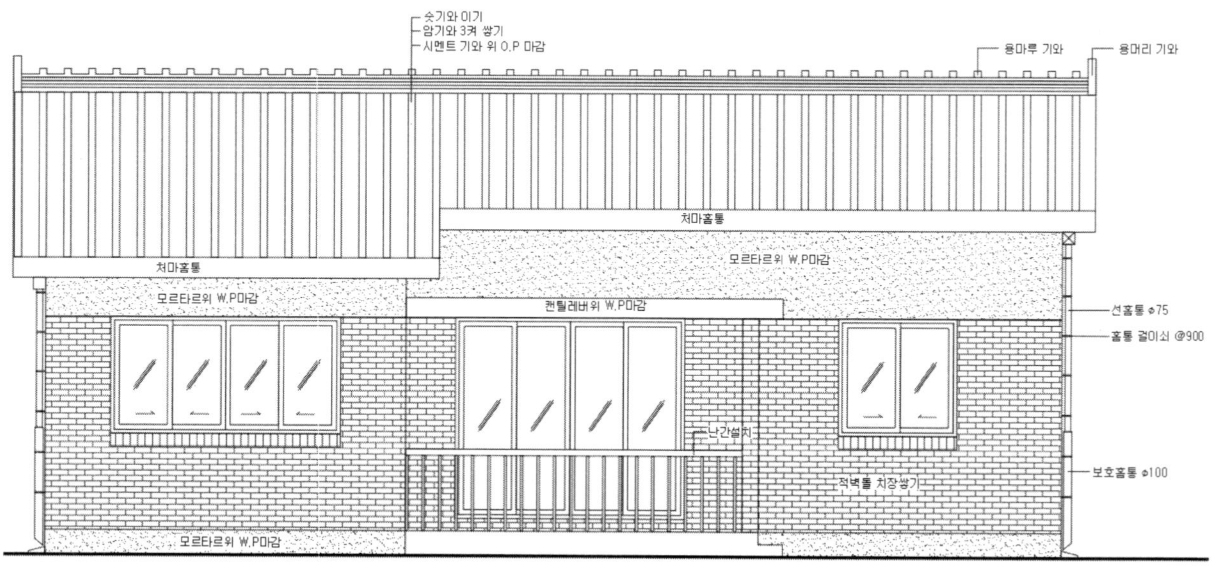

남측 입면도 축척 1/50

(3) 동측면도 그리기

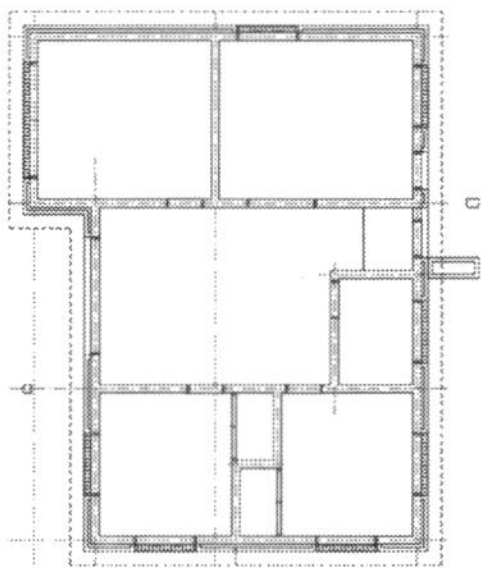

key plan

※ 지붕경사는 남측면도 그리기와 동일하게 작도한다.

① 동측면도 구도하기

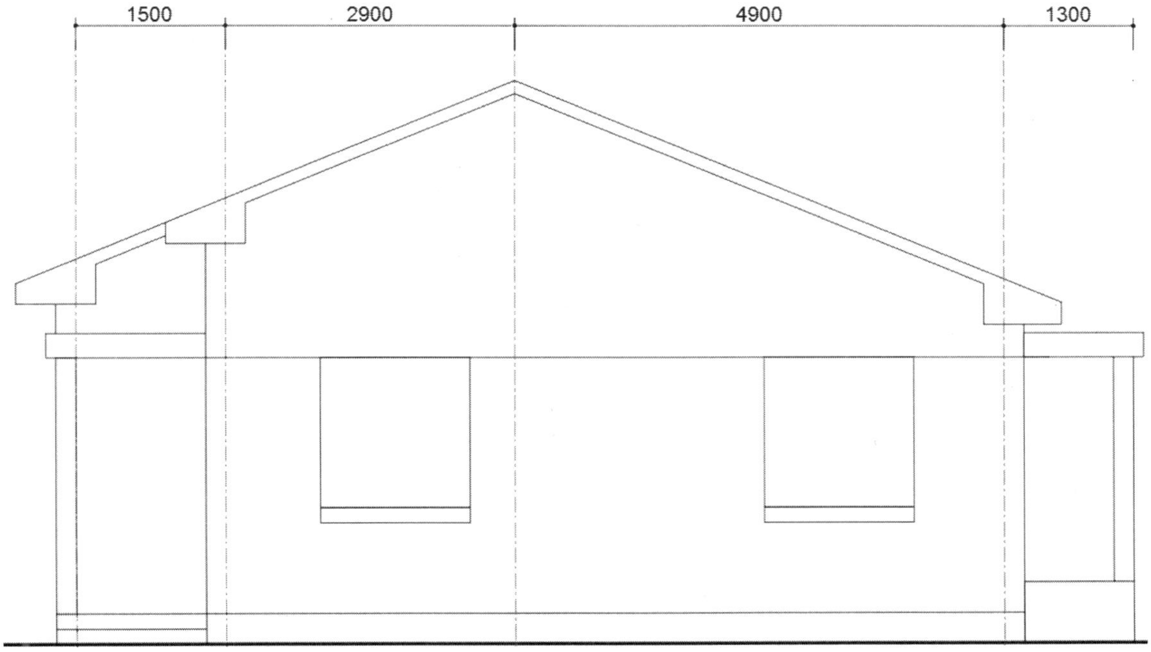

② 동측입면도

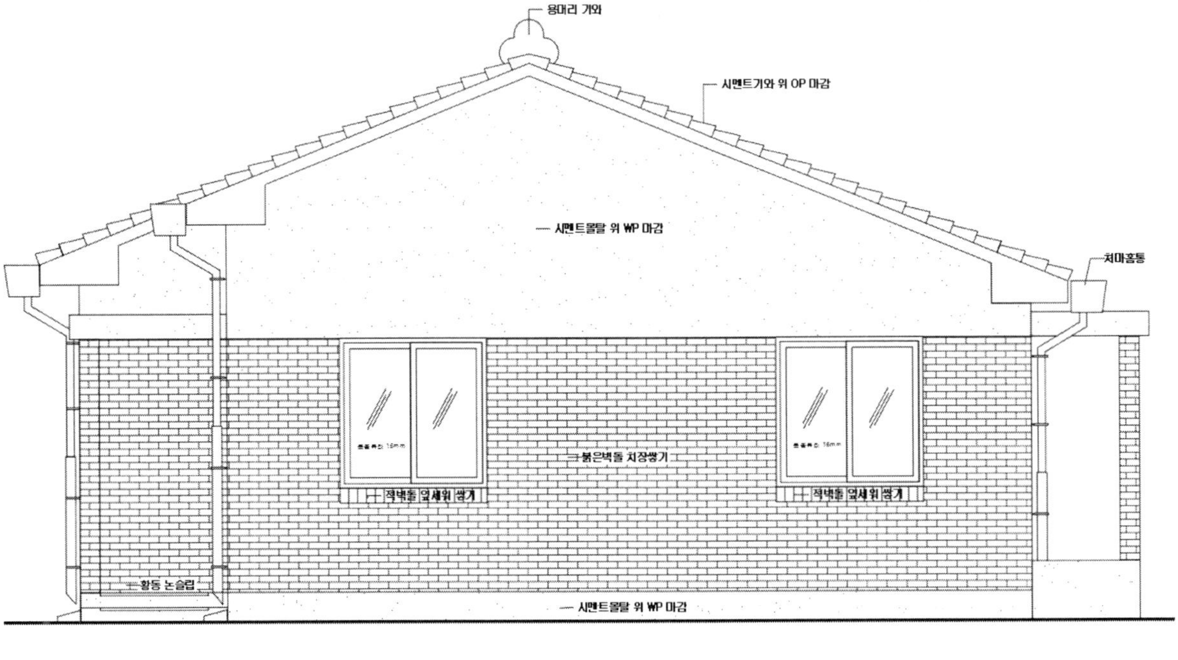

(3) 서측면도 그리기

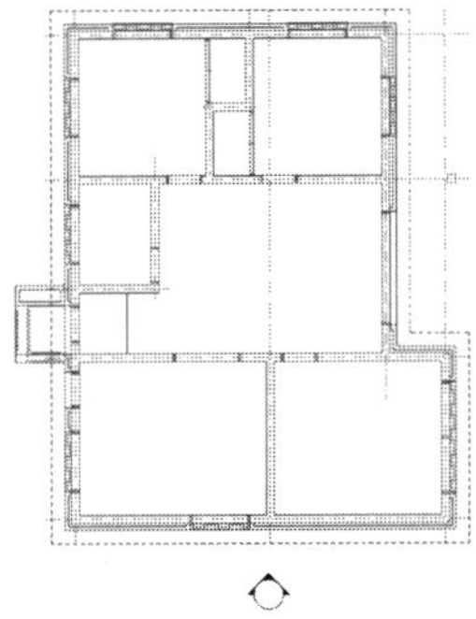

key plan

① 서측면도 구도하기

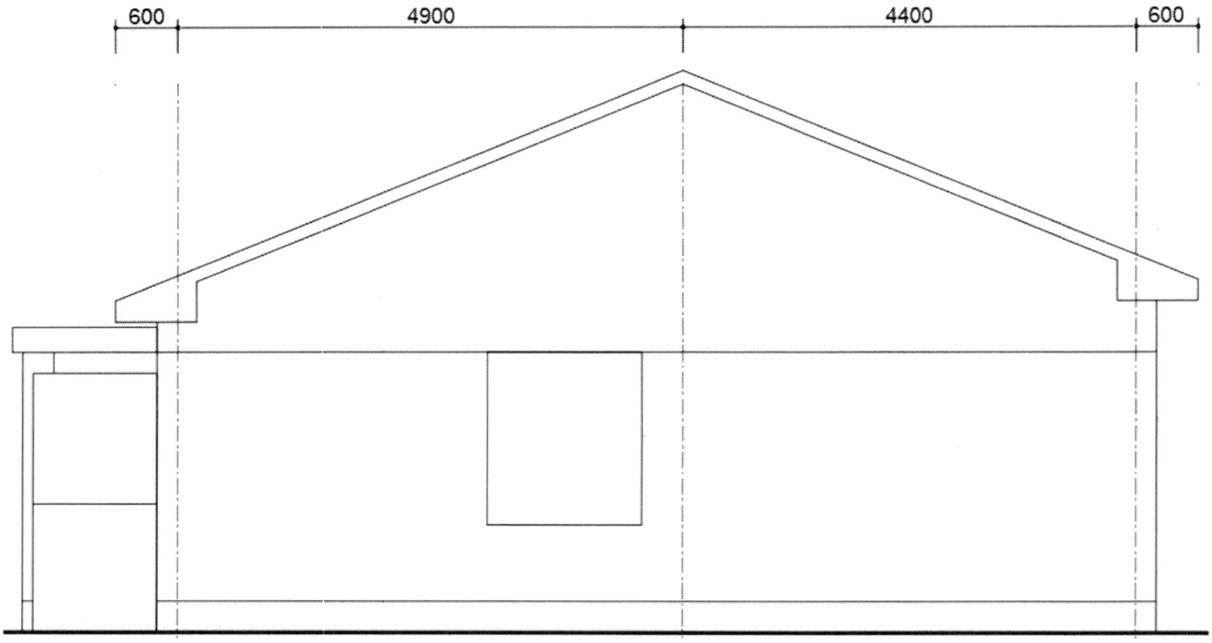

② 서측 입면도

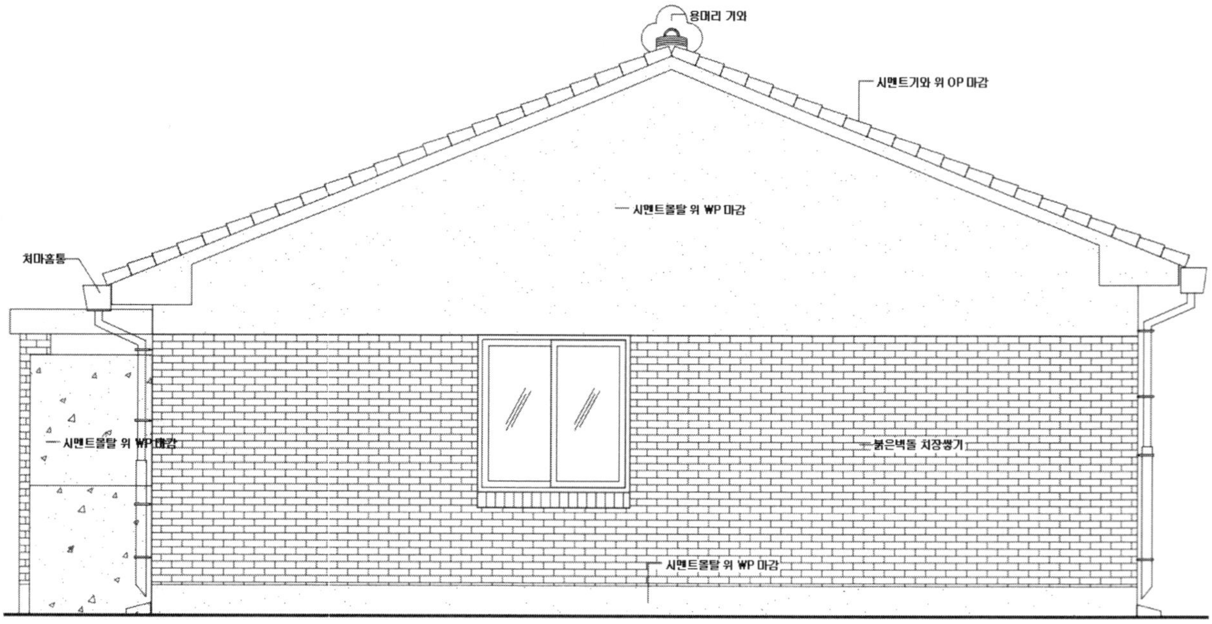

(4) 배면도(북측면도) 그리기

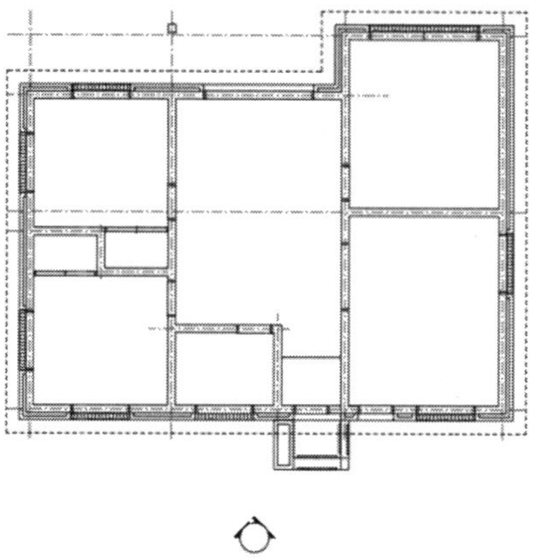

key plan

① 배면도 구도 그리기

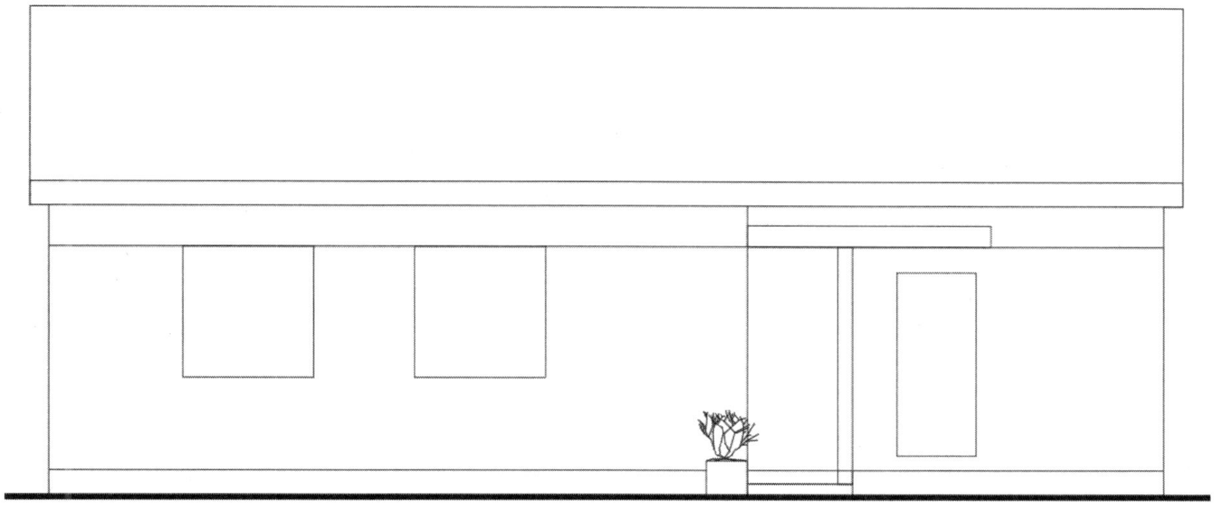

② 북측 입면도(배면도)

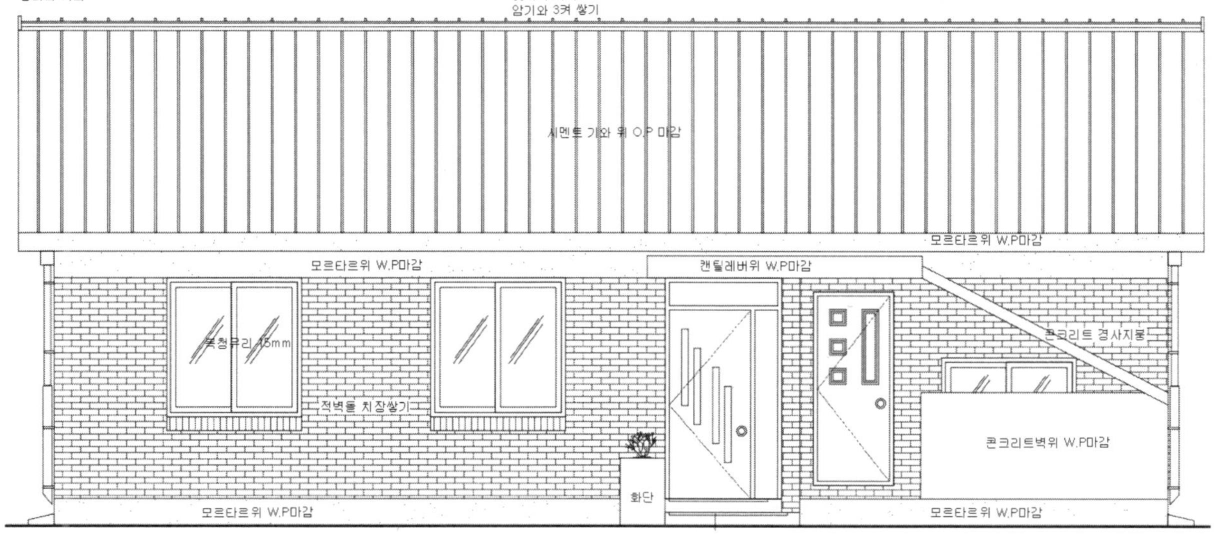

03. 주택 도면(2)

1. 평면도 그리기

(1) 도면 요구조건

- 기초 : 철근콘크리트 구조로 한다.
- 벽체 : 외벽 - 외부로부터 붉은벽돌 0.5B(치장마감), 공간 120㎜, 시멘트벽돌 1.0B로 한다.
  내벽 - 두께1.0B 시멘트 벽돌 쌓기로 한다.
- 단열재 : 외벽은 100㎜, 바닥은 95㎜, 천장은 180㎜(남부지역 기준)
- 지붕 : 철근콘크리트 경사슬래브 위 시멘트 기와잇기 마감(물매4/10 이상)
- 처마나옴 : 벽체중심에서 800㎜
- 반자높이 : 2,400㎜, 처마반자 설치
- 창호 : PVC(플라스틱) 2중창호로 한다.
- 각 실의 난방 : 온수파이프 온돌난방으로 한다.
- 기타 주어지지 않은 조건은 일반적인 시공수준으로 한다.

(2) 중심선 그리기

- 도면층 특성의 새 도면층(레이어)를 추가 또는 미리 만들어 놓은 **중심(center)선** 선택한다.
- 선(line), 간격띄우기(offset) 명령어로 아래도면의 치수와 같이 그린다.

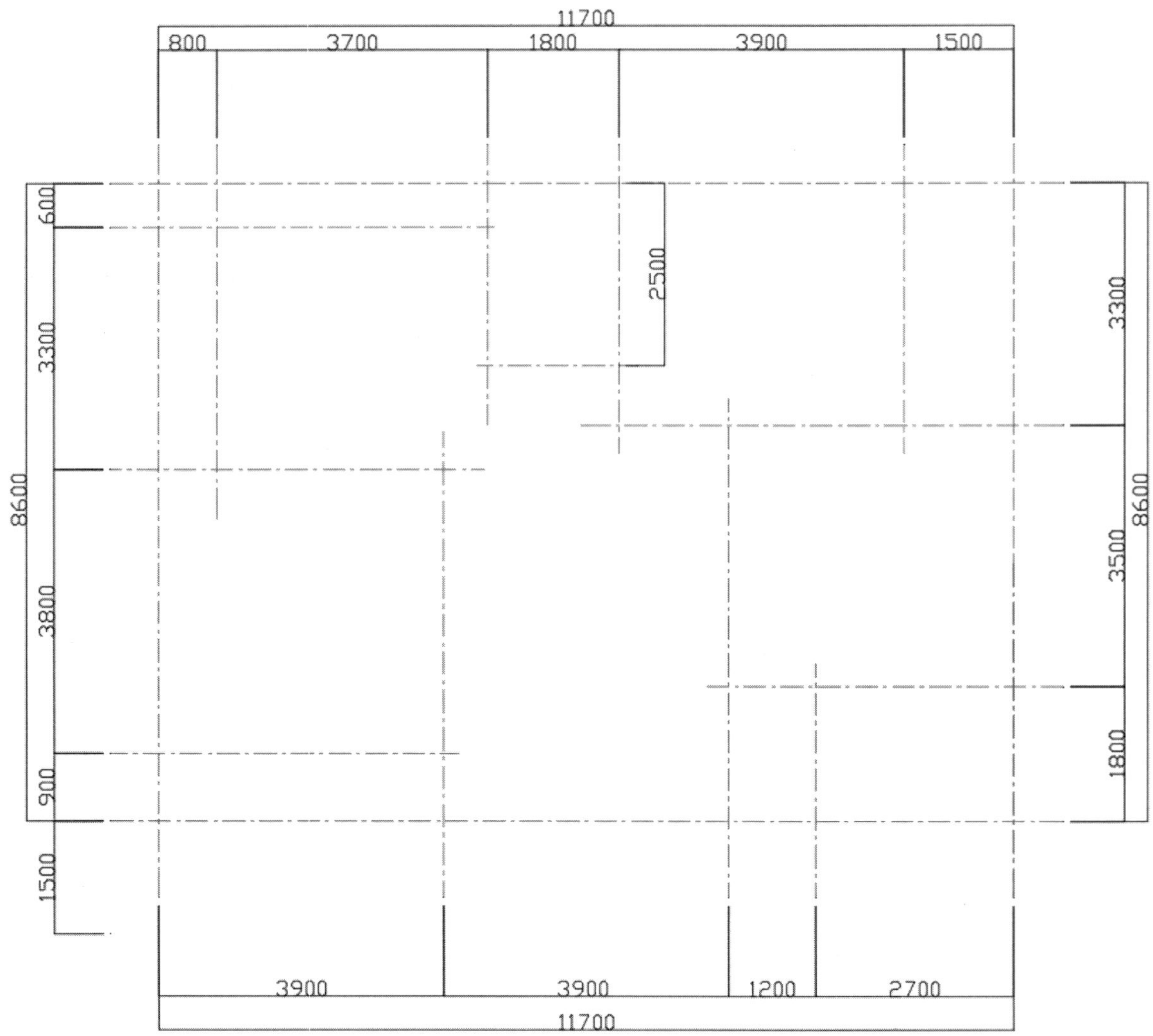

(3) 벽체 그리기 및 개구부 위치 그리기

- 도면층 특성에서 레이어를 추가 또는 미리 만들어진 **굵은(구조)선** 선택한다.
- 외벽그리기 중심선을 기준으로 구조벽 간격띄우기 100(95)㎜ 양쪽으로 Offset(간격띄우기) 명령어로 간격을 그린다.
- 외벽 공간을 120㎜ 만큼 외부로 간격을 띄운다.
- 외벽 치장벽도 95㎜ 만큼 외부로 간격을 띄운다.
- 모서리 부분을 Fillet 처리한다.
- 개구부의 위치 표시한다(모서리부분은 간격은 벽두께 이상 간격을 유지한다).
- 개구부가 들어갈 위치에 선을 그리고 필요하지 않은 선은 절단(Tram 명령어)한다.
- 문틀 단면은 45㎜×120㎜ 정도로 하고 내부문의 크기는 900㎜×2100㎜ 이므로 900㎜ 만큼 띄운다.
- 현관문은 폭 1000㎜으로 화장실문은 800㎜으로 설계할 수 있다.
- 문틀의 밑틀이 없으면 선을 그리지 않는다.
- 창문틀은 이중창으로 단면은 45㎜×240㎜ 정도(벽두께 및 창의 크기에 따라 다르다)
- 창문 절단 부문에서 벽체의 아래 입면이 보이므로 가는 실선으로 다시 그린다.
- 벽체 해치 넣기 순으로 작업을 한다.

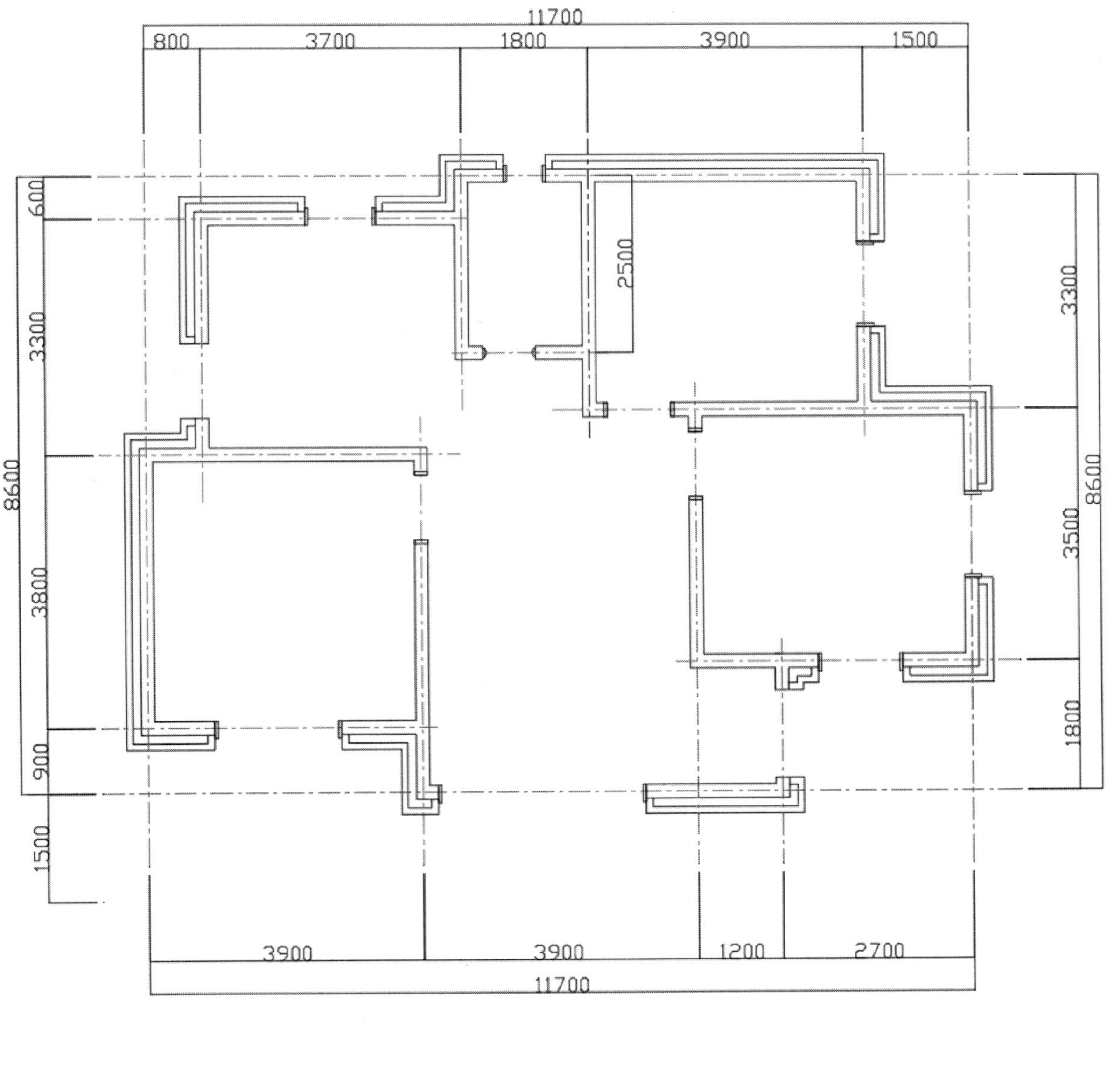

(4) 창호 및 계단 그리기

- 도면층 특성에서 레이어를 추가 또는 미리 만들어진 **가는 실선(입면선)** 선택한다.
- 문과 창문의 크기 및 위치를 확인한다.
- 문과 창의 개폐방향을 확인하여 그린다.
- 창문아래 옆 세워진 벽돌입면 부부도 표현하여 그린다.
- 계단(현관, 발코니)은 폭 300㎜ 너비 도면에 맞도록 그린다.
- 계단 논슬립 표시 및 방향(UP, DN)을 표시하여 그린다.

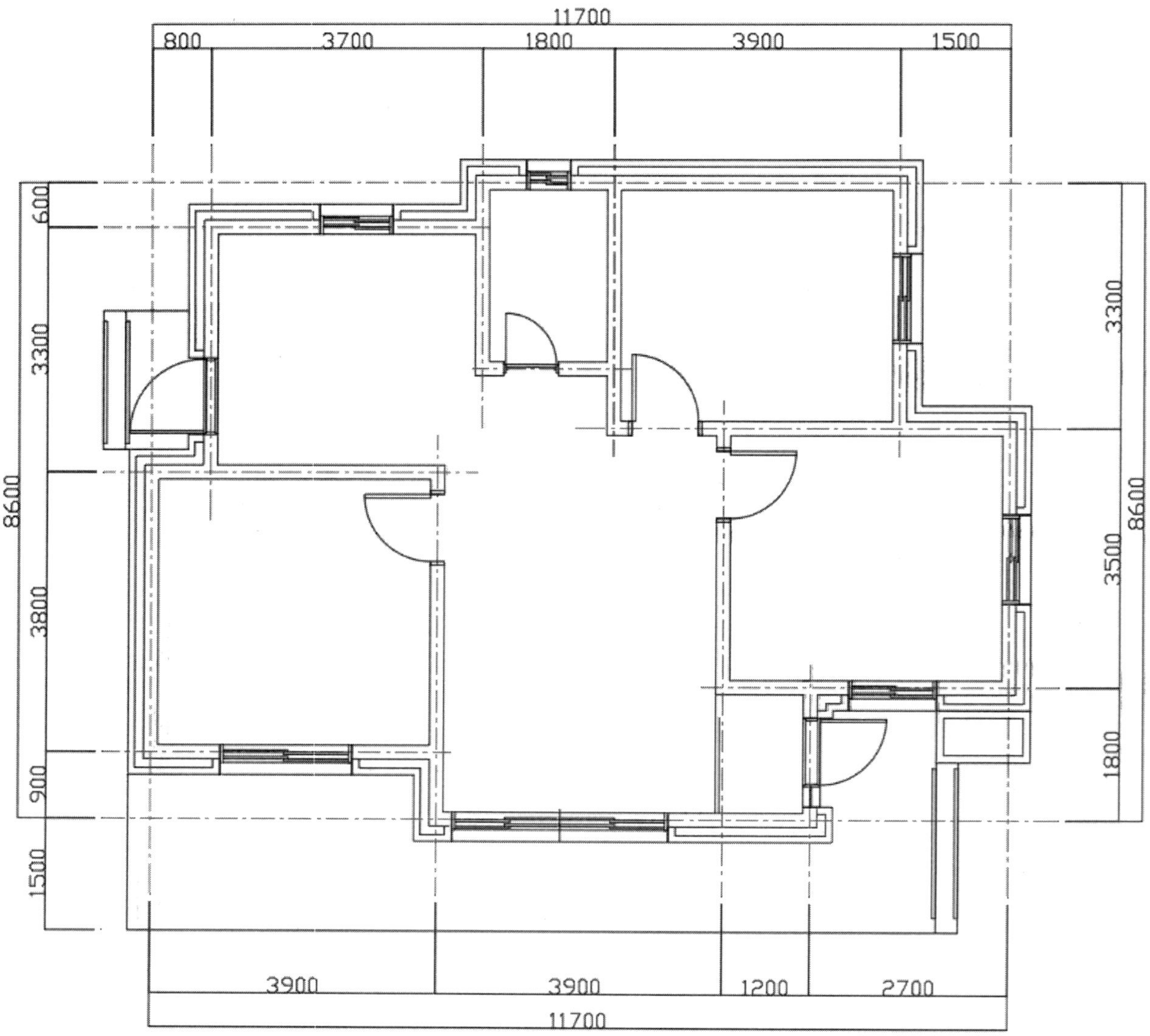

(4) 처마선·가구·문자·단면위치를 그리기

- 도면층 특성에서 필요한 레이어(처마선, 가구, 문자 등)를 추가 또는 미리 만들어진 레이어를 선택한다.
- 처마선은 외벽 중심에서 800㎜을 바깥으로 간격 띄우기 하고 모서리 정리 한다.
- 욕실에 위생기구(욕조, 양변기, 세면기 등)를 배치하여 그린다.
- 주방에 싱크대 및 식탁 등을 배치, 거실에는 쇼파 및 거실장 TV를 배치, 큰방은 침대, 화장대 드레스장 등을 배치, 자녀방도 침대, 책상, 수납장 등을 배치하여 그리기.
- 실명을 기입하기 가능한 가운데 위치를 선택하여 문자를 입력한다.
- 입력한 문자를 복사하여 사용하면 편리하며, 복사한 글자를 더블클릭하여 문자를 수정한다.
- 기타 방위표시 및 단면도 표시 등을 도면과 같이 작도한다.
- 도면명은 하단 가운데에 두고 SCALE(축척) 글자크기는 도면명의 1/2로 한다.

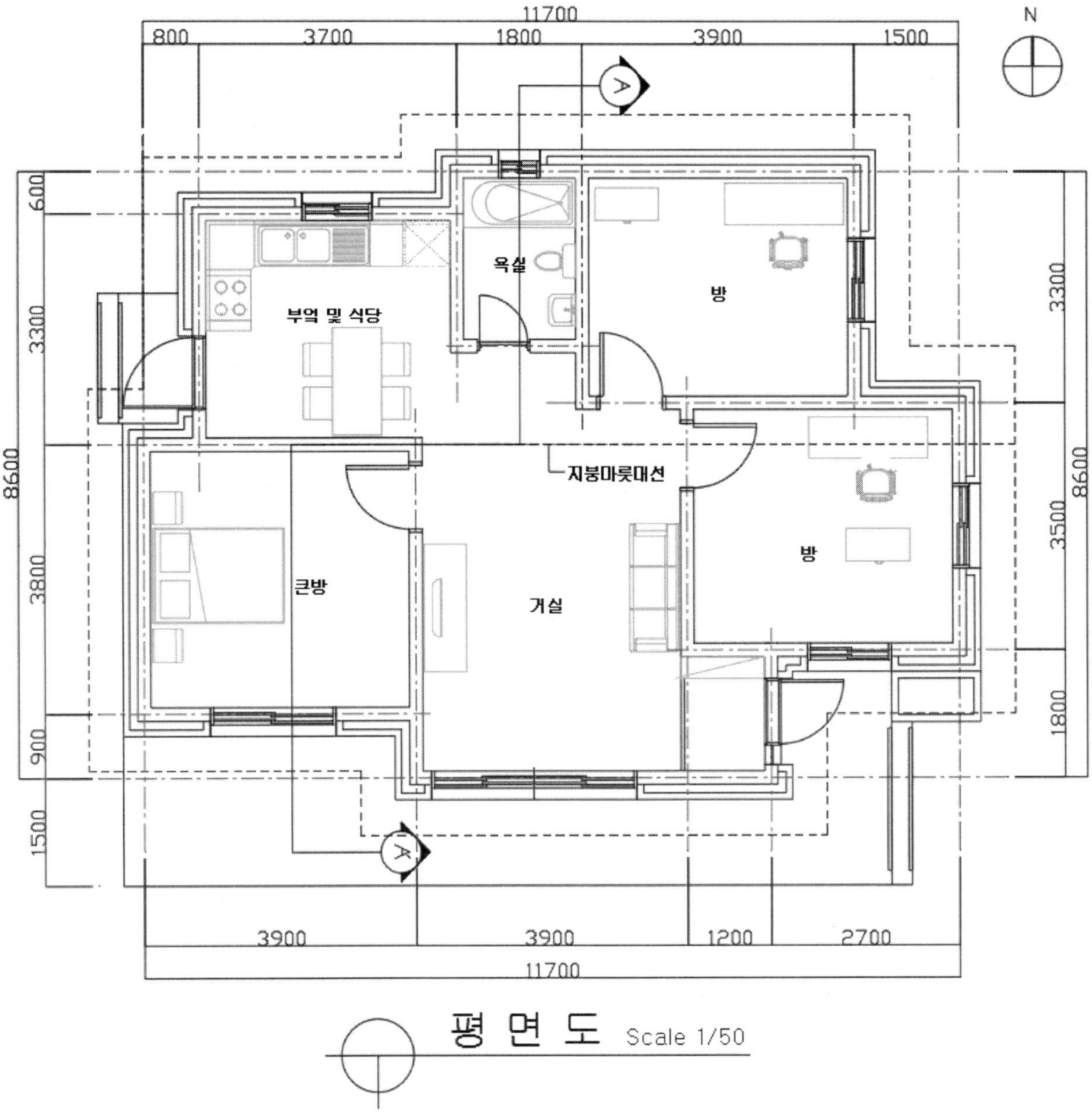

평 면 도 Scale 1/50

(5) 해치 넣기

- 도면층 특성에서 해치 레이어를 추가 또는 미리 만들어진 레이어를 선택한다.
- 해치를 선택하고 해치작성에 적합한 패턴 및 특성을 선택한다.
- 벽체 해치하기(추가 삭제가 가능하다)
  (선택점을 줄여 빠르게 작업하기 위해서 중심선 레이어를 끄고 작업하면 편리하다)
- 욕실, 거실바닥 해치작업을 위해 먼저 패턴 및 특성을 선택하고 경계 탭에서 선택점을 이용하여 해치작업을 한다.
- 기타 미비한 부분 보완 후 도면 완성한다.

※ 필요에 따라 표제란 삽입한다.

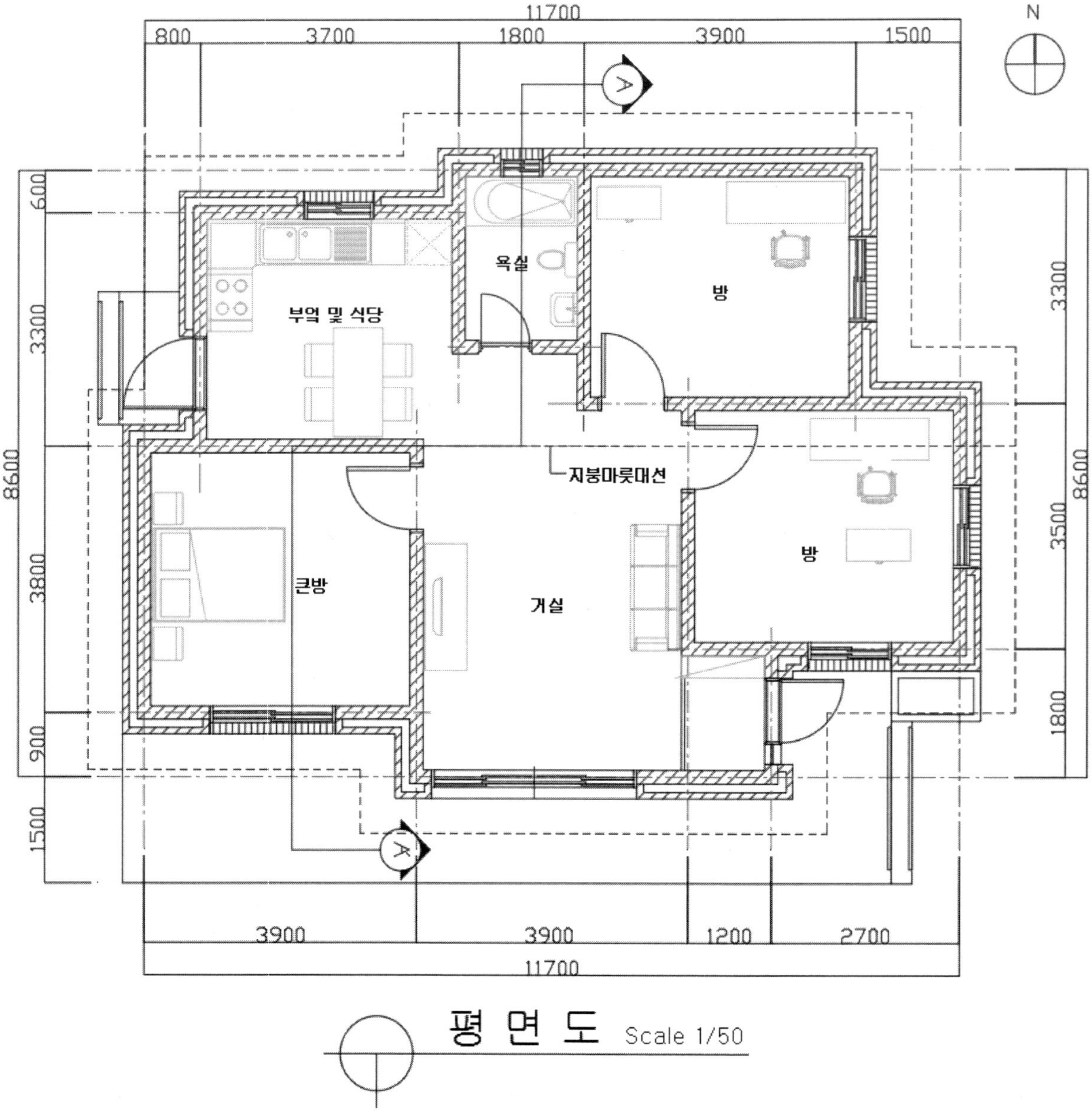

평 면 도 Scale 1/50

2. 단면도 그리기

(1) 단면도 그리기 작성순서

- 도면의 중앙에 배치하도록 한다.
- 구조벽체의 중심선을 일점쇄선으로 그린다.
- 중심선을 기준으로 기둥, 및 벽체를 그린다.
- 개구부를 표시하고 단면선과 구분하여 창호를 그린다.
- 가구, 위생기구 등을 그린다.
- 건축물의 내·외부 마감재료 표시를 기입한다.
- 해치, 줄눈 등을 넣는다.
- 주요치수와 치수선을 기입한다.
  - 건물의 높이, 층간높이, 처마높이, 거실의 높이, 창의 높이, 바닥높이
- 도면명과 축척을 기입하고 단면도를 완성한다.
- 절단방향에 따라 종단면도와 횡단면도로 분류한다.

(2) 종단면구조 지붕 경사선 그리기

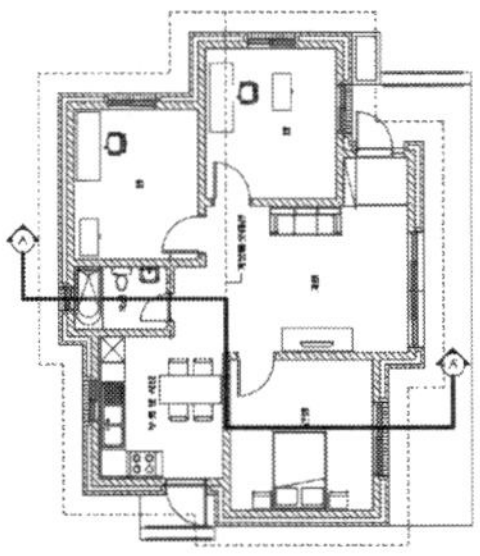

key plan

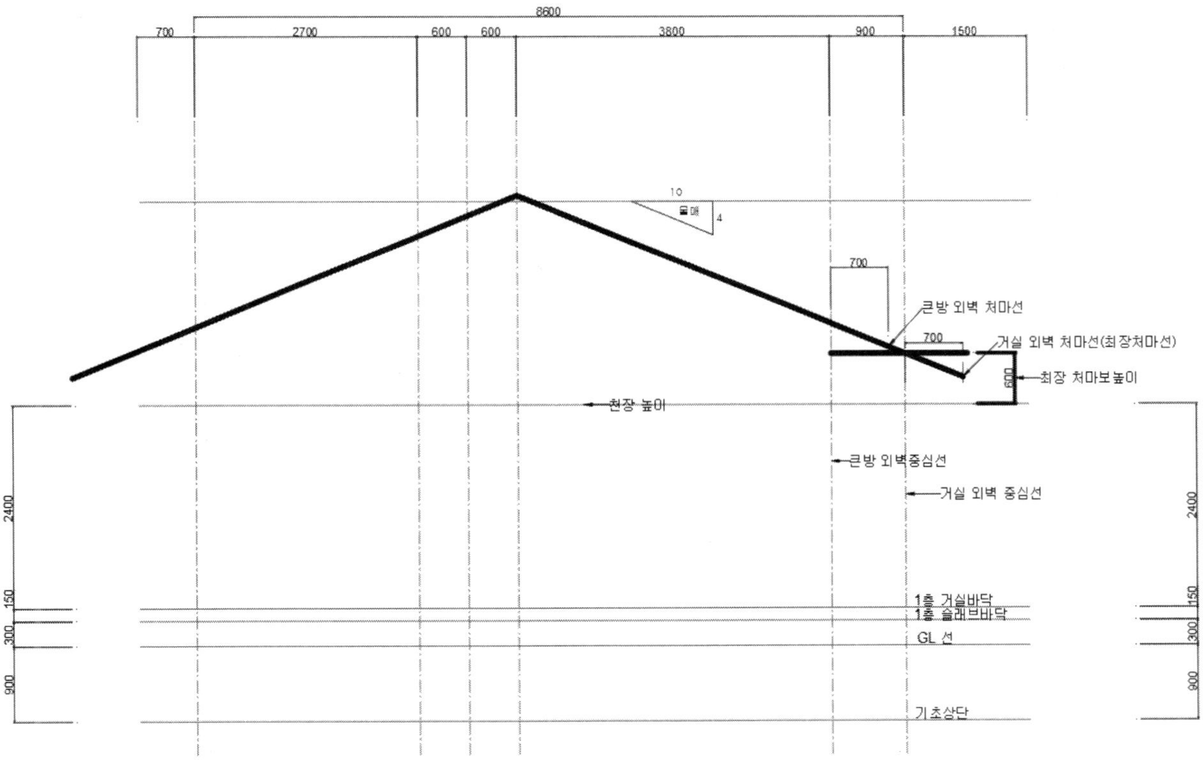

(3) 처마선, 외벽선 및 기초 구도하기

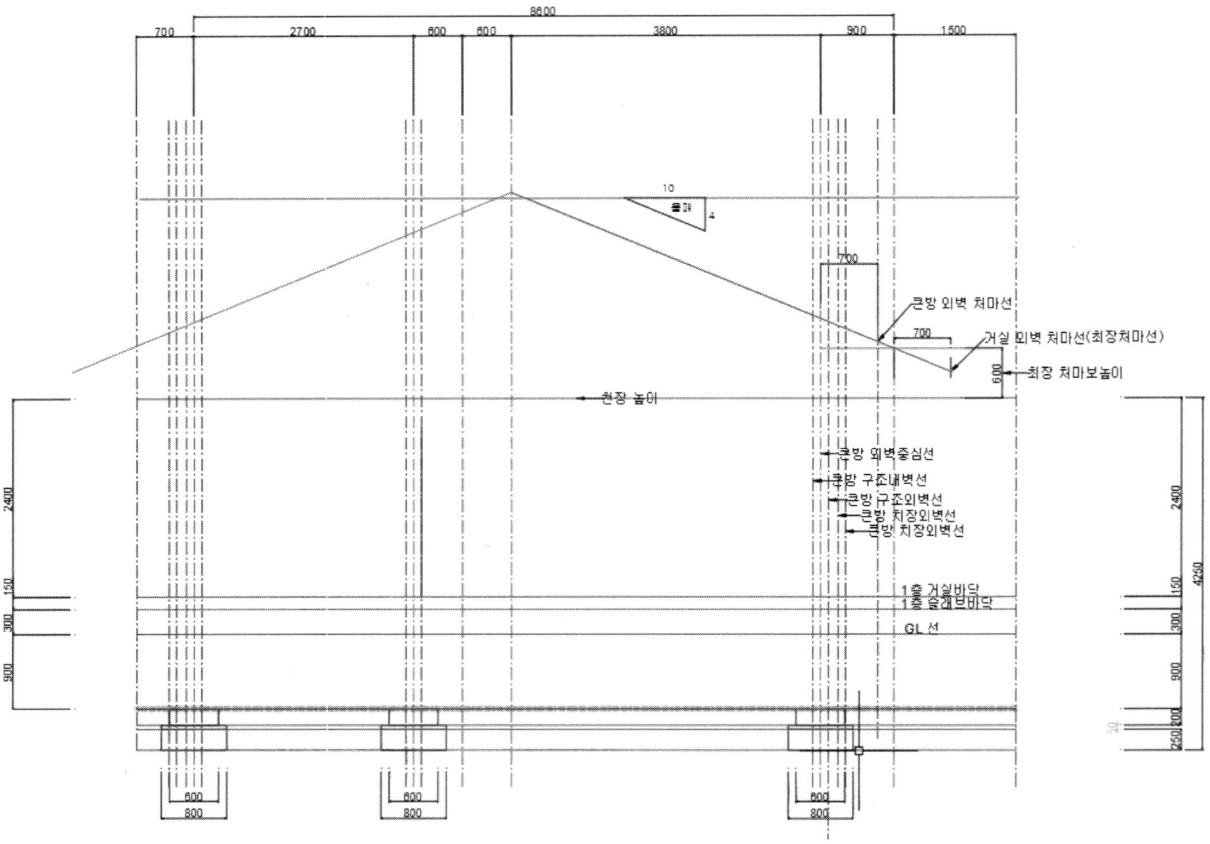

(3) 구조외형 그리기

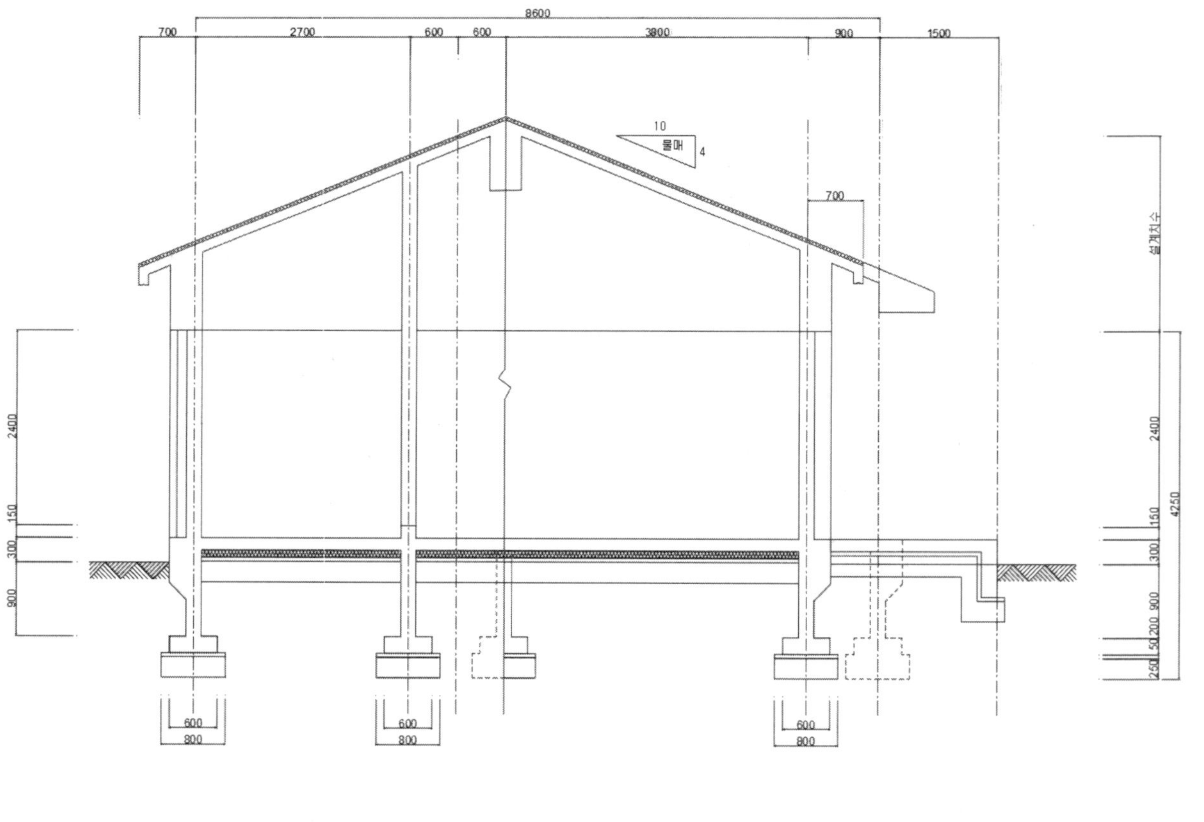

① 창상세도 그리기

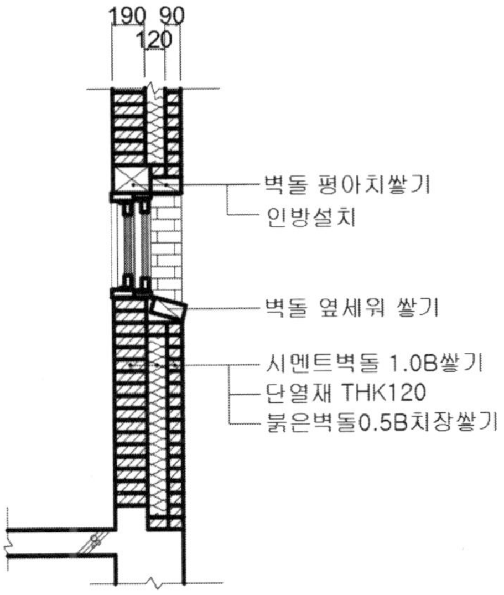

벽체 창 단면

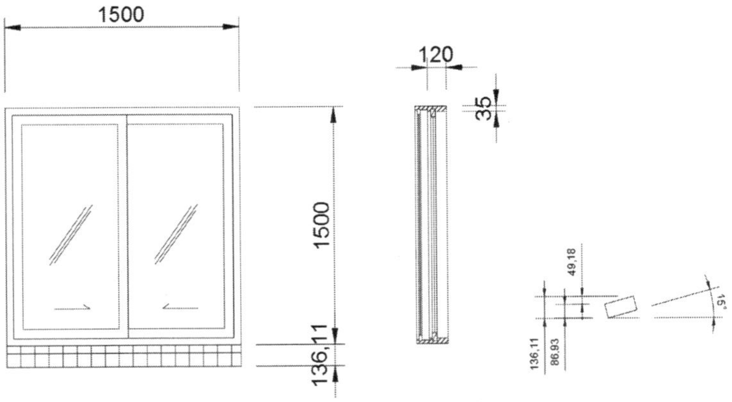

창상세도

① 문상세도 그리기

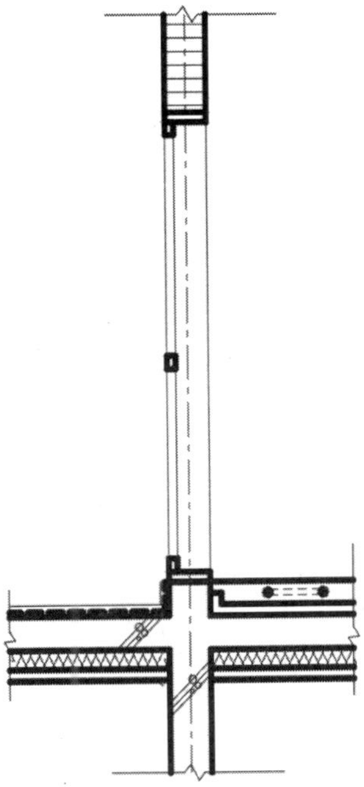

벽체 문 단면

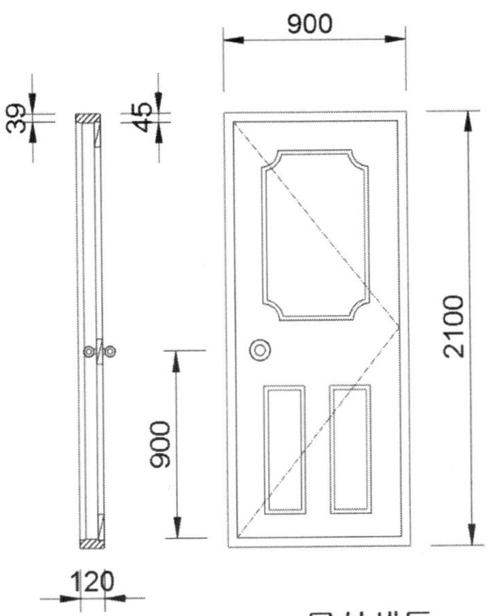

문상세도

(4) 기초, 바닥, 벽체, 반자, 지붕 등 그리기

- 단면은 단독주택(1), 창과 문의 상세도를 참고하여 동일한 방법으로 그린다.
- 입면에 보이는 부분 홈통, 기와, 마감선 등을 그린다.

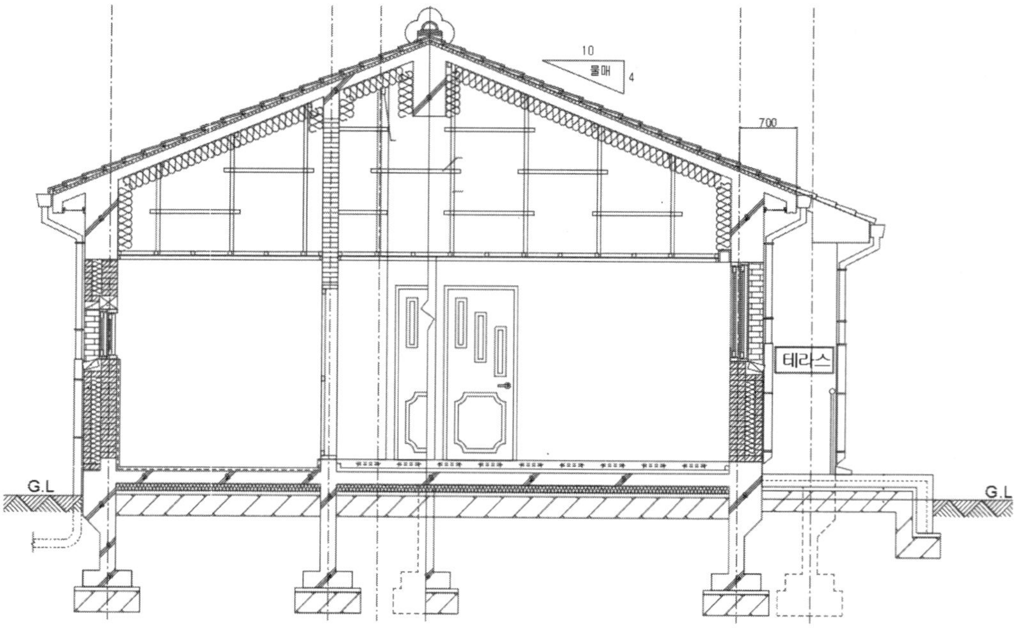

(5) 종단면도 완성하기

- 인출선으로 재료를 기입, 입면부분그리기 및 해치(비슷한 스케일)넣기 한다.
- 치수(정확한 치수가 아릴경우 설계치수로 기입), 실명, 도면명을 기입하고 완성한다.

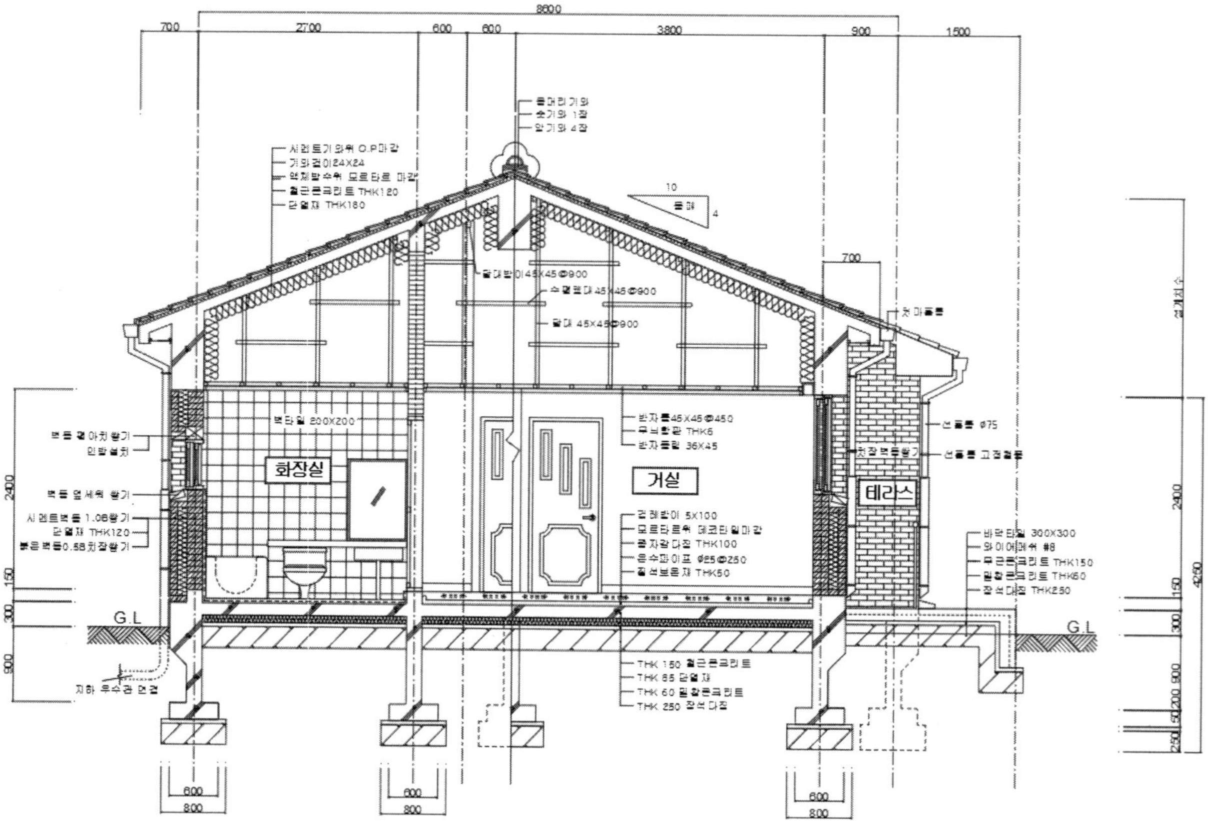

A-A' 단면상세도 Scale 1/40

3. 입면도 그리기

(1) 입면도 작성순서

- 도면용지의 중앙에 배치하도록 한다.
- 구조벽체의 중심선은 일점쇄선으로 그린다.
- 입면외곽선을 그리고 전체 입면선을 그린다.
- 재료표시, 기타 선을 기입한다.
- 중심선을 지우거나 보이지 않도록 레이어층 끄기 한다.
- 해치, 수목 등을 넣고 마무리 완성한다.

(2) 남측면도(정면도) 그리기

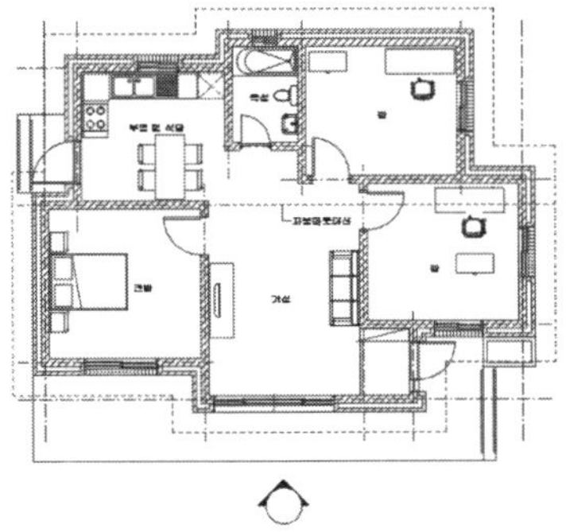

key plan

① 남측입면도 지붕처마선 구하기

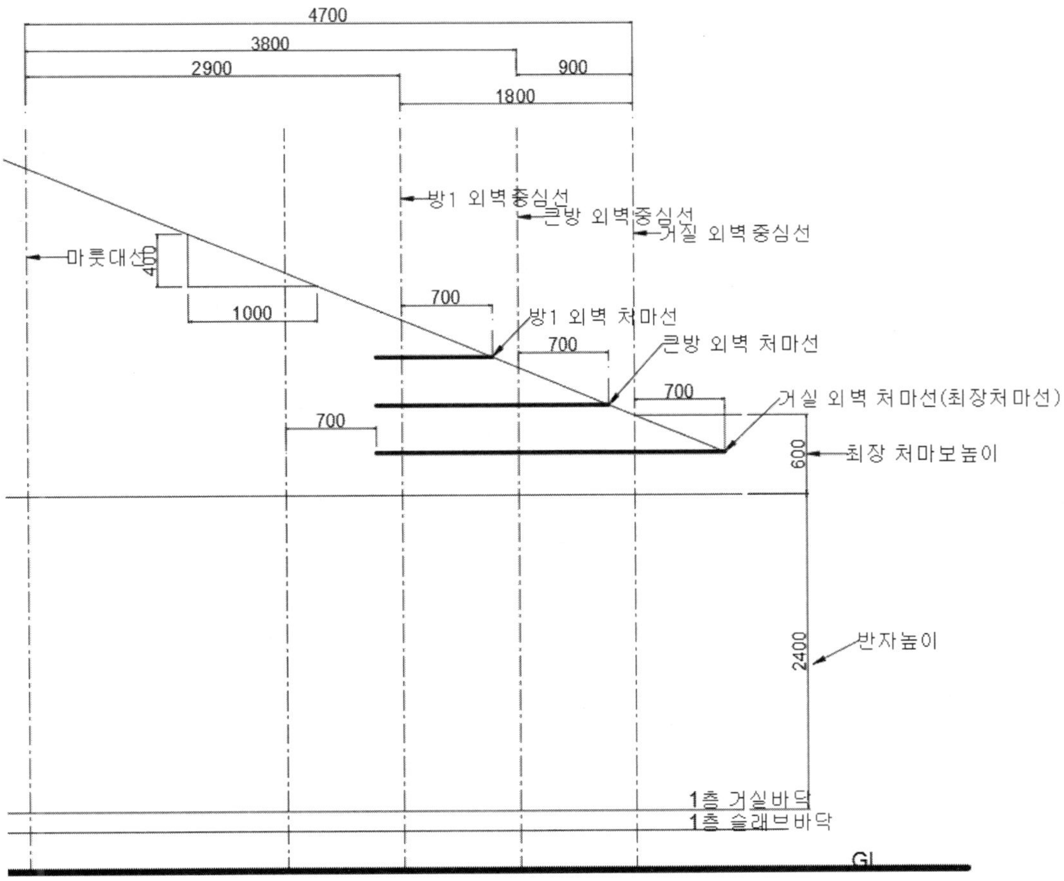

② 남측입면도 외각선 그리기

- 지붕 수직선은 벽체 중심에서 처마끝선까지 거리는 이고 좌우로 이동한 선이다.
- 지붕 수평선은 벽체 중심에서 700㎜이동한 지점과 지붕 경사선과 만나는 점에서 수평으로 연결한 선이다.

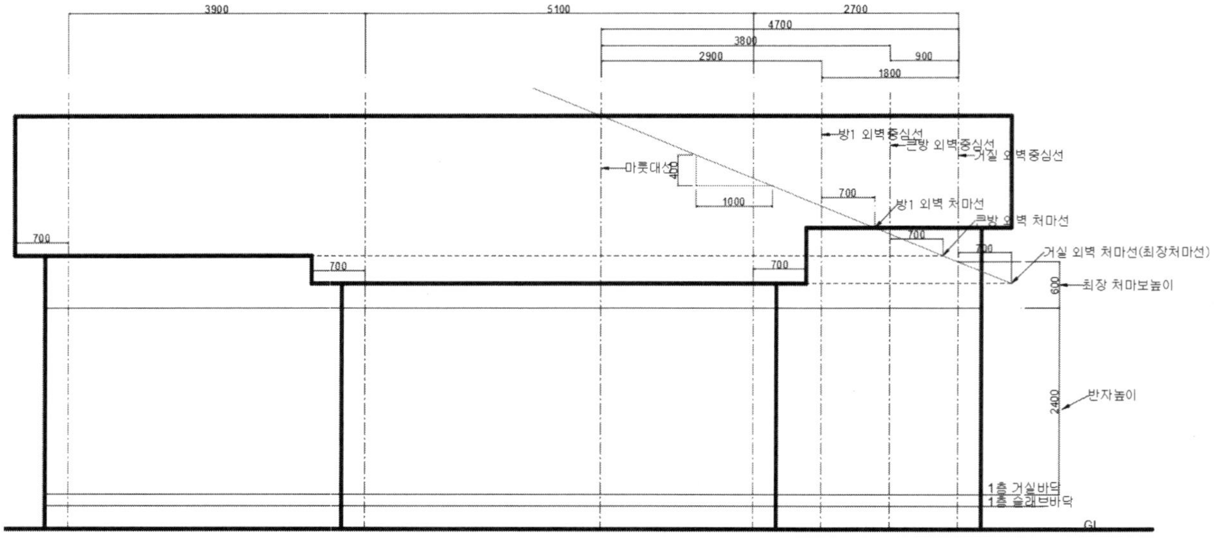

③ 남측입면도 완성하기

- 창호 그리기
- 기와 가락 및 처마홈통, 선홈통, 테라스 계단 그리기
- 마감재료 기입하기
- 벽돌, 모르타르, 수목 등 축척이 비슷하게 해치를 넣는다.
- 도면명 축척 기입하고 완성한다.

※필요에 따라 표제란 삽입한다.

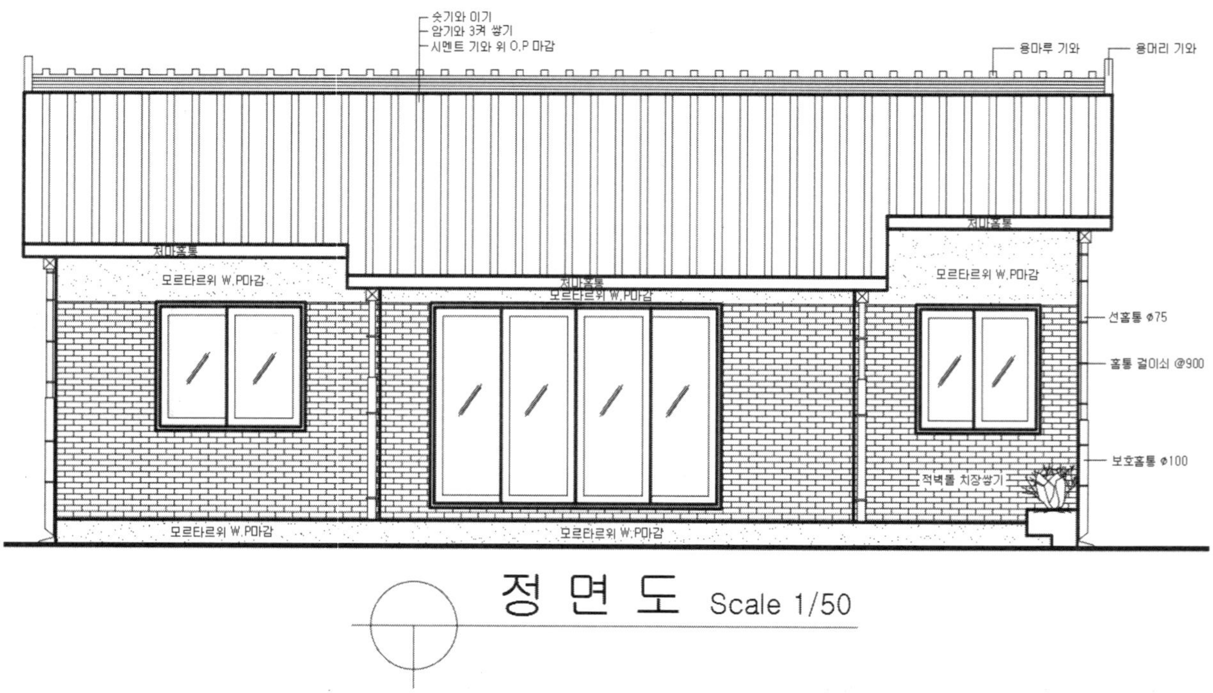

(3) 동측면도(우측면도) 그리기

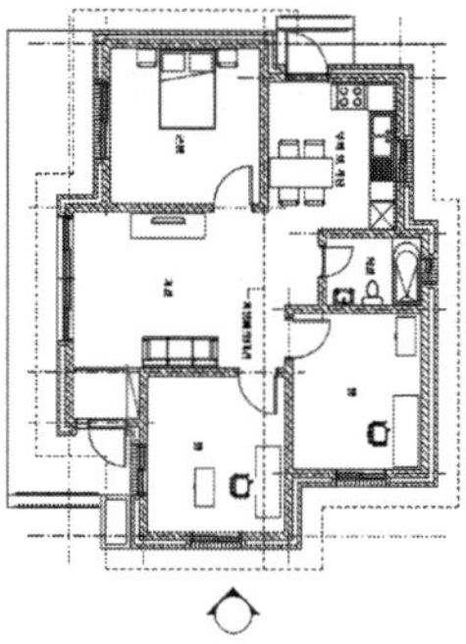

key plan

① 지붕 경사, 처마선 및 외벽선 구하기

- 남측입면도와 동일하게 작업한다.
- 최장 처마보 중심은 반자높이에서 상부로 600㎜ 점을 잡는다.
- 최장 처마를 기준으로 지붕경사 4/10물매로 경사지붕 선을 그린다.
- 벽체 중심선에서 외부로 700㎜ 이동한 점이 처마끝선이 된다.
- 벽 중심선에서 외벽까지 300㎜(0.5B+공간+치장벽0.5B) 띠워 수직선을 그린다.
- 반자높이 2400㎜으로 한다.
- GL선에서 2계단(300㎜), 1층 슬래브바닥에서 거실 바닥까지 150㎜로 한다.

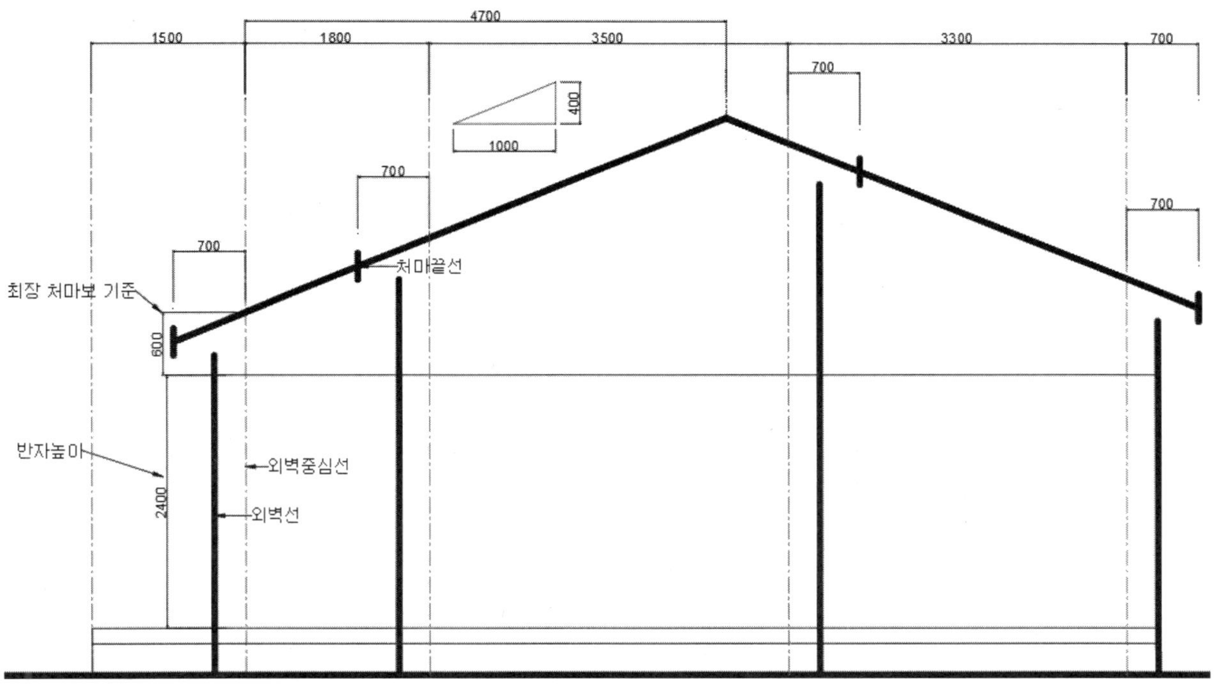

② 측면 외각선 그리기

- 경사지붕 슬래브 두께150㎜ 위로 간격띄우기 한다.
- 처마끝부분 수직선은 슬래브 상단선에서 아래로 250㎜ 수직선을 그리고, 이어서 내벽 쪽으로 800㎜(테두리보의 내벽 선까지)수평선을 그린다.
- 창호 틀의 상단은 가능하면 보밑(반자높이)까지 올린다. 보까지 올라가지 않으면 인방보를 설치한다.

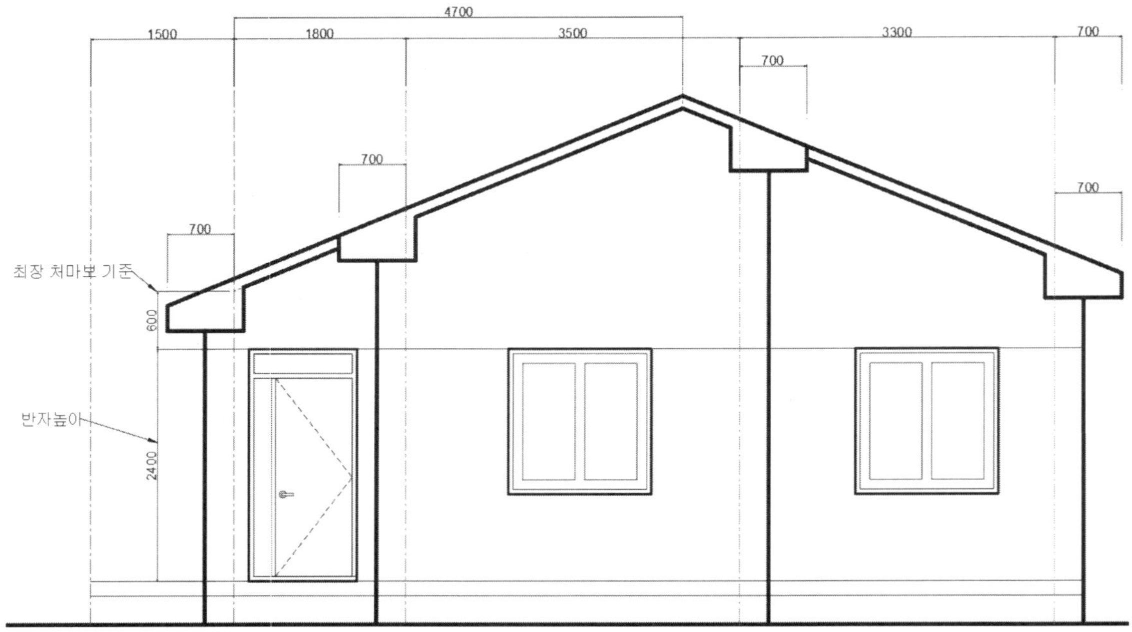

③ 남측입면도 완성하기

- 기와 가락 및 처마홈통, 선홈통, 테라스 계단 그리기
- 마감재료 기입 및 해치를 넣는다.
- 마무리하고 완성한다.

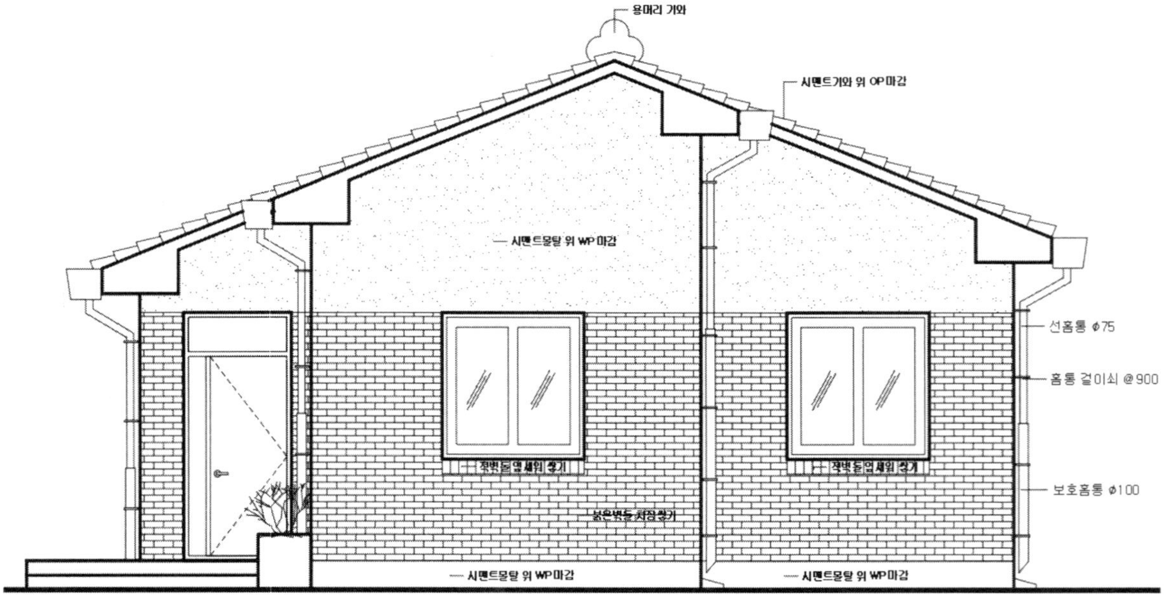

동 측 면 도 Scale 1/50

04. 아파트 도면

1. 평면도 그리기

(1) 건물개요 및 요구조건

- 층수 및 구조 : 지하1층, 지상15층의 철근콘크리트 벽식 구조
- 층고 : 2800㎜(스프링쿨러 설치를 위한 여유공간 필요)
- 벽체 : 내, 외벽 모두 180㎜ (마감두께 포하마여 270㎜)
- 슬래브 두께 : 180㎜ (슬래브를 기준으로 한 바닥높이, 천장높이)
- 외기에 면한 구조부분은 단열구조로 한다. (발코니 : 창호가 없이 외기와 면하며 단열재 미설치)
- 창호 : PVC(플라스틱) 2중창으로 한다.
- 각 실 난방 : 온수온돌 난방으로 한다.
- 외부마감 : 외벽(화강석 THK30+단열재 60㎜+벽체 180㎜)
- 각 부분의 구조 및 치수가 최대한 상세히 표현한다.
- 기타 주어지지 않은 조건은 일반적인 시공수준으로 한다.
- A, B부분의 단면상세도 작도는 1개 층이 완전히 표현, 도면크기는 1/30 축척으로 한다.
- B부분의 계단은 경사슬래브 계단으로 한다.
-

(2) 벽체중심선 그리기

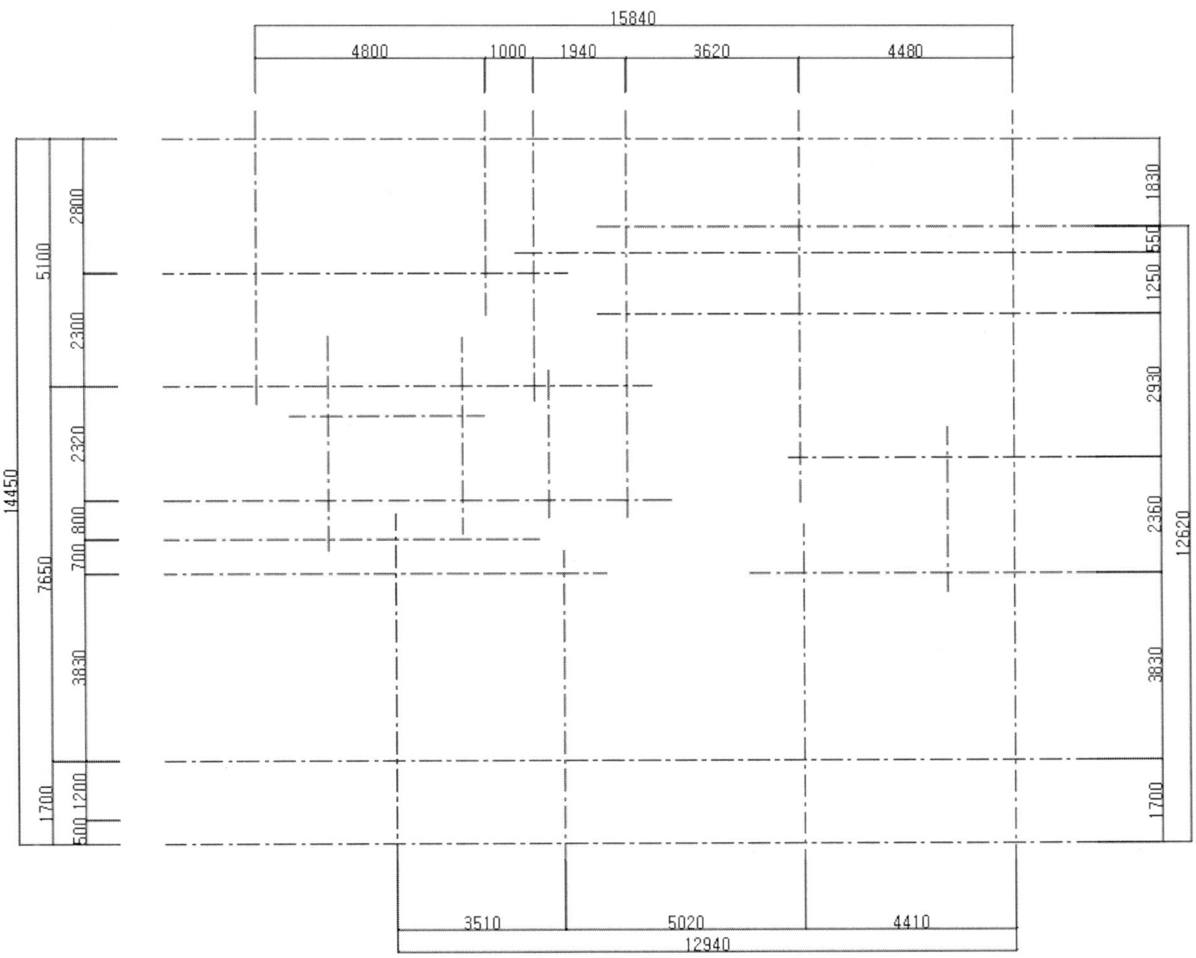

(3) 벽체구조 및 개구부 위치 그리기

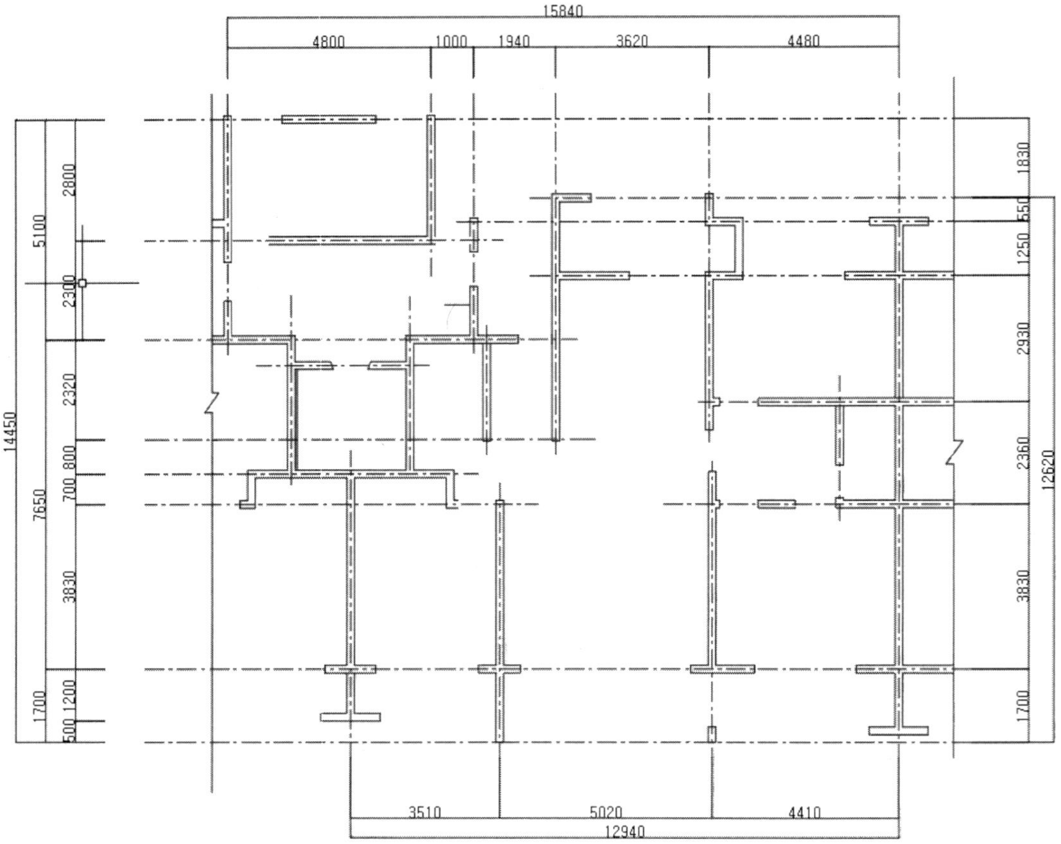

(4) 창호 및 칸막이 그리기

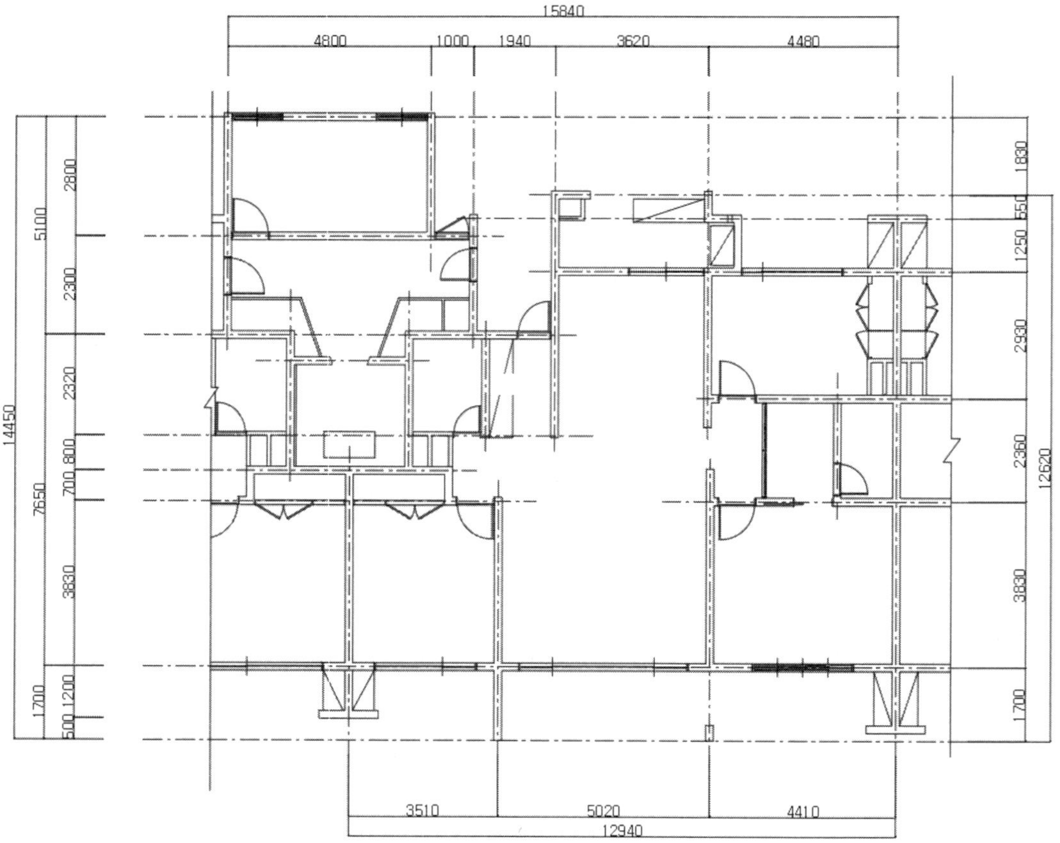

(5) 계단그리기 및 실명표기

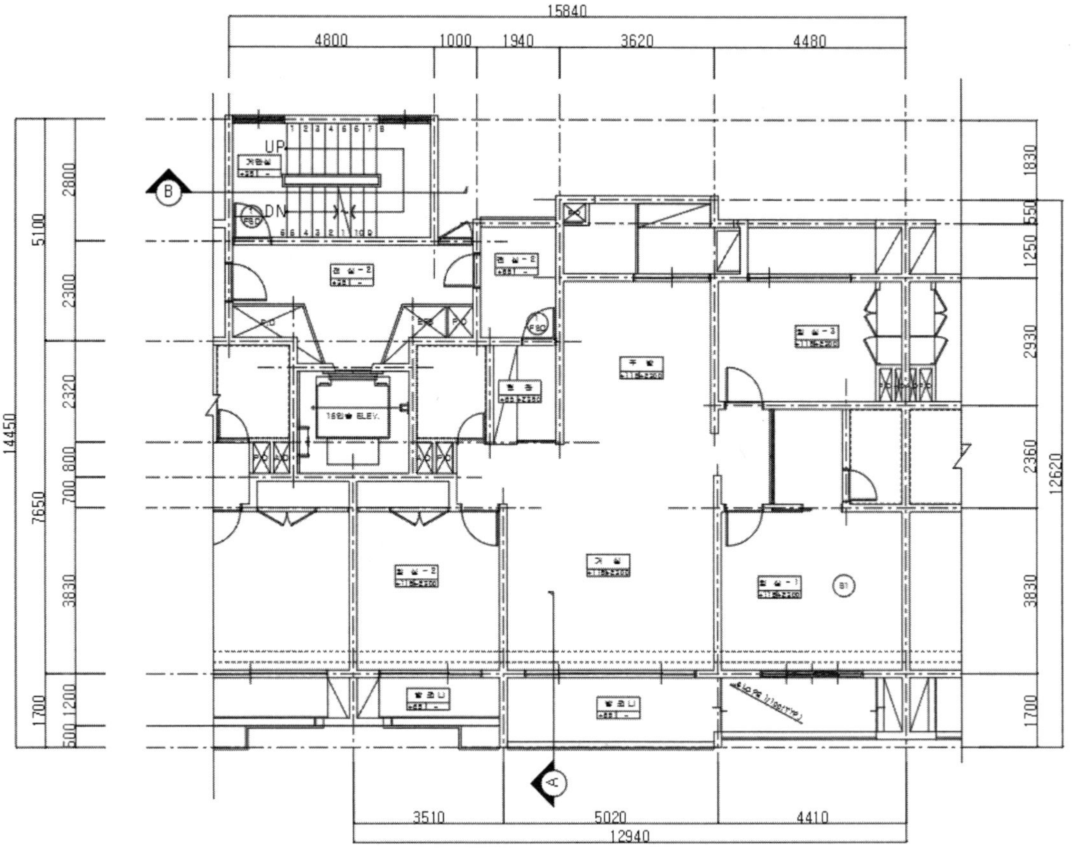

(6) 해치 및 완성

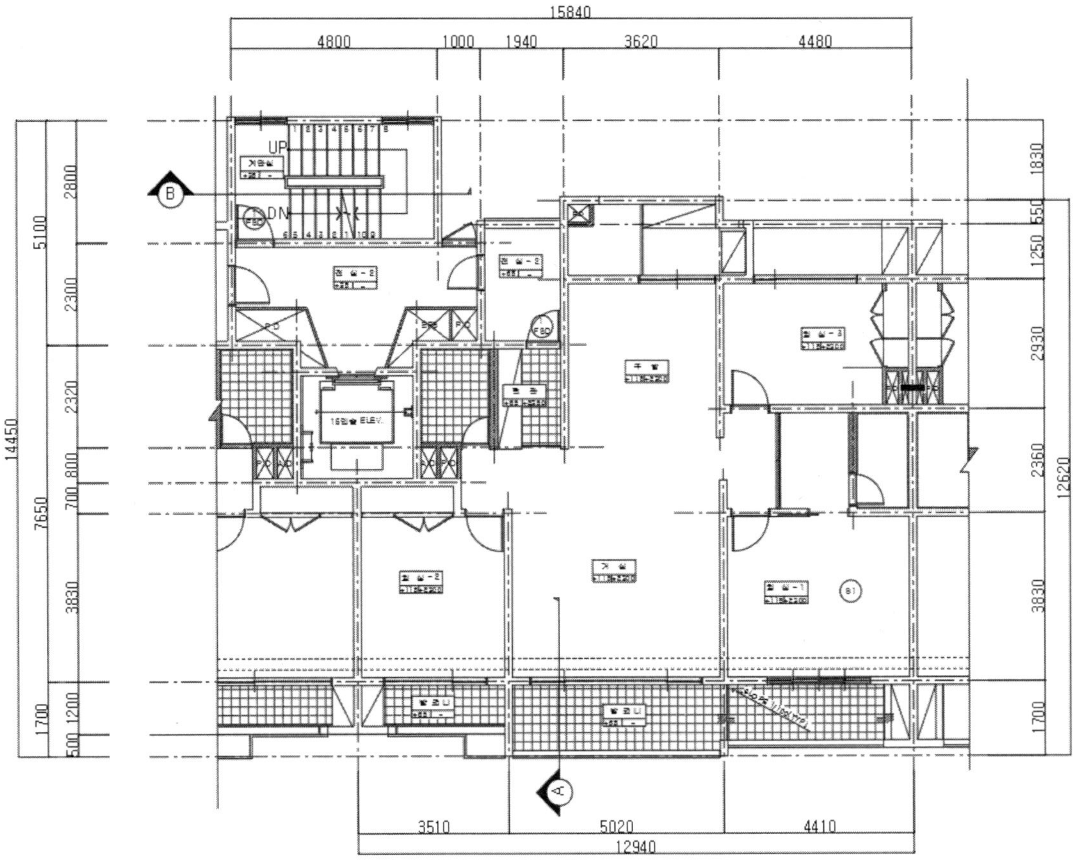

2. A부분 단면상세도 그리기

① 도면치수에 맞추어 중심선을 그린다.

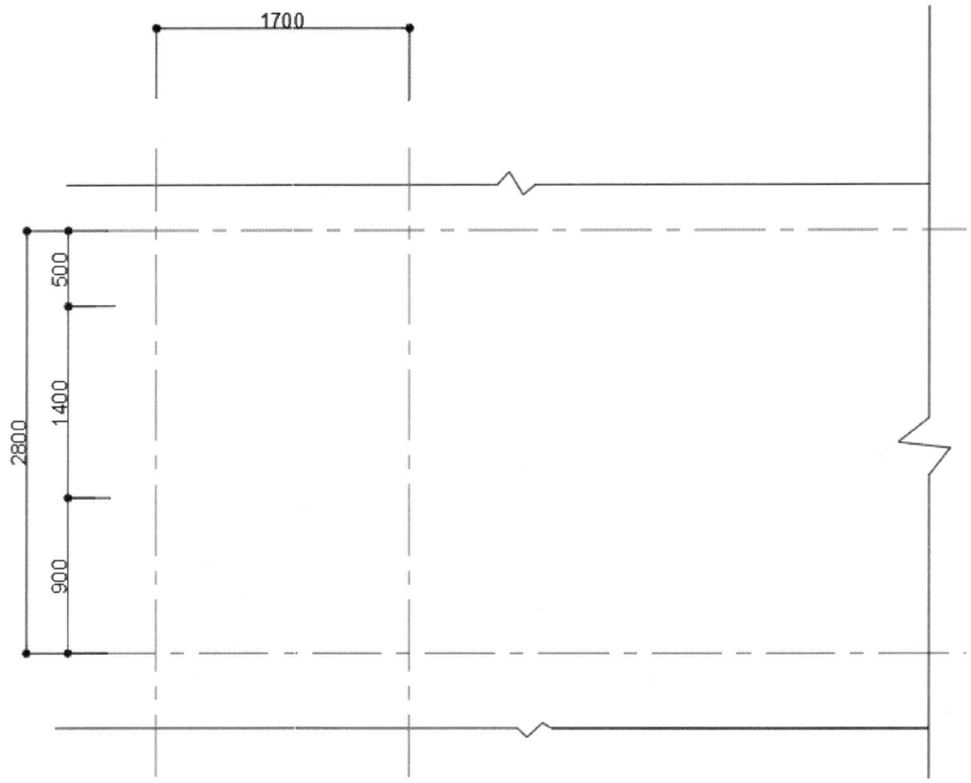

② 벽체 및 바닥을 그린다.

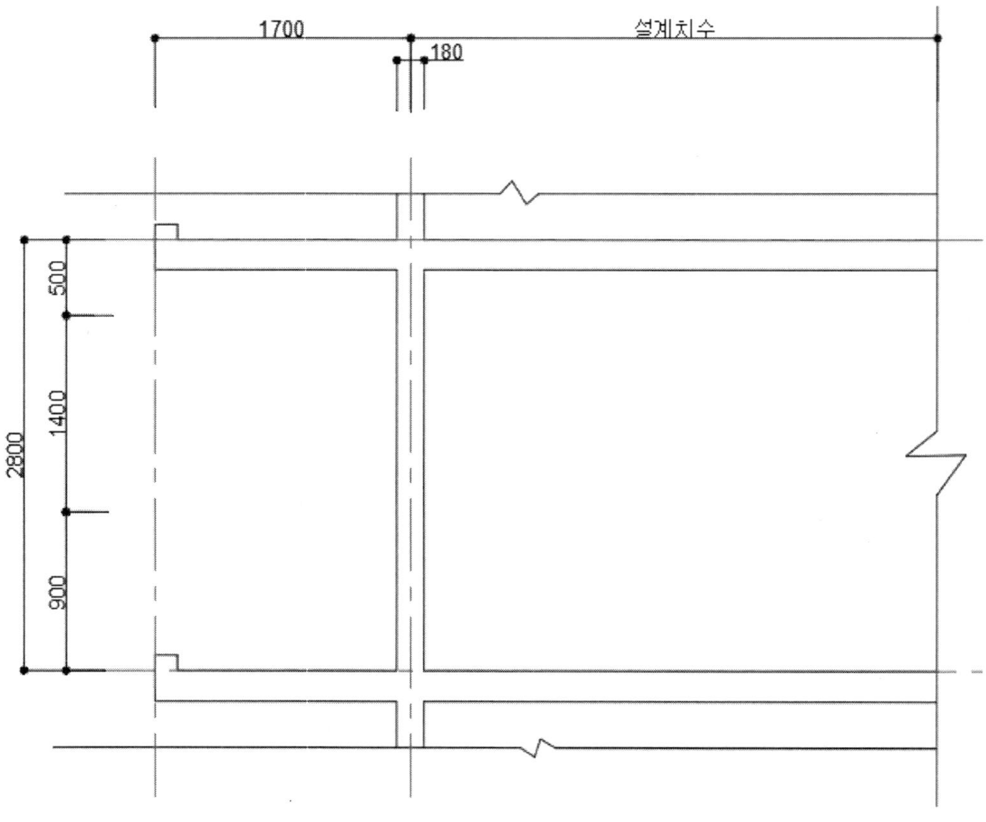

③ 바닥 난방, 천정 설치, 단열재 및 재료표시를 하여 마감한다.

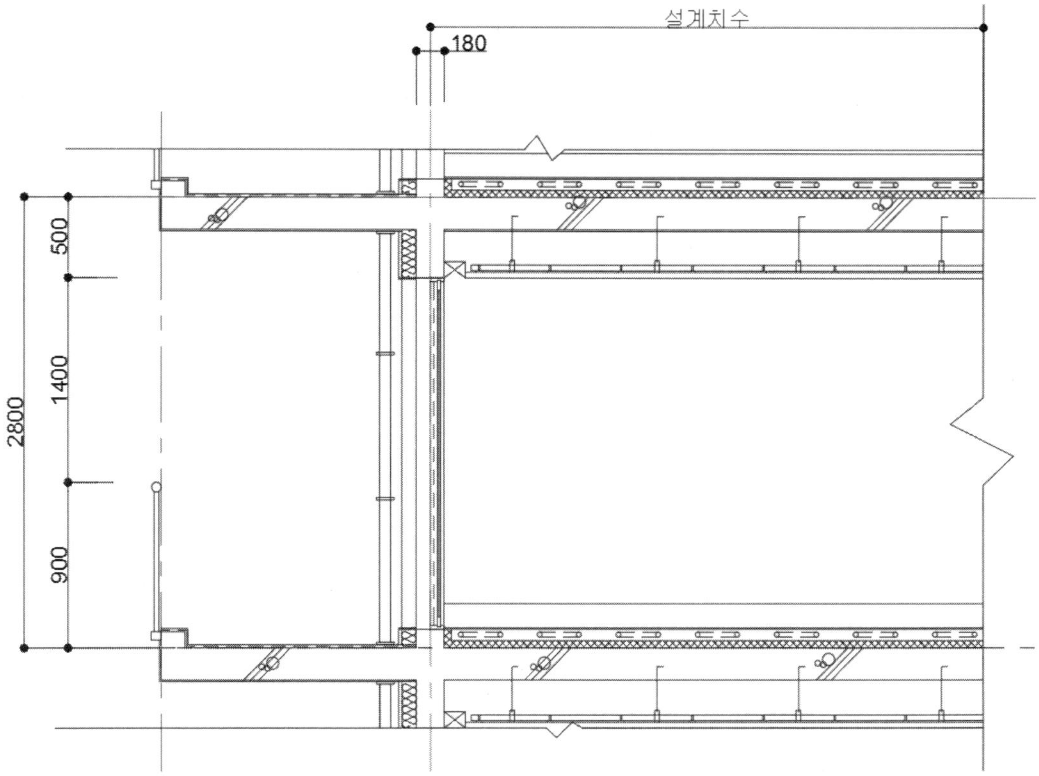

④ 재료명 기입 및 완성

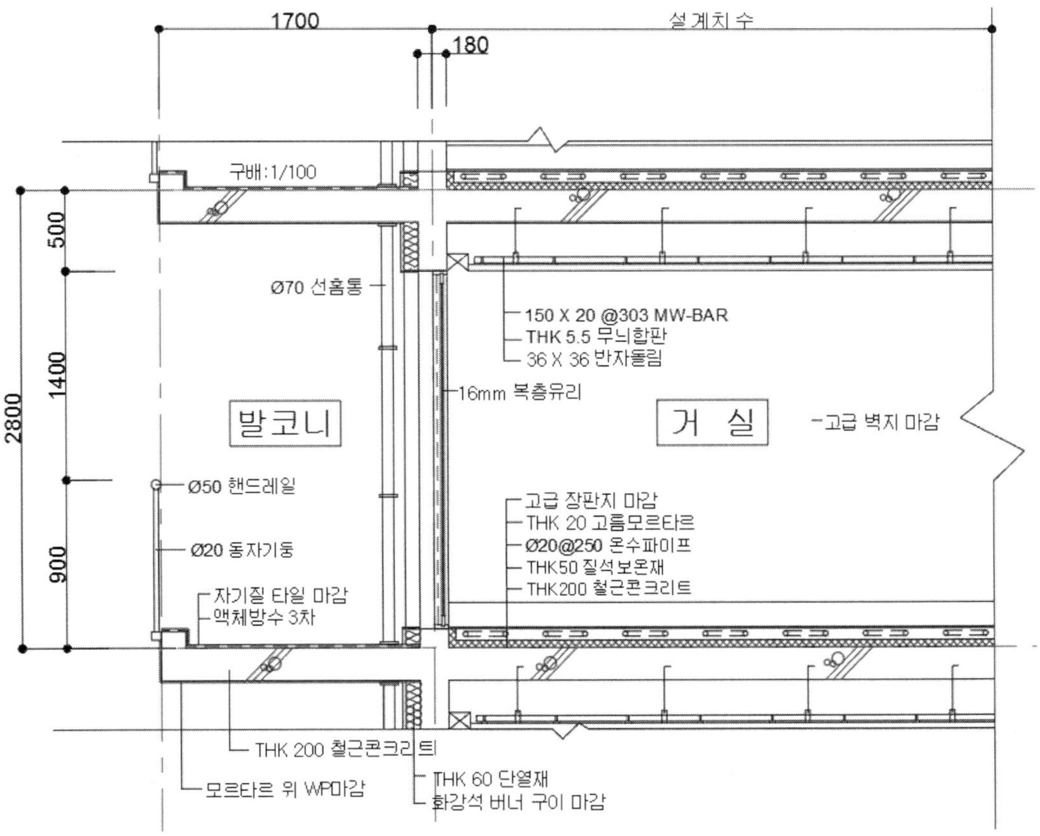

A 부분 단면 상세도 S=1/30

3. B부분 단면상세도 그리기

① 구조중심선 그리기

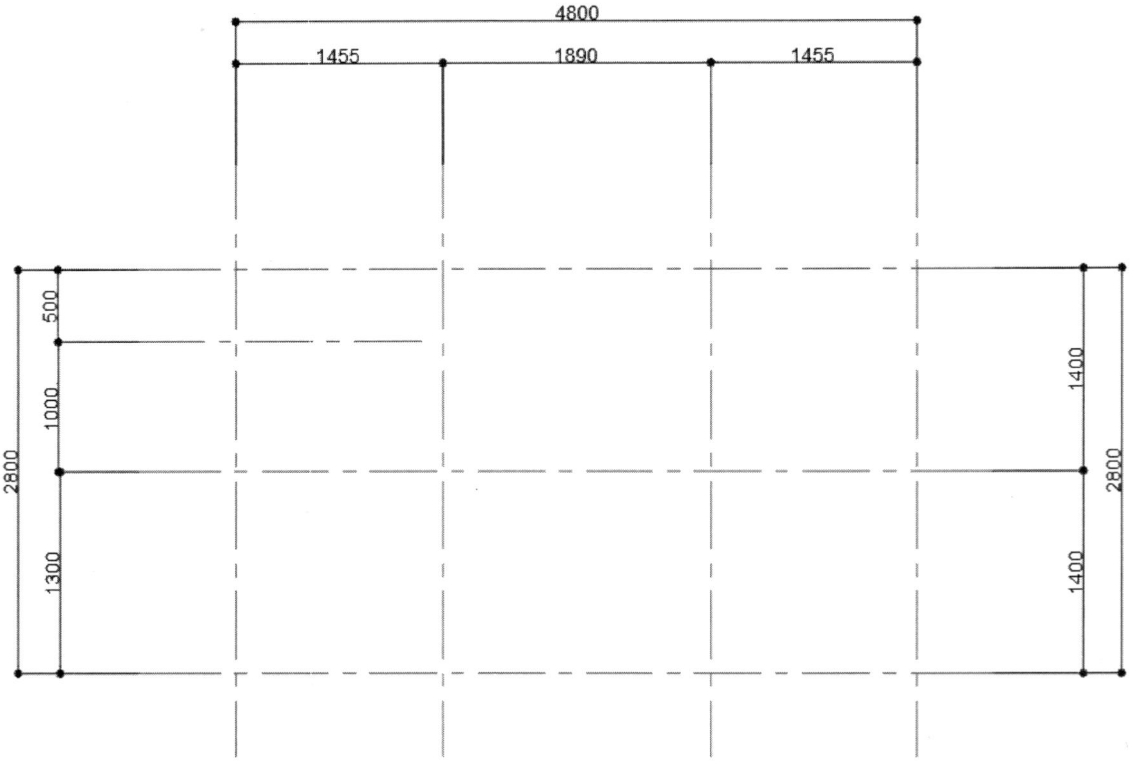

② 구조선 그리기

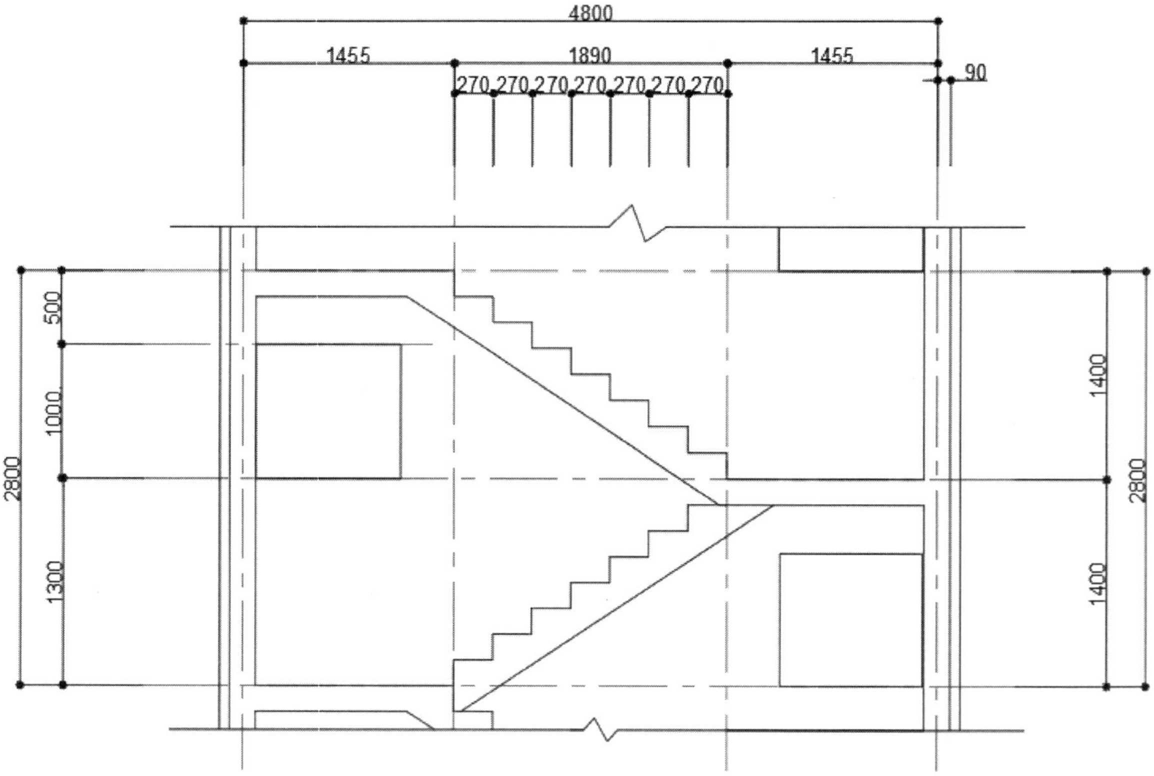

③ 재료표현

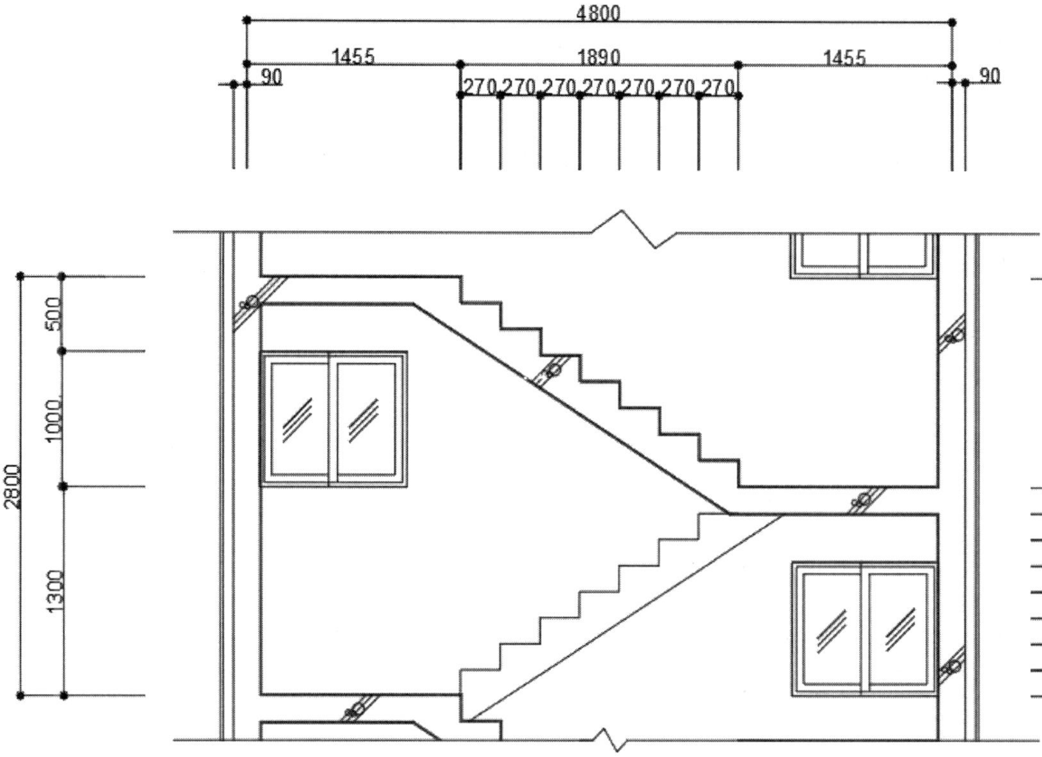

④ 계단난간 그리기

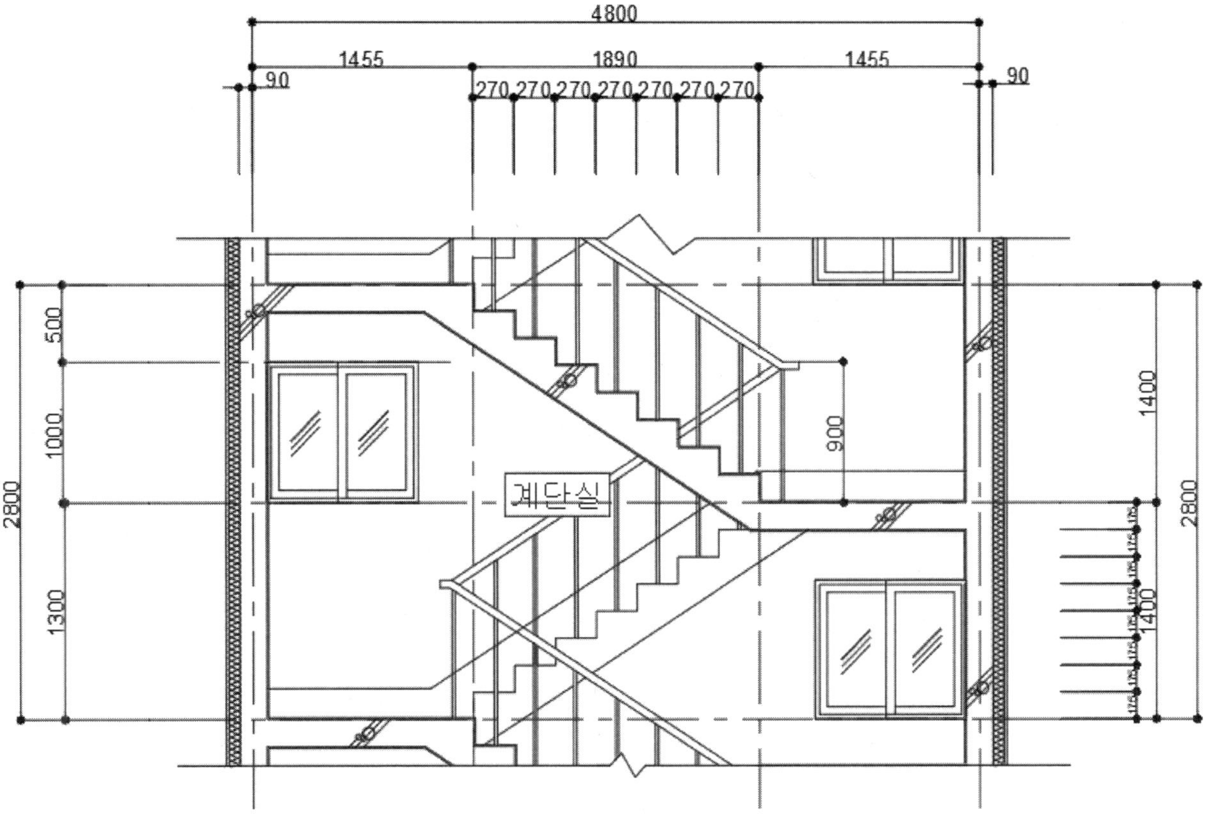

B 부분 단면 상세도 S=1/30

⑤ 재료기입 등 B단면도 완성하기

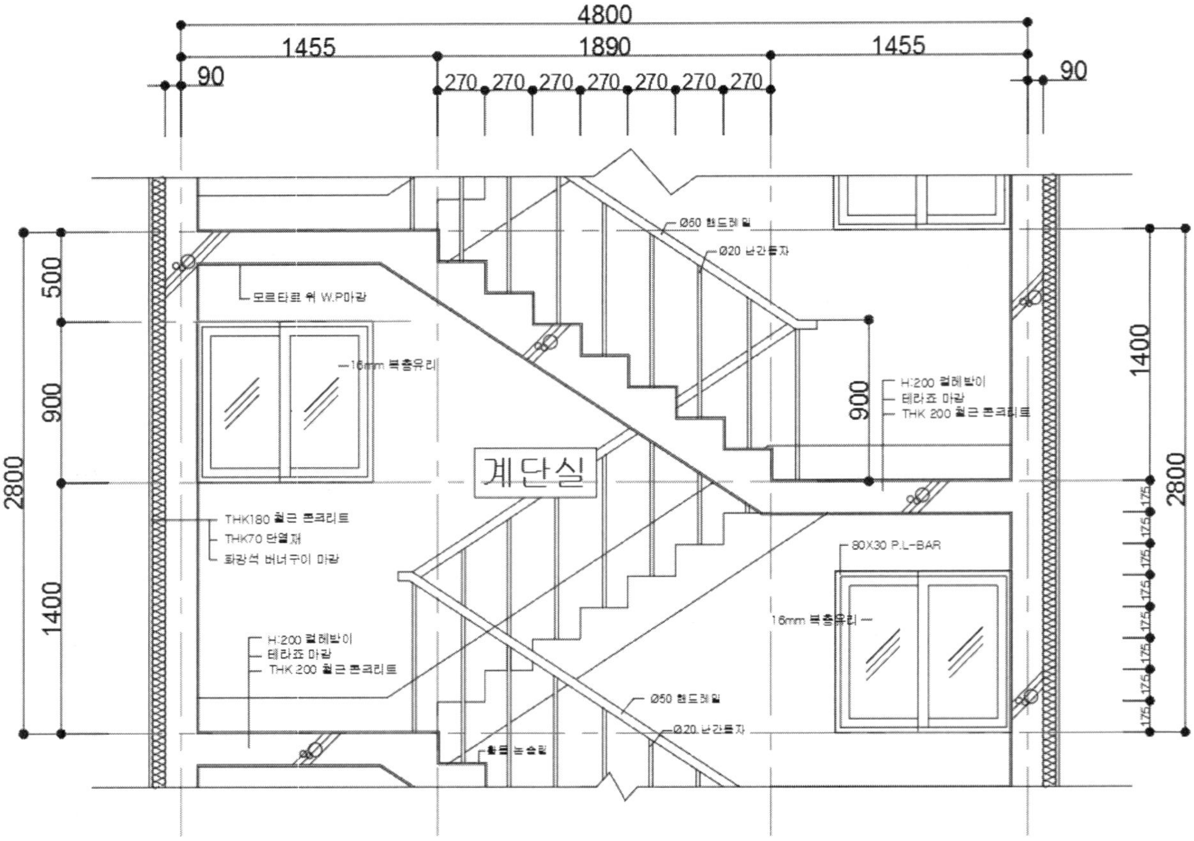

B 부분 단면 상세도 SCALE=1/30

4. 아파트 내부투시도

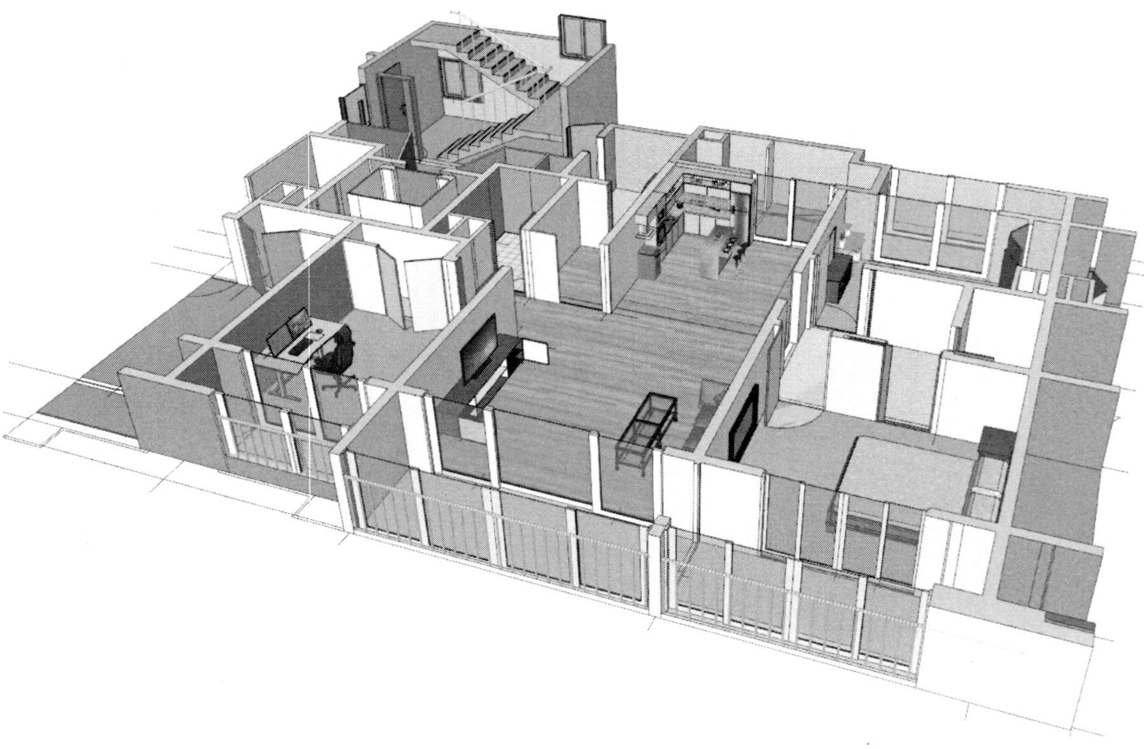

05. 근린생활시설 도면

1. 평면도 그리기

(1) 건물개요 및 조건

- 철근콘크리트 라멘구조 : 지하1층, 지상3층
- 벽체 : 외벽 - 외부로부터 치장벽돌 0.5B(치장마감), 공간 100㎜, 시멘트벽돌 0.5B로 하고 지하층은 철근콘크리트로 한다.
  내벽 - 두께1.0B 시멘트 벽돌 쌓기로 한다.
- 층 높이 : 3000㎜, 천장높이(2300㎜), 슬래브 두께(150㎜)로 한다.
- 기둥크기 : 전면기둥 400㎜×600㎜, 뒤쪽기둥 400㎜×400㎜
- 보크기 : 외부 400㎜×600㎜, 내부 500㎜×700㎜
- 창호 : PVC(플라스틱) 2중창으로 한다.
- 마감 : 실내천정은 경량 철골구조에 석고보드 마감, 기타 기능에 맞게 사용한다.
- 각 부분의 구조 및 치수는 상세히 표현한다.
- 기타 주어지지 않은 조건은 일반적인 시공수준으로 한다.
- A부분의 단면상세도 작도범위는 1층 바닥에서부터 2층 바닥까지 표현되도록 한다.
- B부분의 단면상세도 작도범위는 기초에서부터 2층 바닥까지 표현되도록 한다.

(2) 중심선 그리기

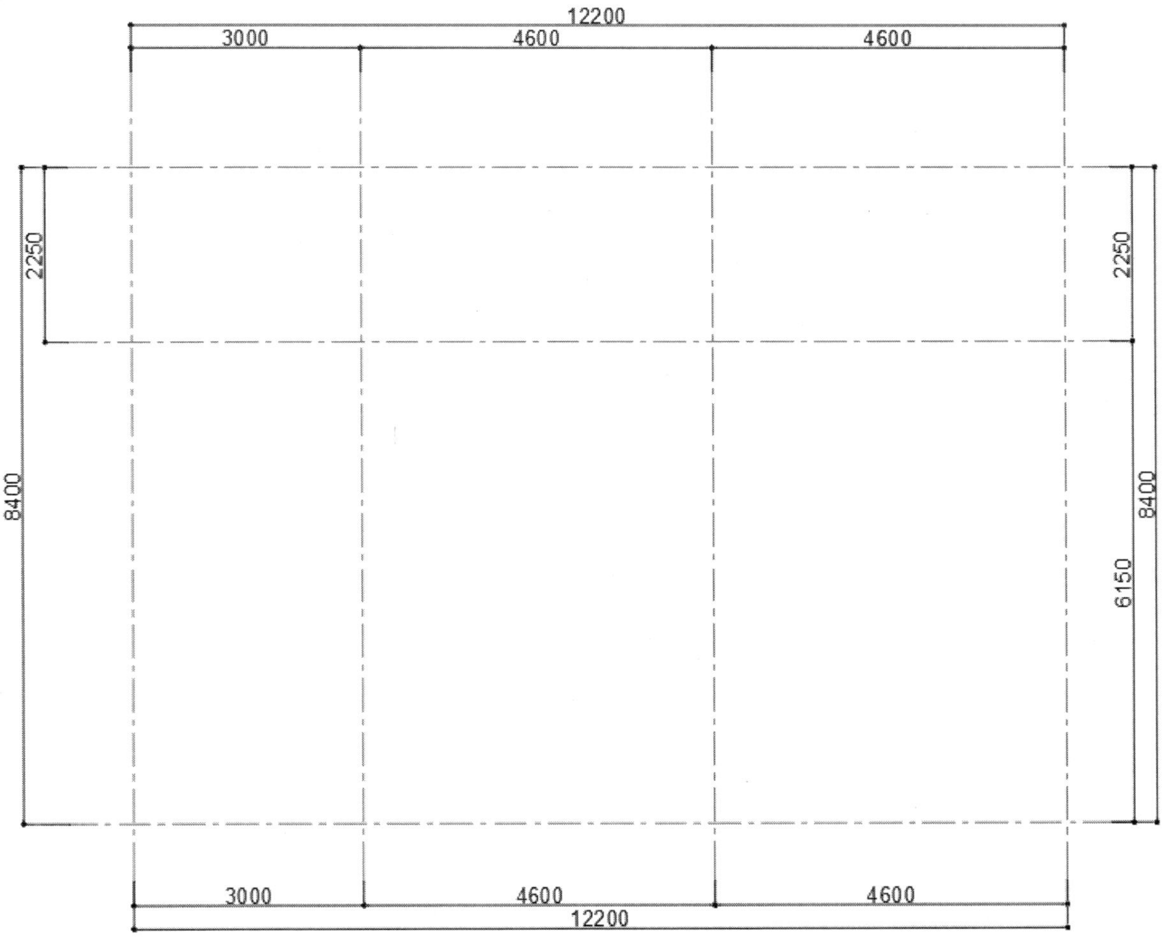

(3) 콘크리트구조 그리기

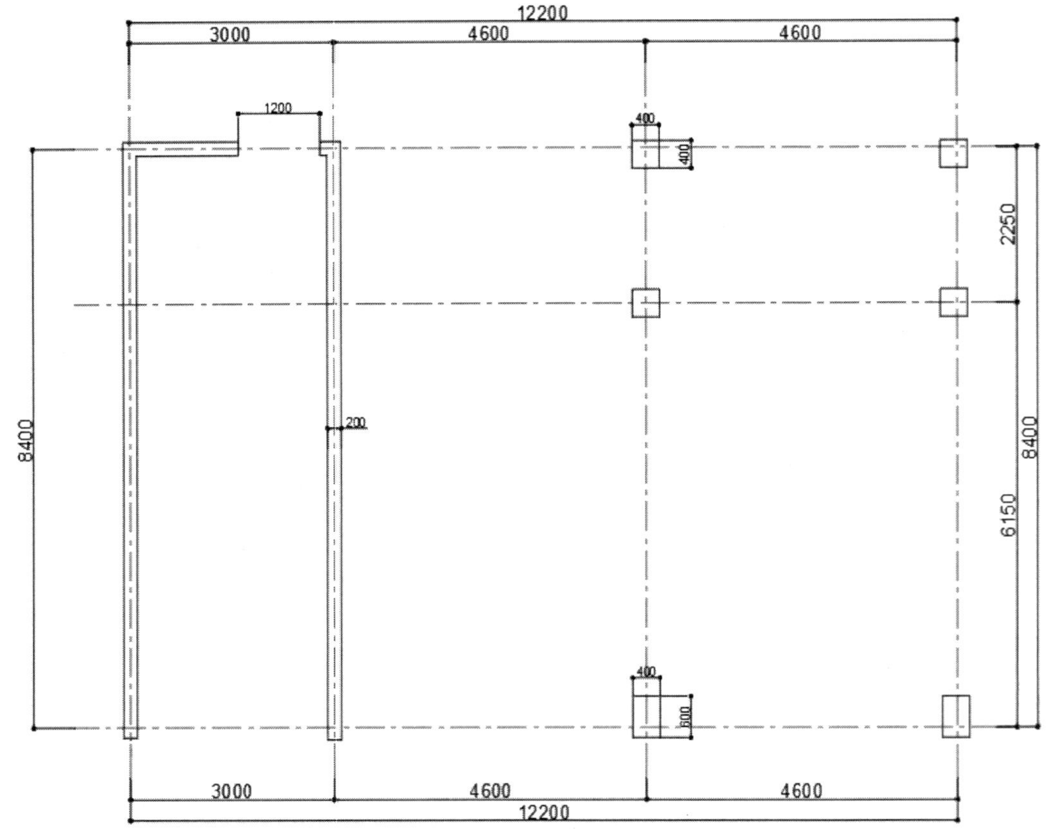

(4) 구조벽선 및 개구부 그리기

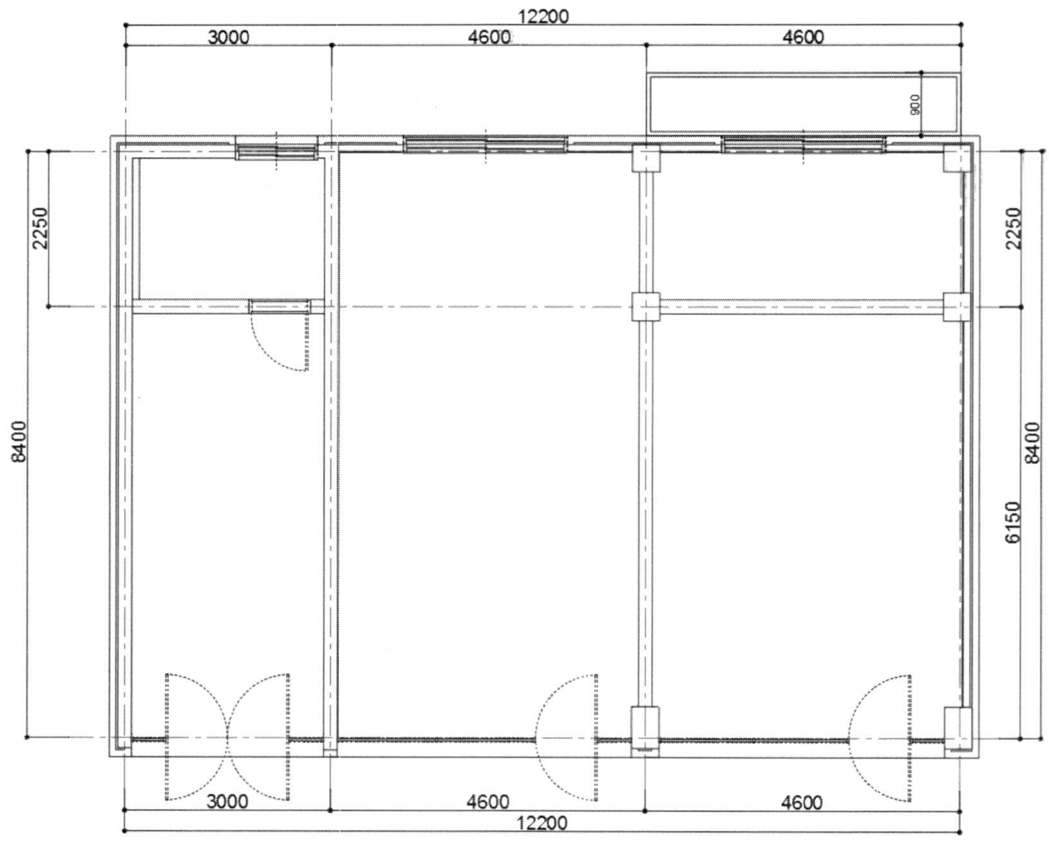

(5) 계단 그리기

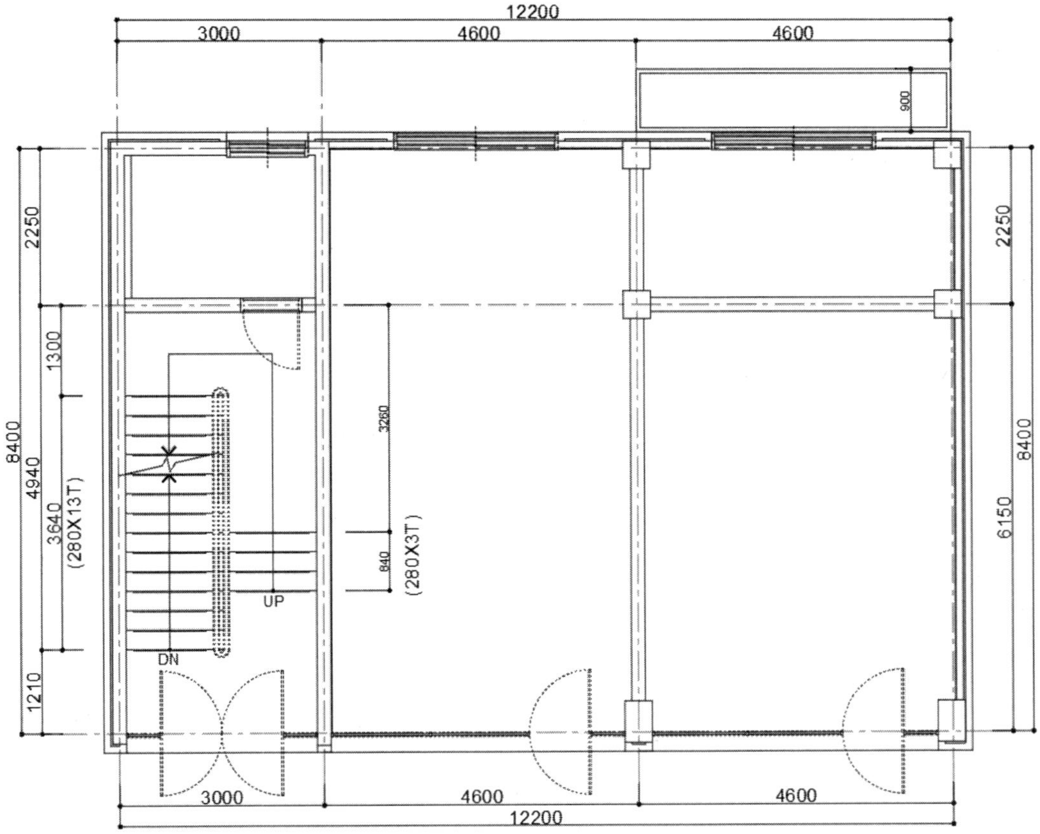

(6) 화장실 및 해치그리기

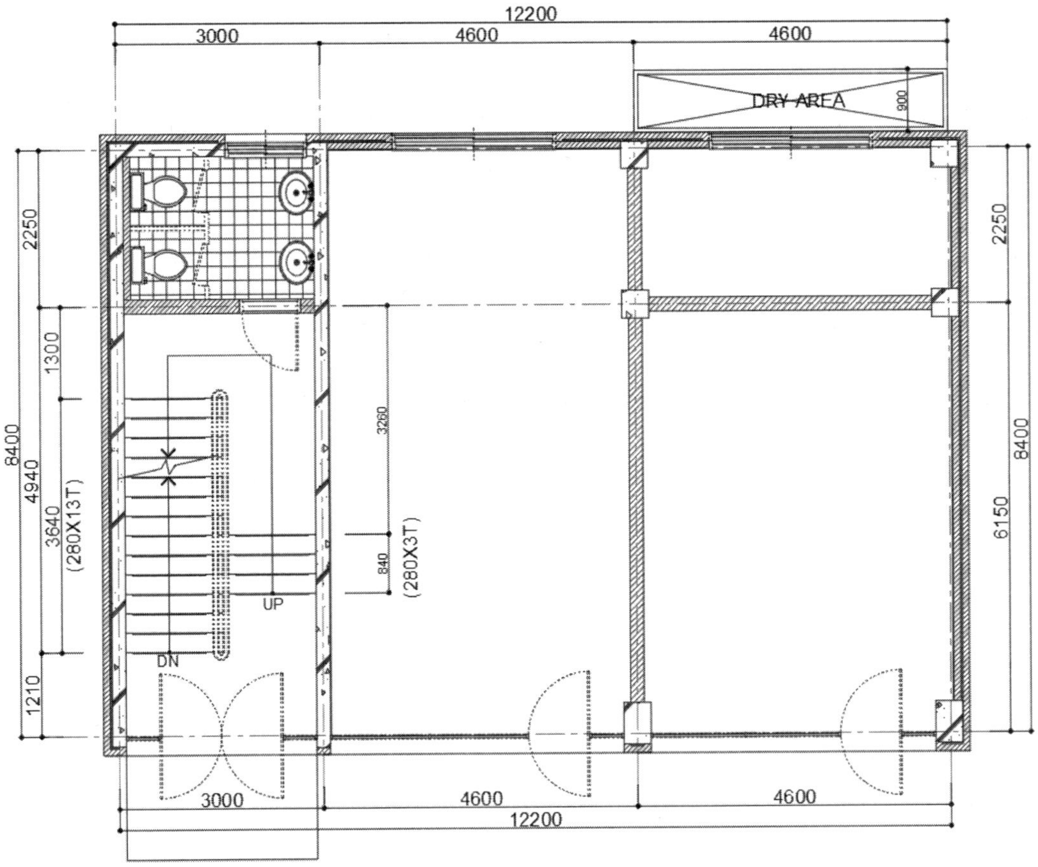

(7) 완성 평면도(실명, 단면표시, 도면명 등 그리기)

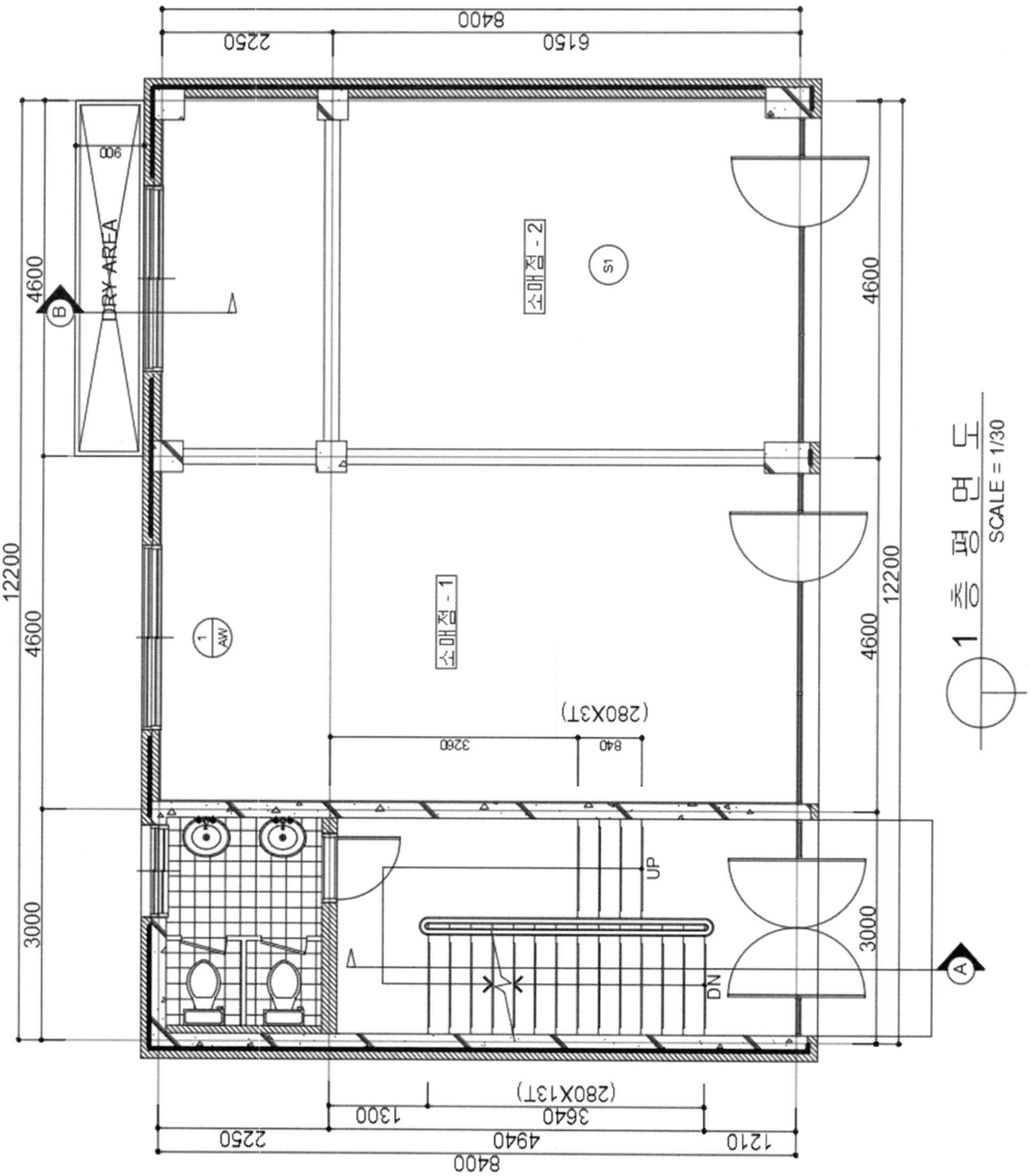

2. A부분 단면상세도

(1) 중심선 그리기

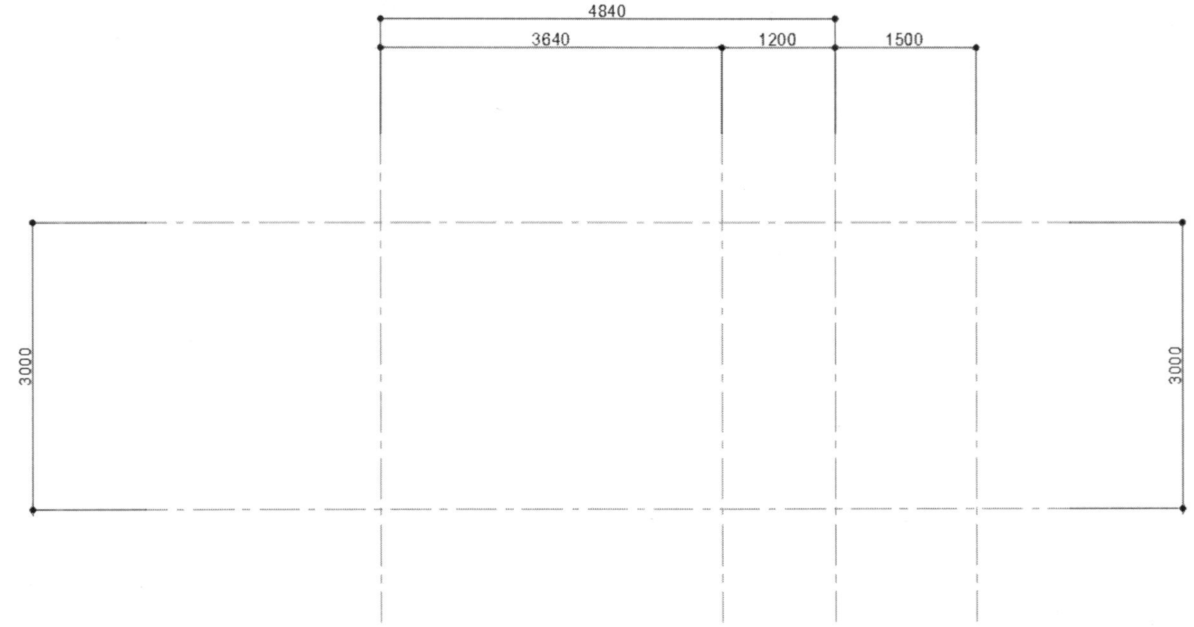

(2) 콘크리트 구조 그리기(파단면 포함)

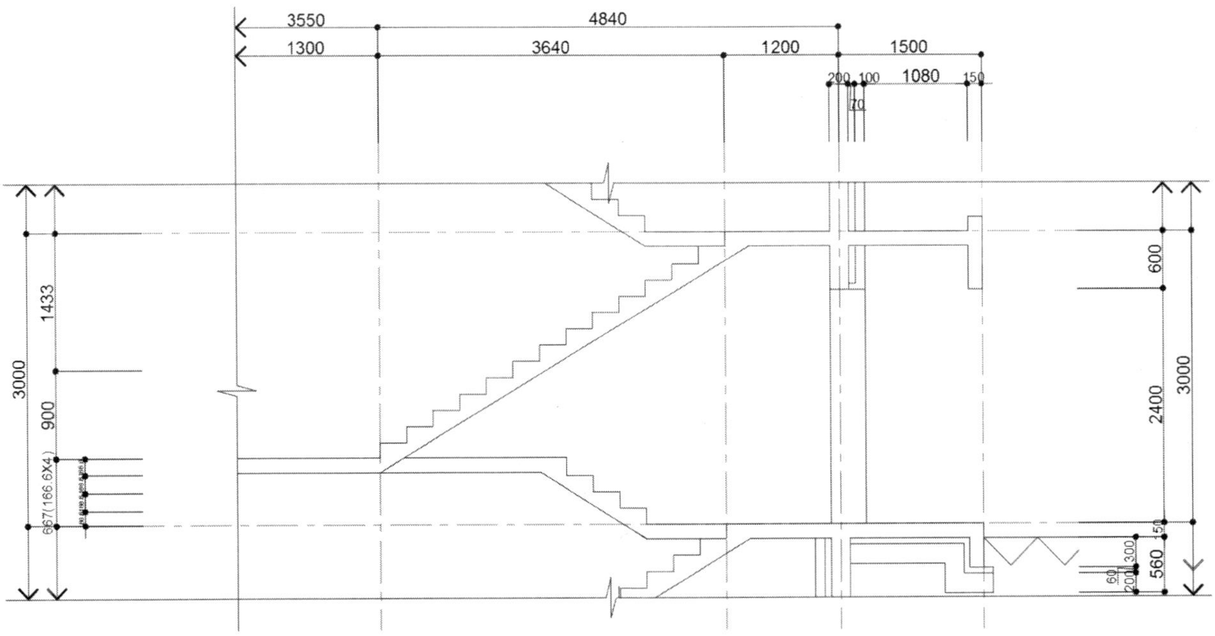

(3) 계단 난간그리기

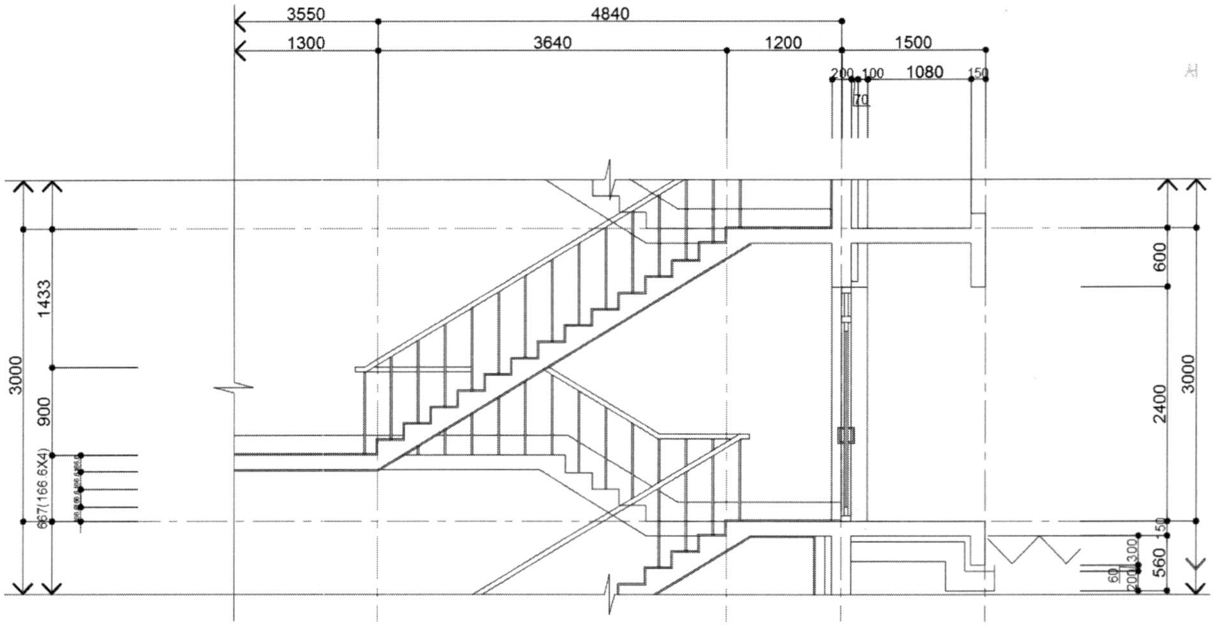

(4) 입면선 및 재료입력

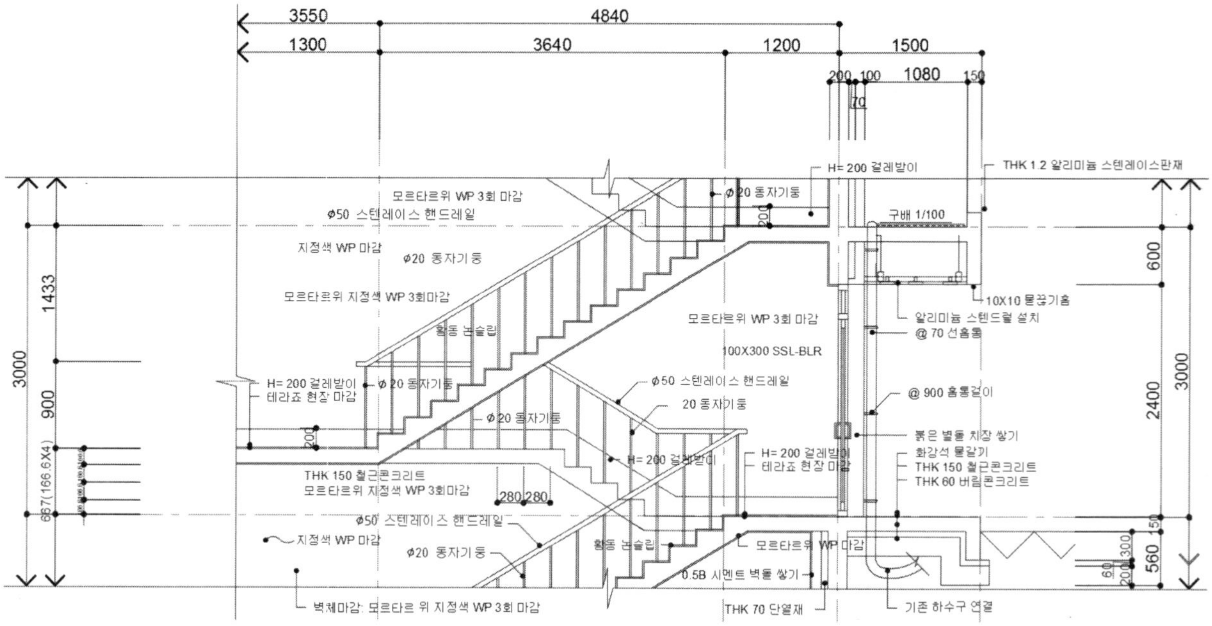

(5) A부분 단면 상세도 완성도

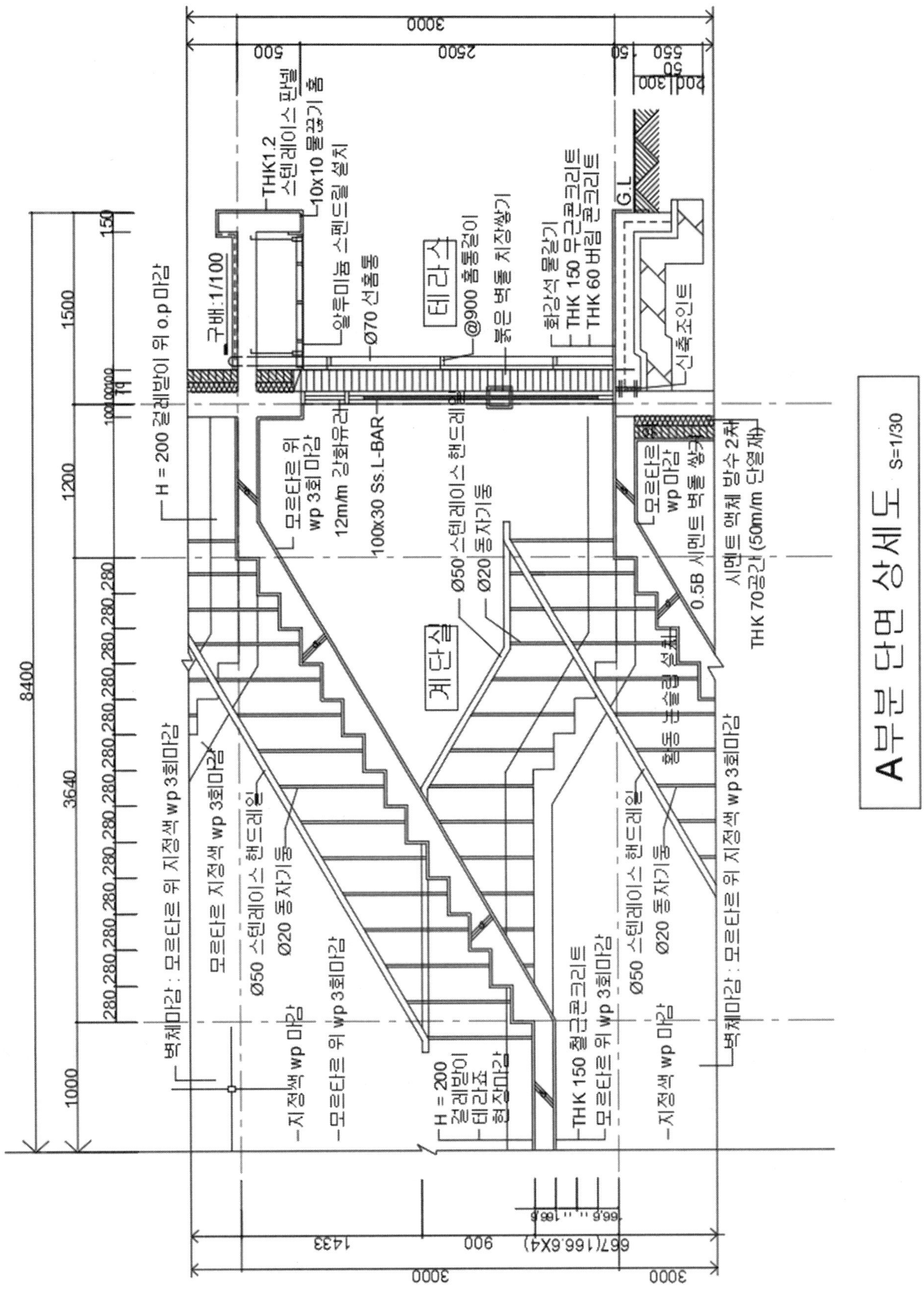

3. B부분 단면상세도

(1) 중심선 그리기

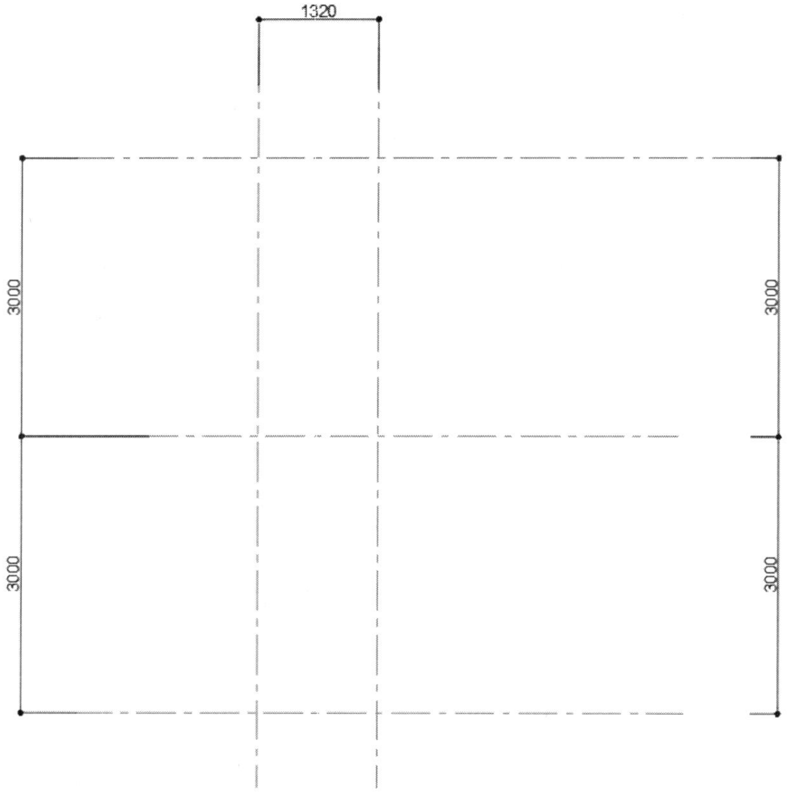

(2) 콘크리트 구조 및 벽 구조 그리기

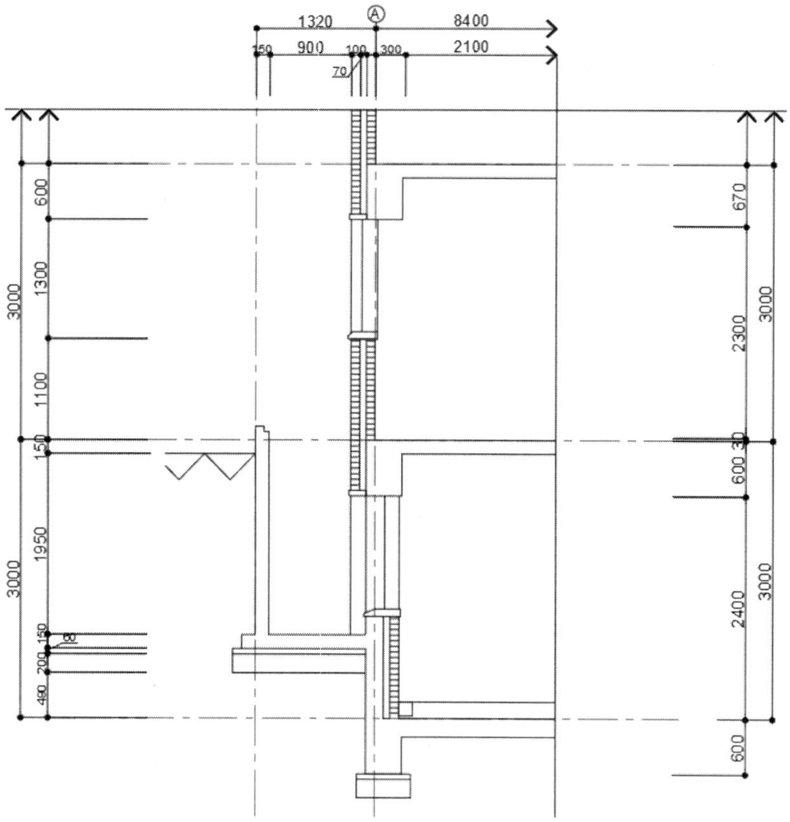

(3 입면선 그리기

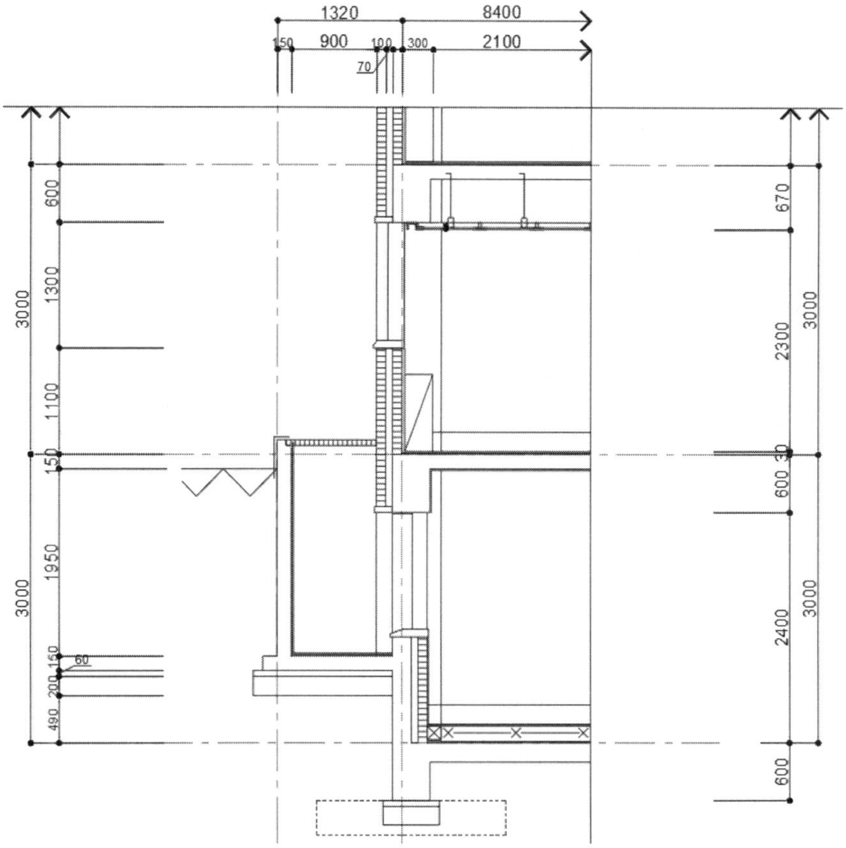

(4) 재료 표시하기

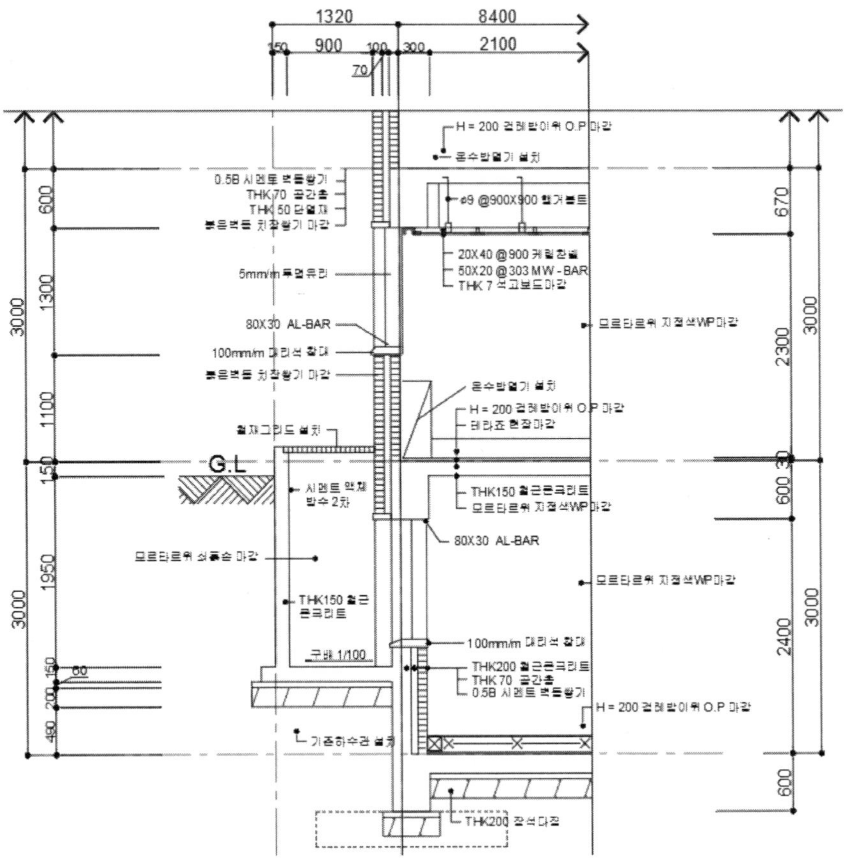

(5) B부분 단면 상세도완성하기

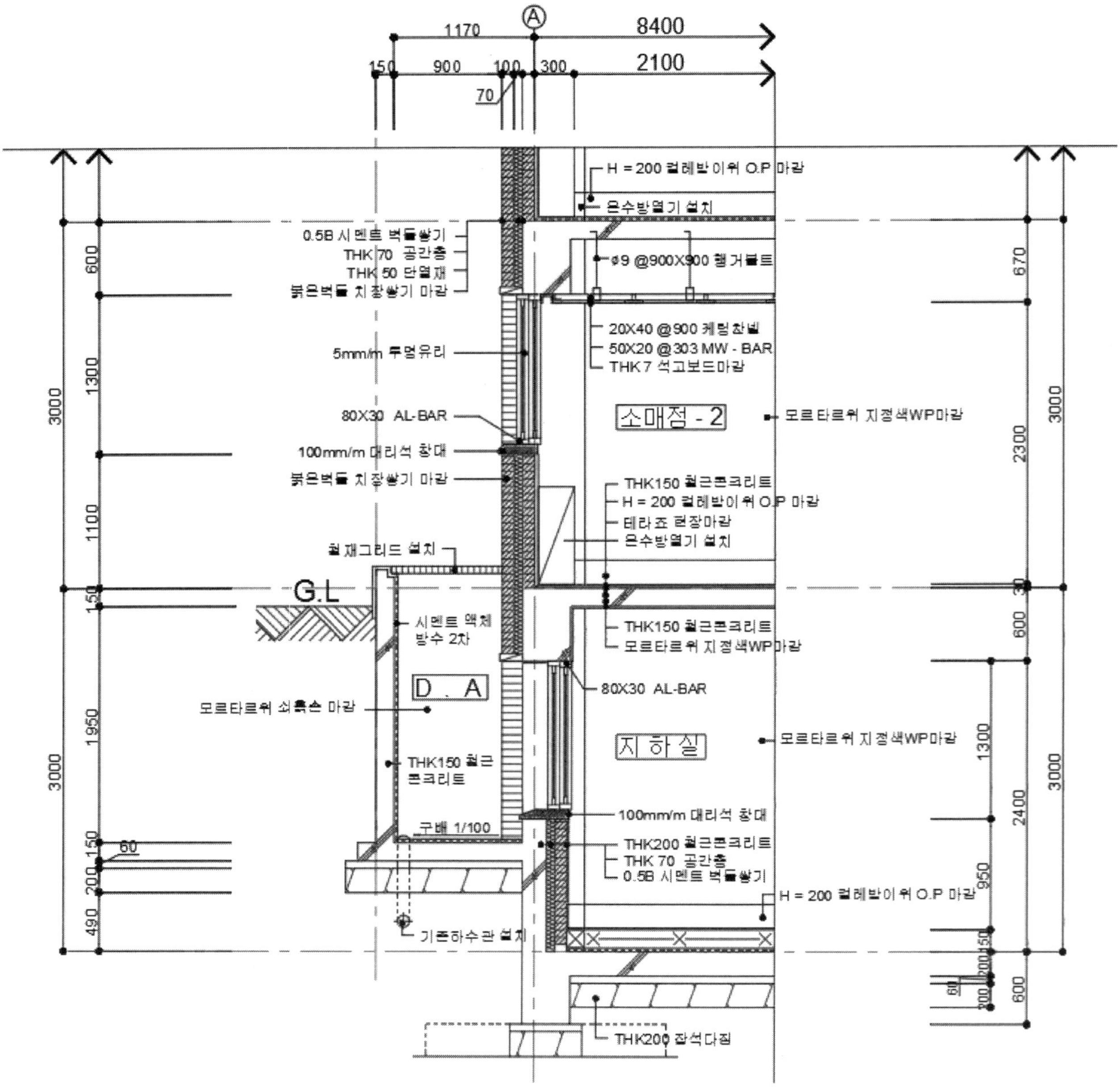

B 부분 단면 상세도
SCALE = 1/30

06. 학교시설 도면

1. 평면도 그리기

(1) 건물개요 및 조건

- 철근콘크리트 라멘구조 : 지하1층, 지상3층
- 벽체 : 외벽 - 외부로부터 치장벽돌 0.5B(치장마감), 공간 100㎜, 시멘트벽돌 1.0B로 하고 지하층은 철근콘크리트로 한다.
  내벽 - 두께1.0B 시멘트 벽돌 쌓기로 한다.
- 층 높이 : 3850㎜, 천장높이(2700㎜), 슬래브 두께(150㎜)로 한다.
- 기둥크기 : 500㎜×600㎜
- 보크기 : 외부 500㎜×1000㎜, 내부 500㎜×700㎜
- 창호 : PVC(플라스틱) 2중창으로 한다.
- 마감 : 실내천정은 경량 철골구조에 석고보드 마감, 기타 기능에 맞게 사용한다.
- 각 부분의 구조 및 치수는 상세히 표현한다.
- 기타 주어지지 않은 조건은 일반적인 시공수준으로 한다.
- A부분의 단면상세도 작도범위는 기초에서부터 2층 바닥까지 표현되도록 한다.
- B부분의 단면상세도 작도범위는 기초에서부터 1층 바닥까지 표현되도록 하고 계단은 경사 슬래브 철근콘크리트 계단으로 한다.

(2) 중심선 그리기

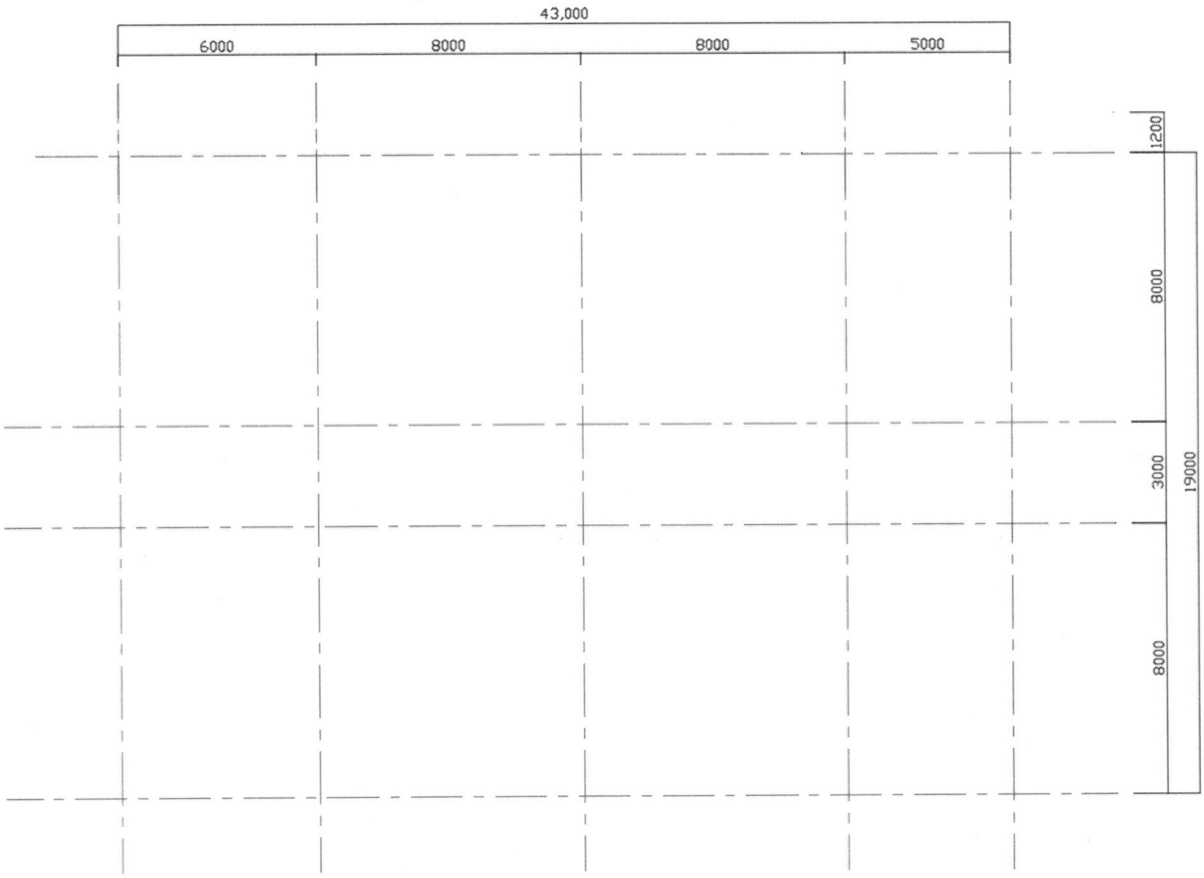

(3) 500*600 기둥 그리기

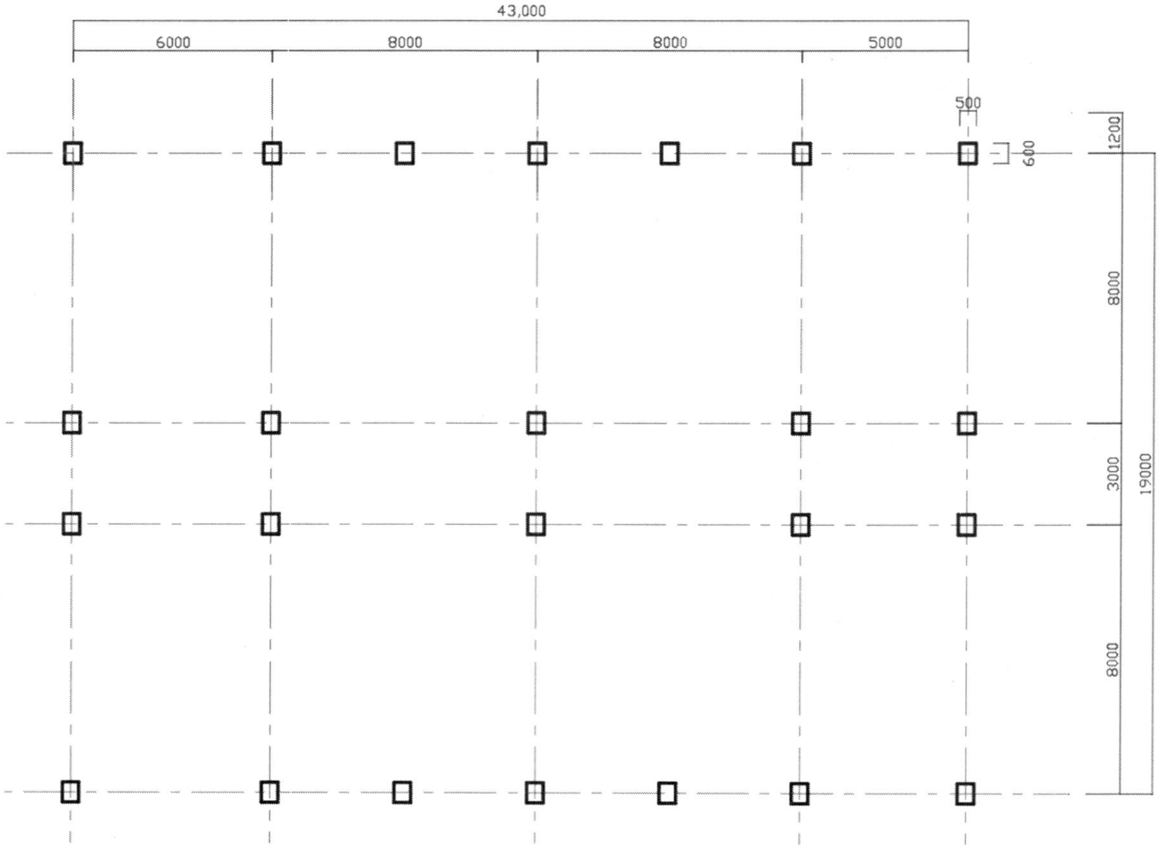

(4) 벽체 및 창호 그리기

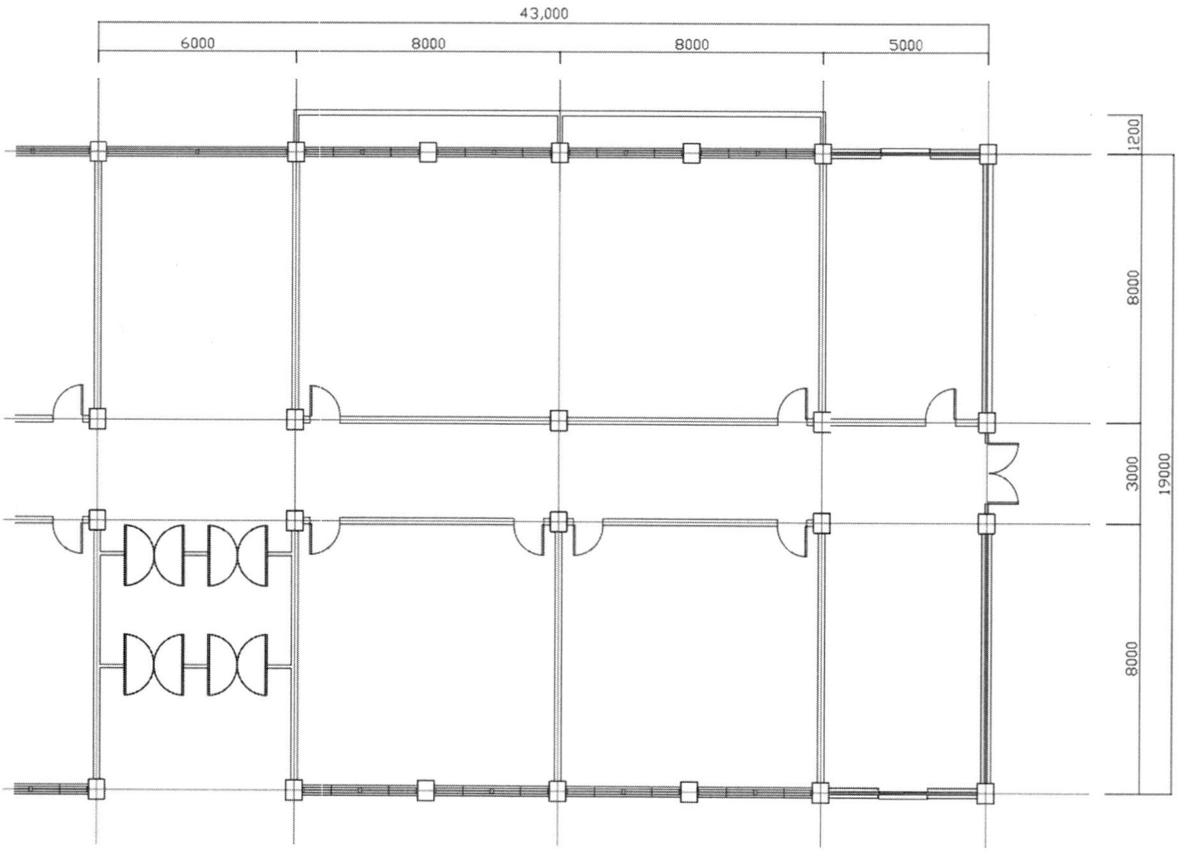

(4) 계단 그리기

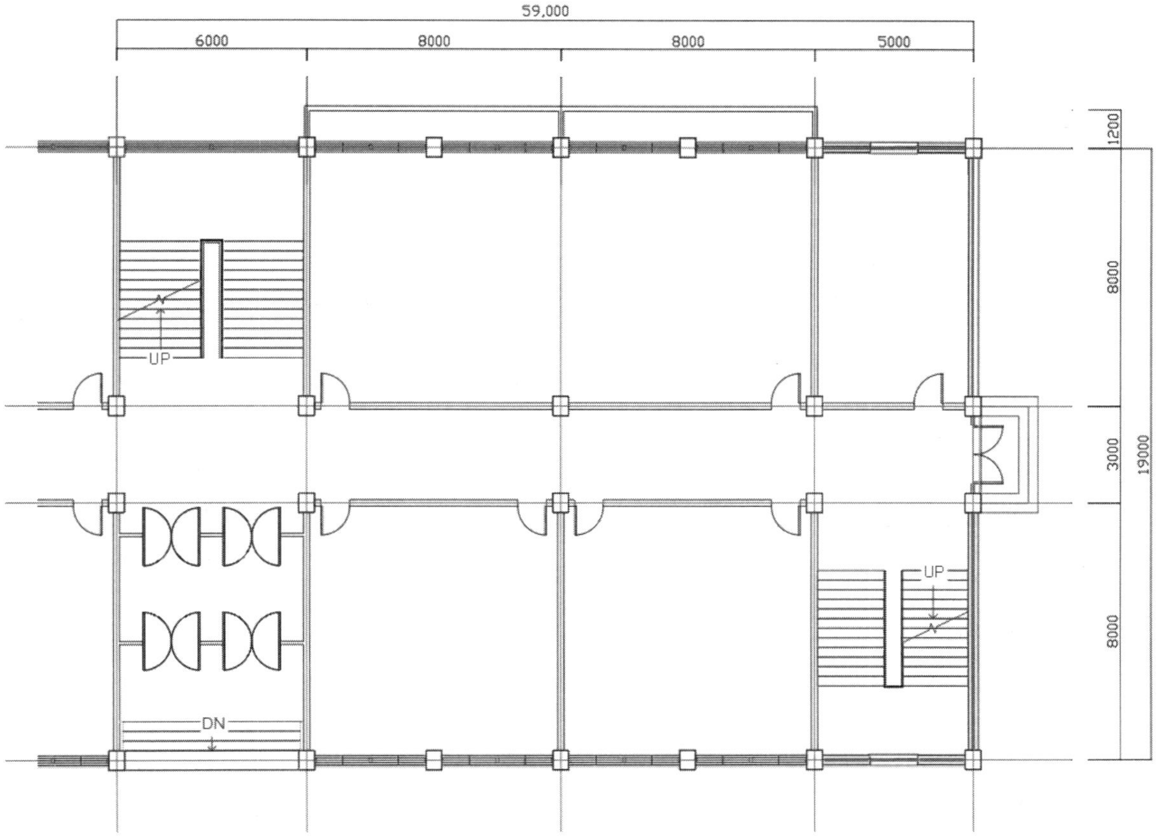

(5) 파단선, 단면선, 화장실 등 그리기

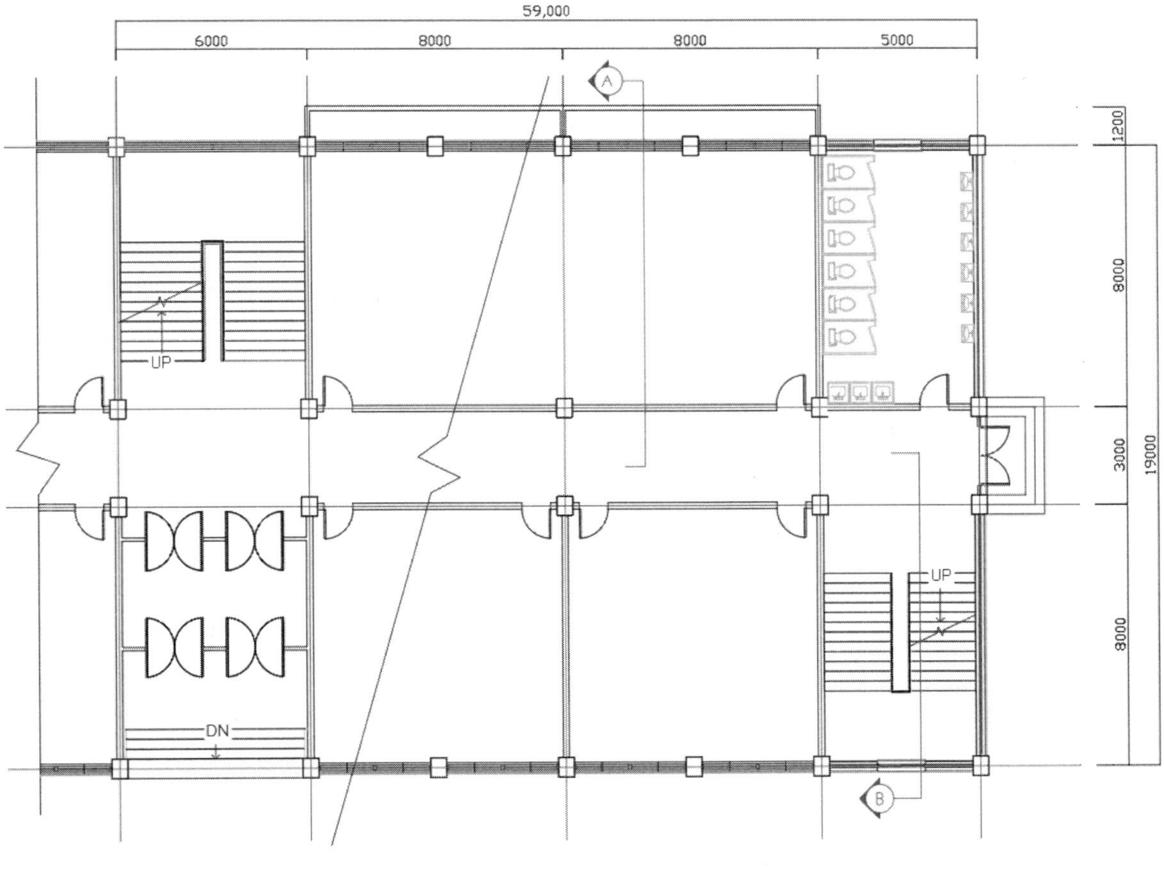

(6) 평면도 완성

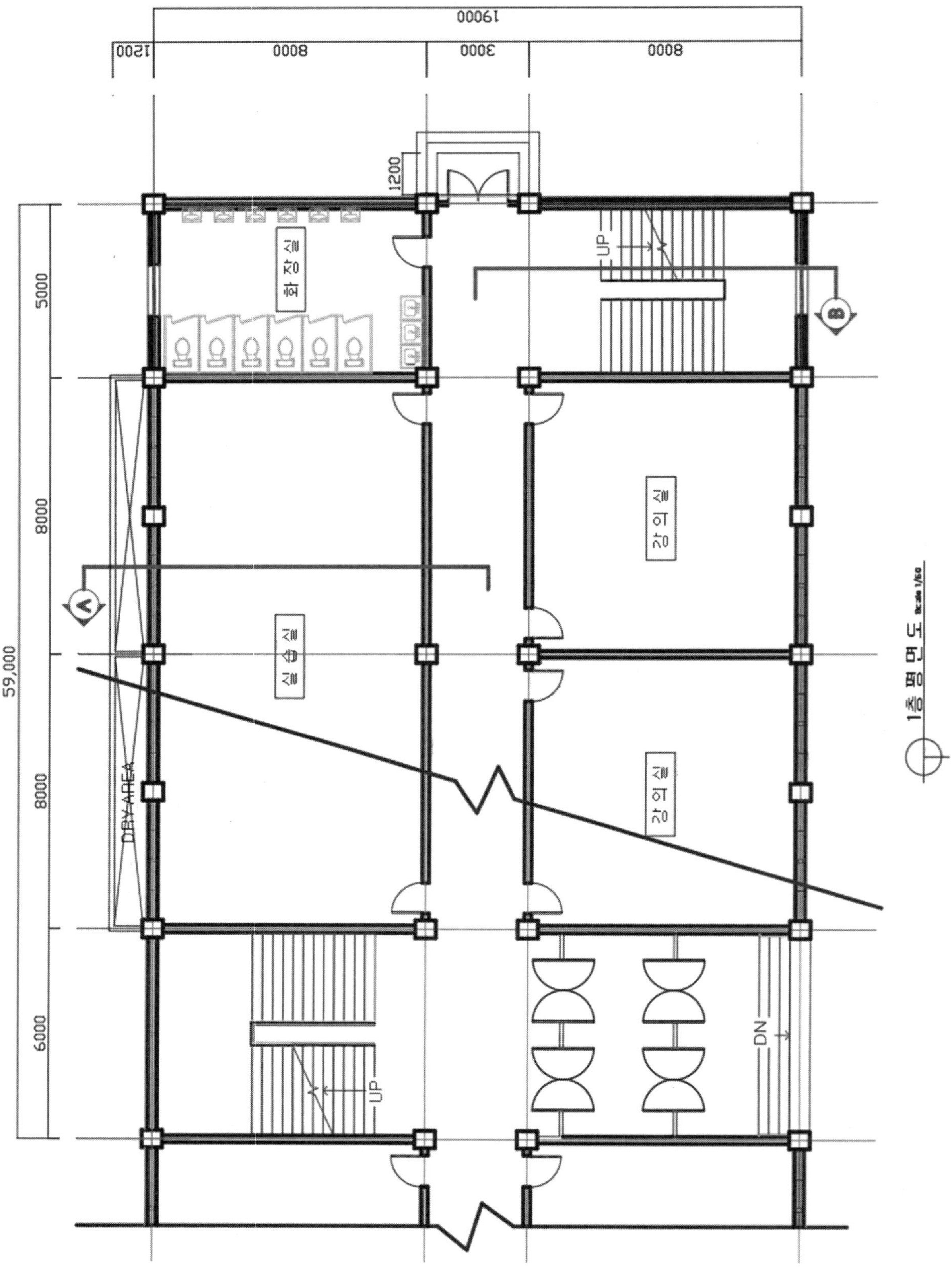
19000
1200
8000
3000
8000
1200
5000
8000
8000
6000
59,000
화장실
강의실
강의실
실습실
DRY AREA
UP
UP
DN
1층 평면도

2. A부분 단면상세도

(1) 철근콘크리트 구조단면 그리기(내부 보크기500㎜×700㎜)

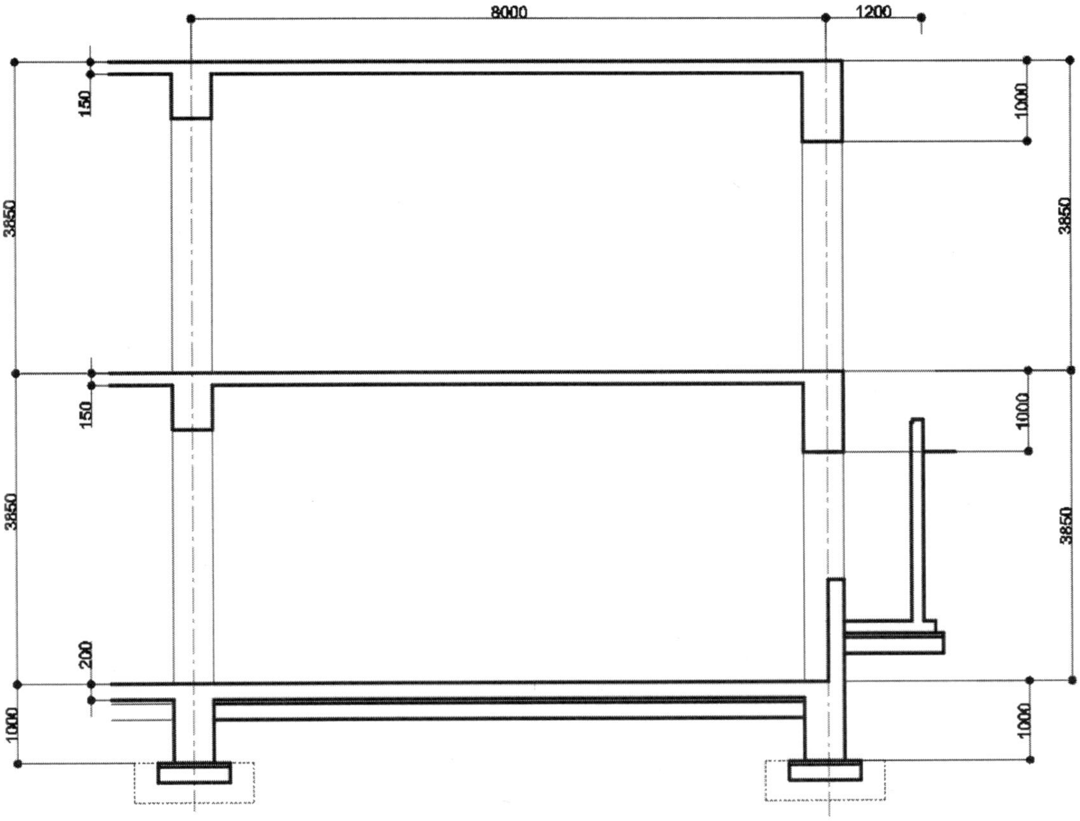

(2) 벽체, 바닥 및 파단선 그리기

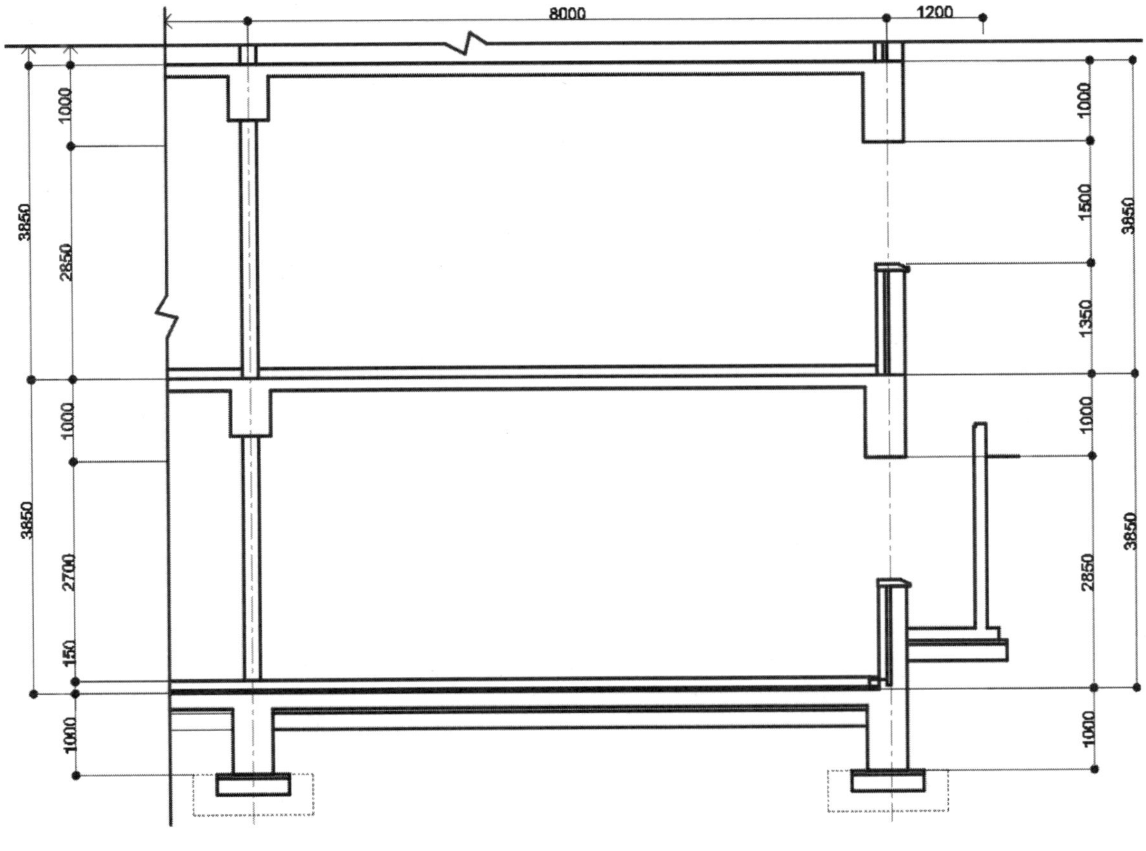

(3) 천장그리기 및 단면표시하기

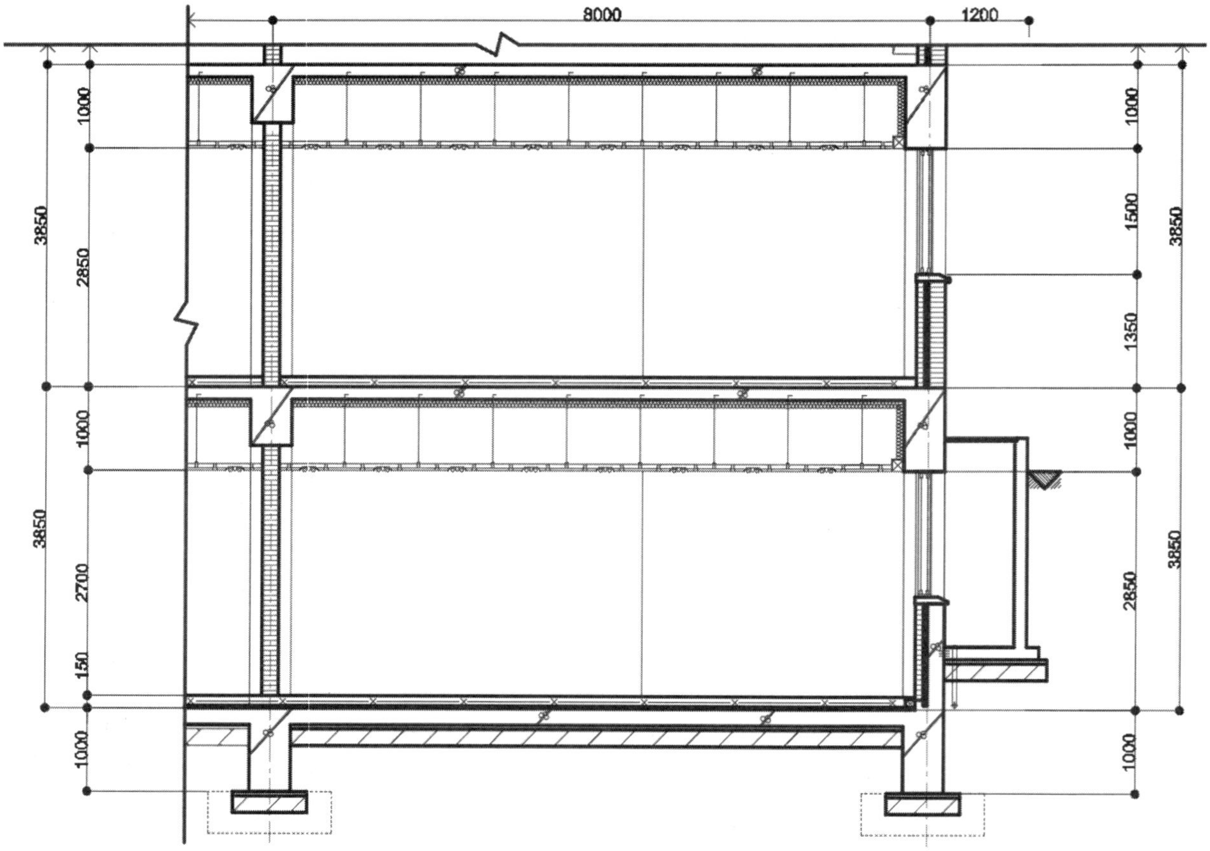

(4) 재료명기입하기

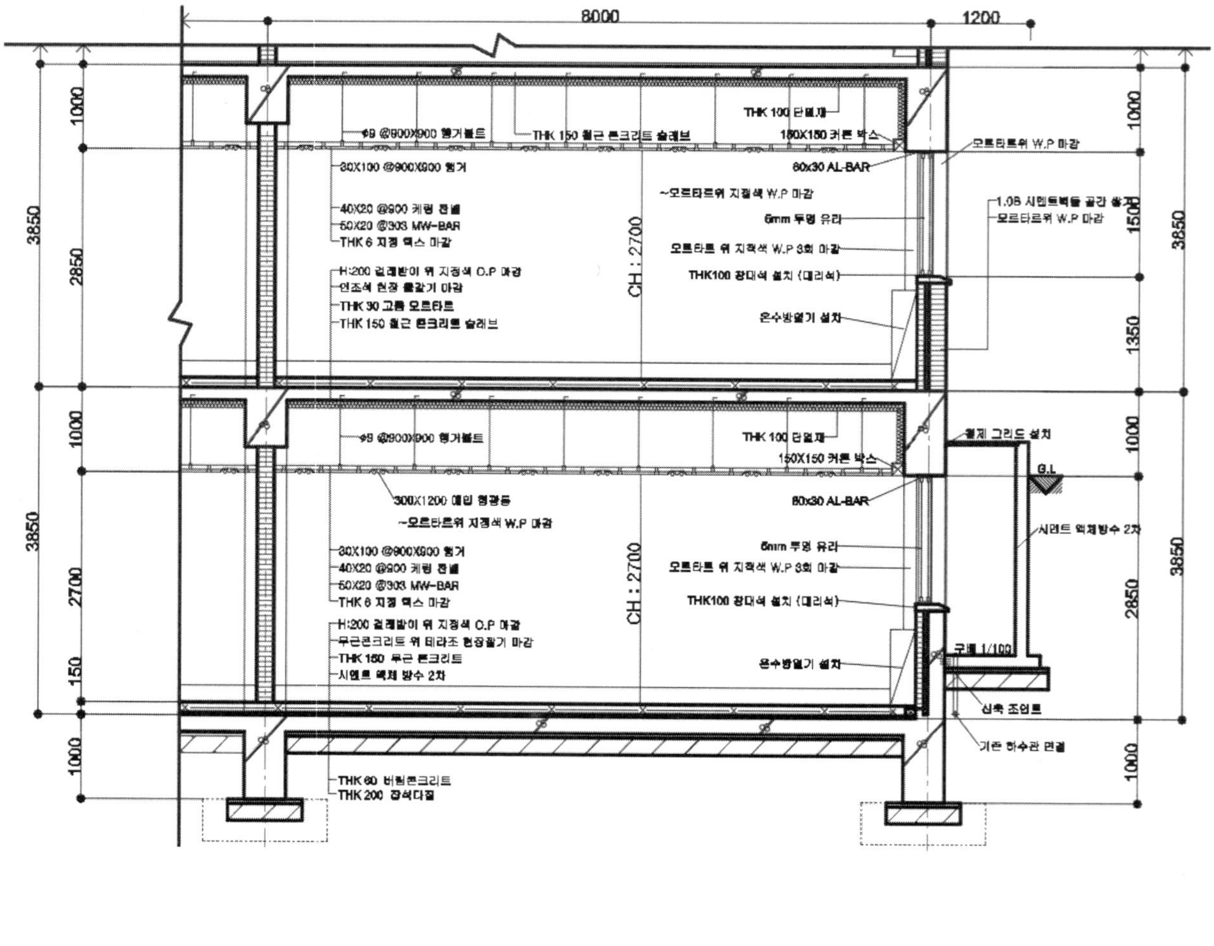

(5) A부분 단면 상세도 완성하기

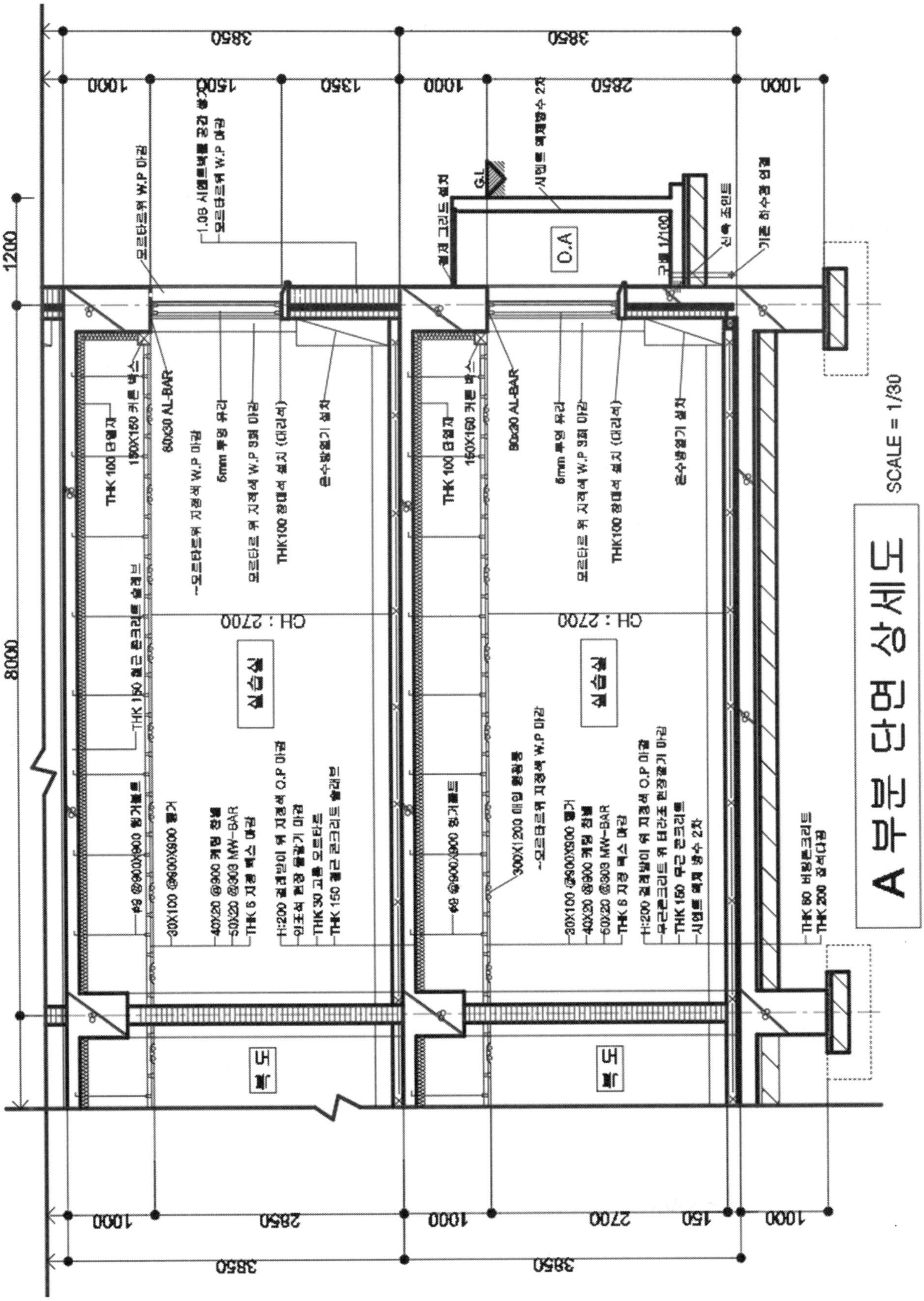

3. B부분 단면상세도

(1) 철근콘크리트 구조단면 그리기

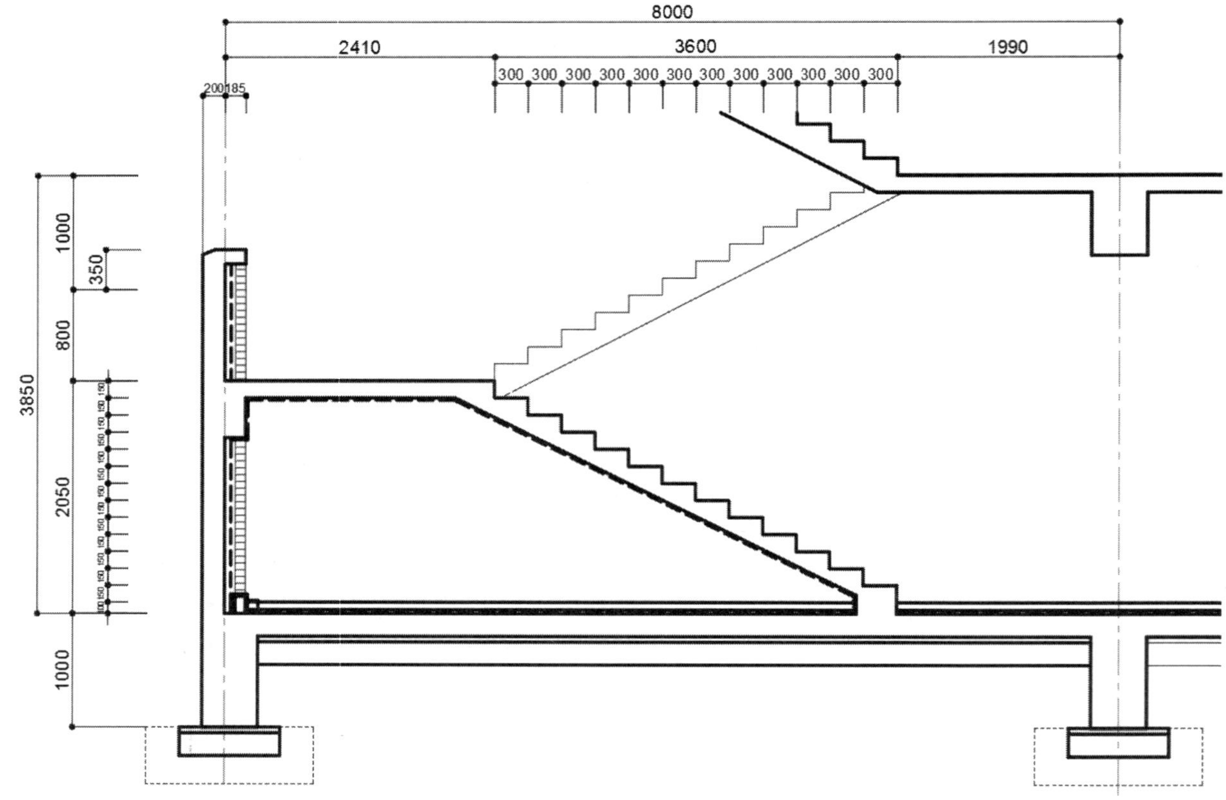

(2) 난간, 걸레받이 및 파단선 그리기

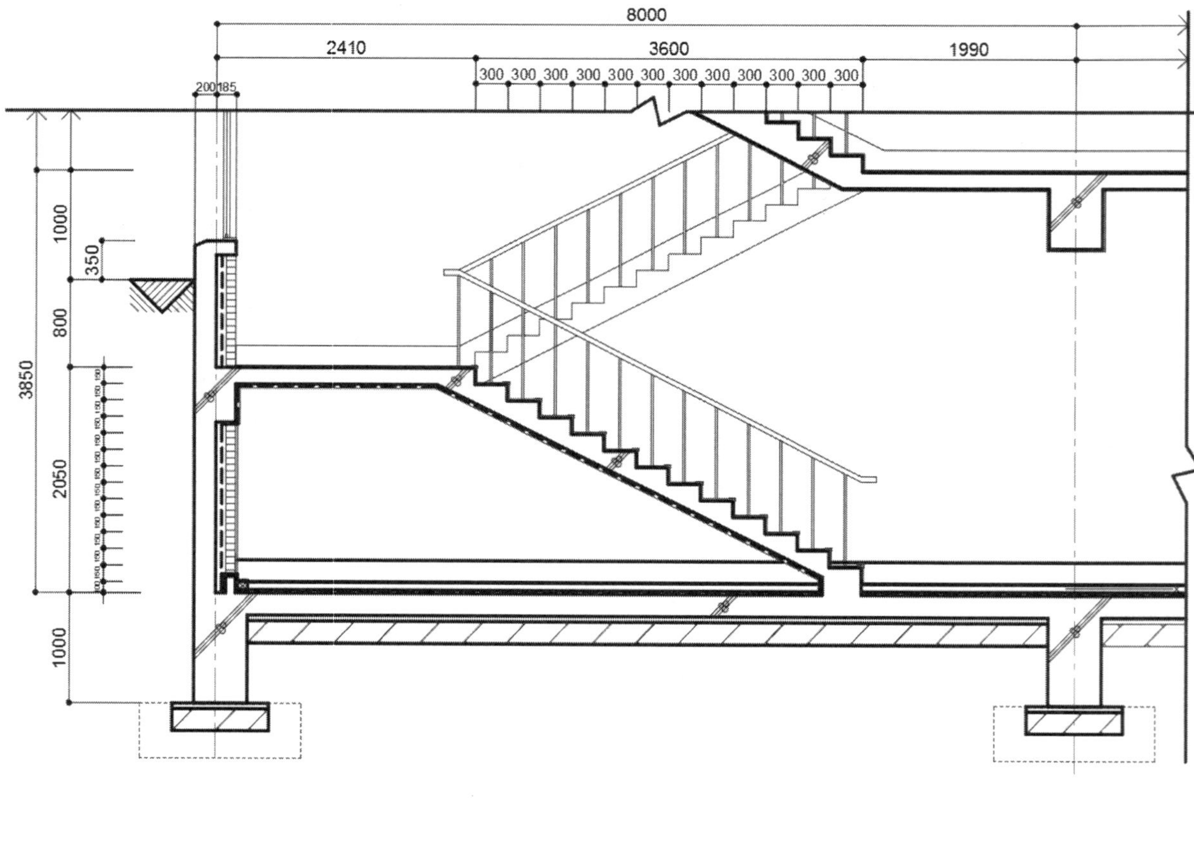

(3) 재료명기입하기

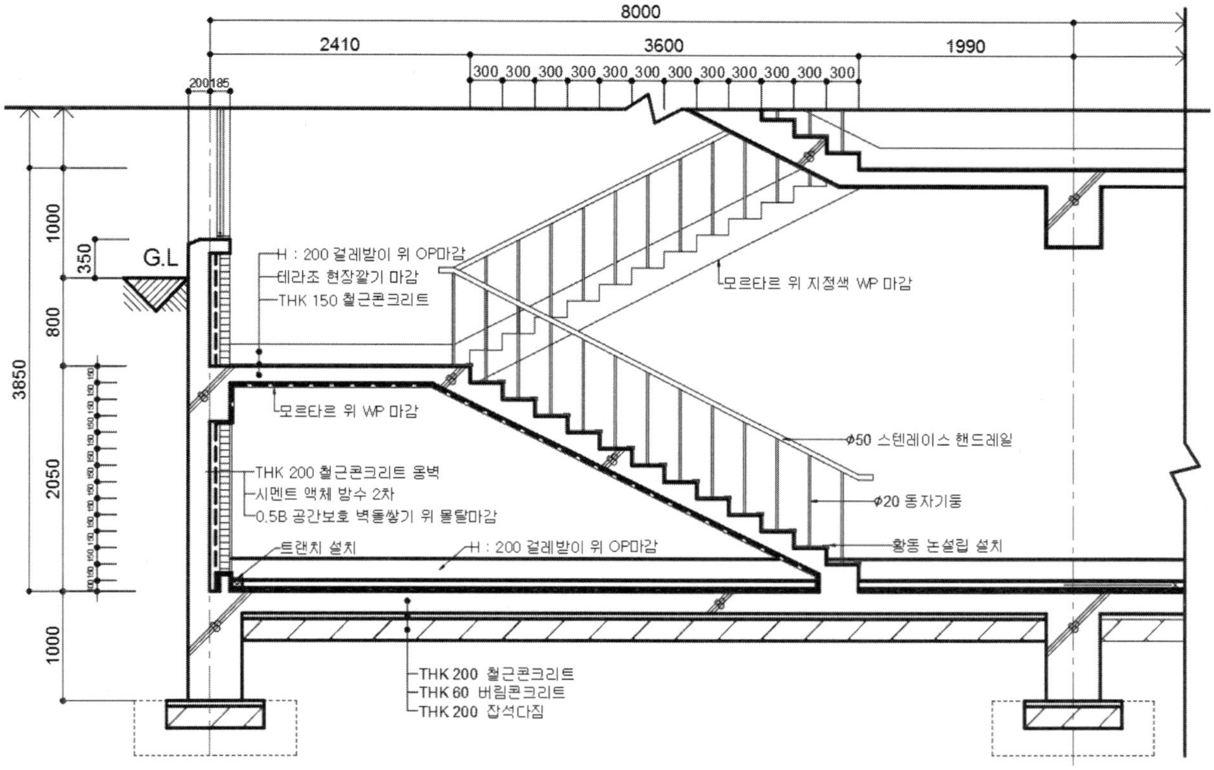

(4) B부분 단면 상세도 완성하기

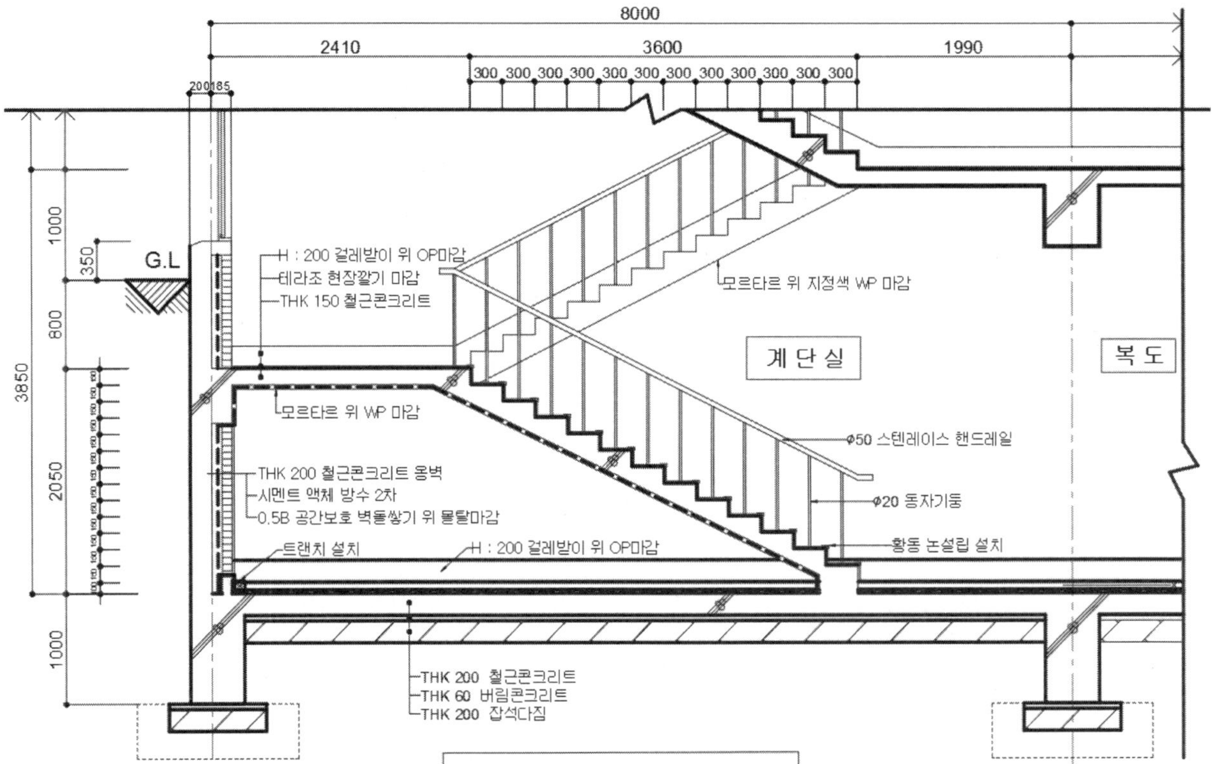

B 부분 단면 상세도 SCALE = 1/30

4. 횡단면도

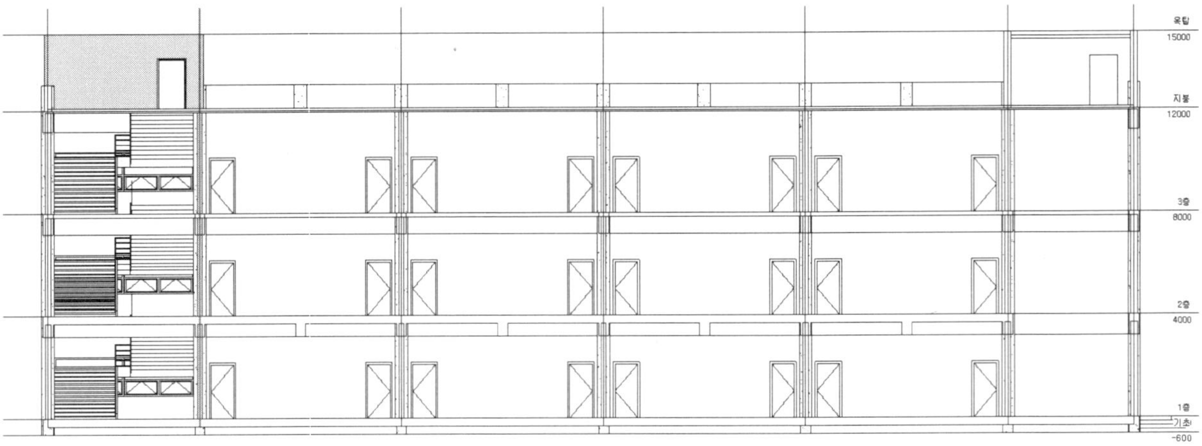

5. 정면도

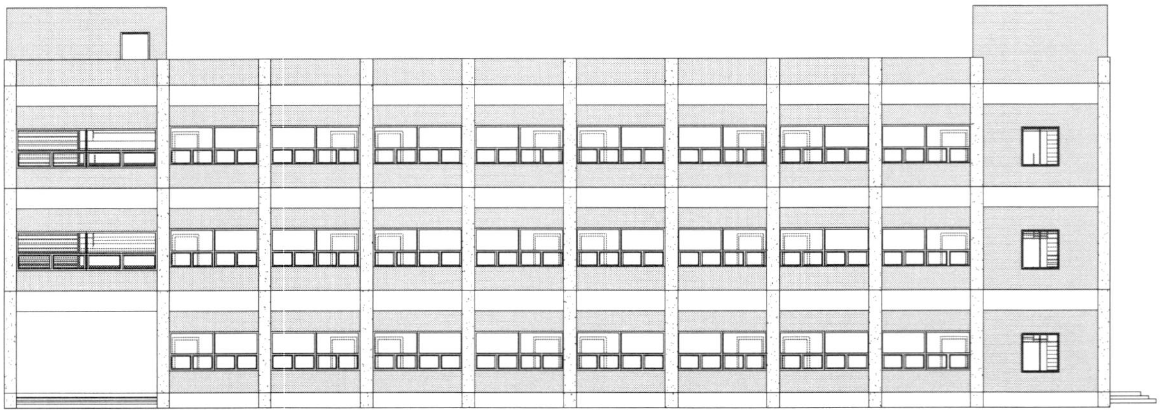

6. 투시도

06. 통나무 주택도면

1. 1층 평면도

(1) 중심선 그리기

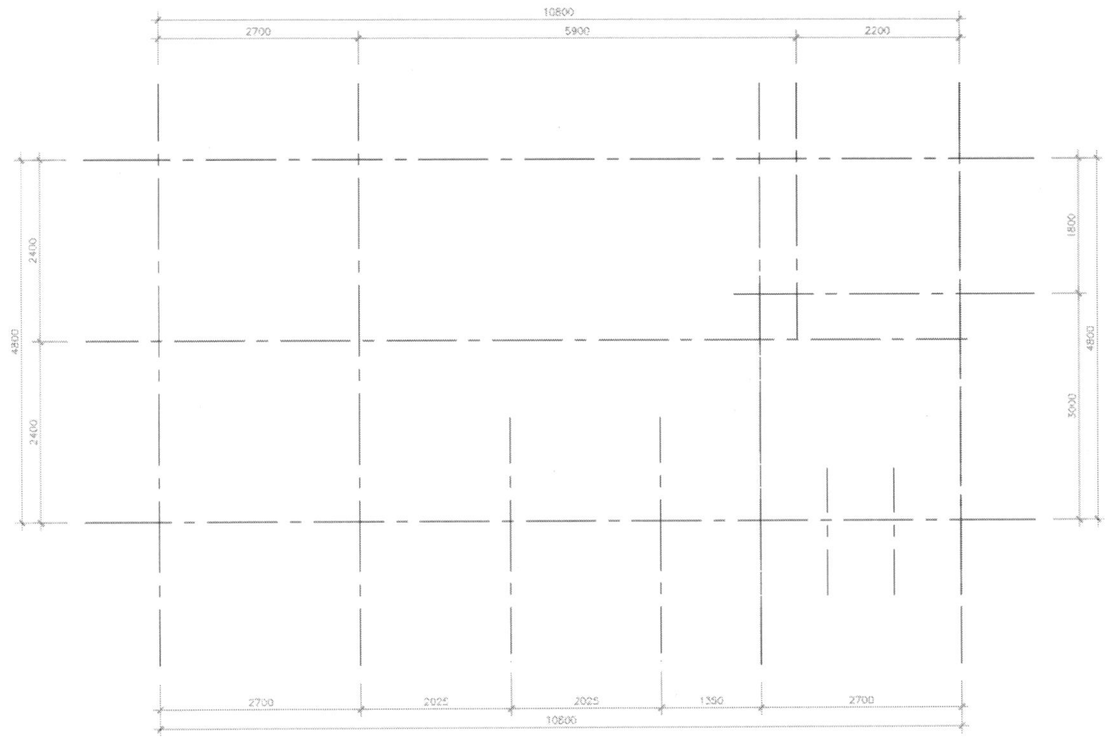

(2) 벽선 그리기

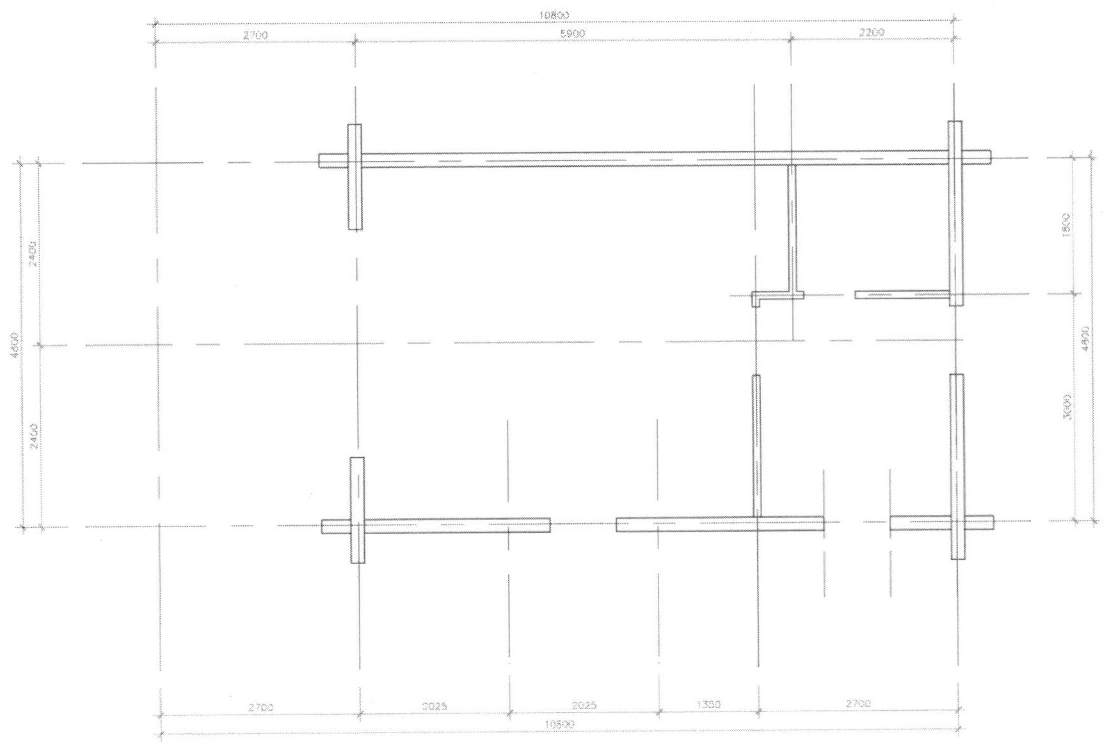

(3) 개구부 및 계단 그리기

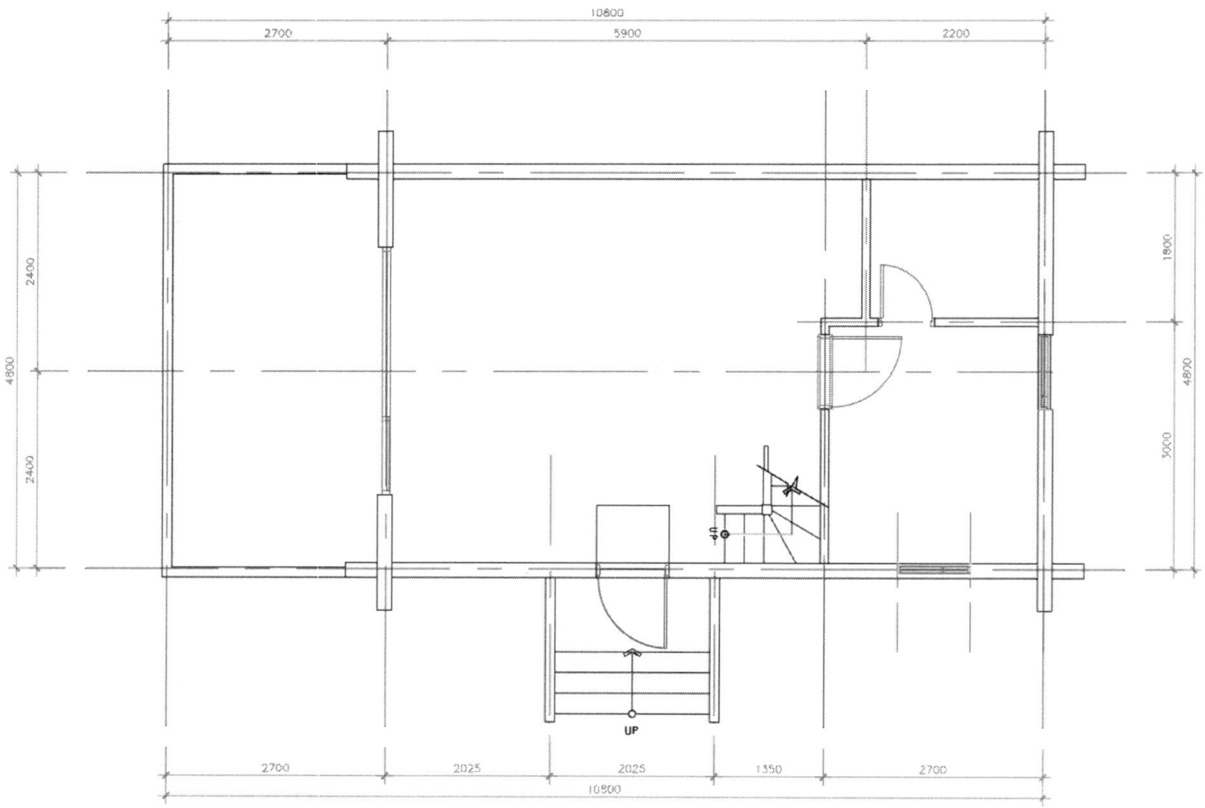

(4) 데크(deck) 및 가구(furniture), 욕실(Bath Room) 그리기

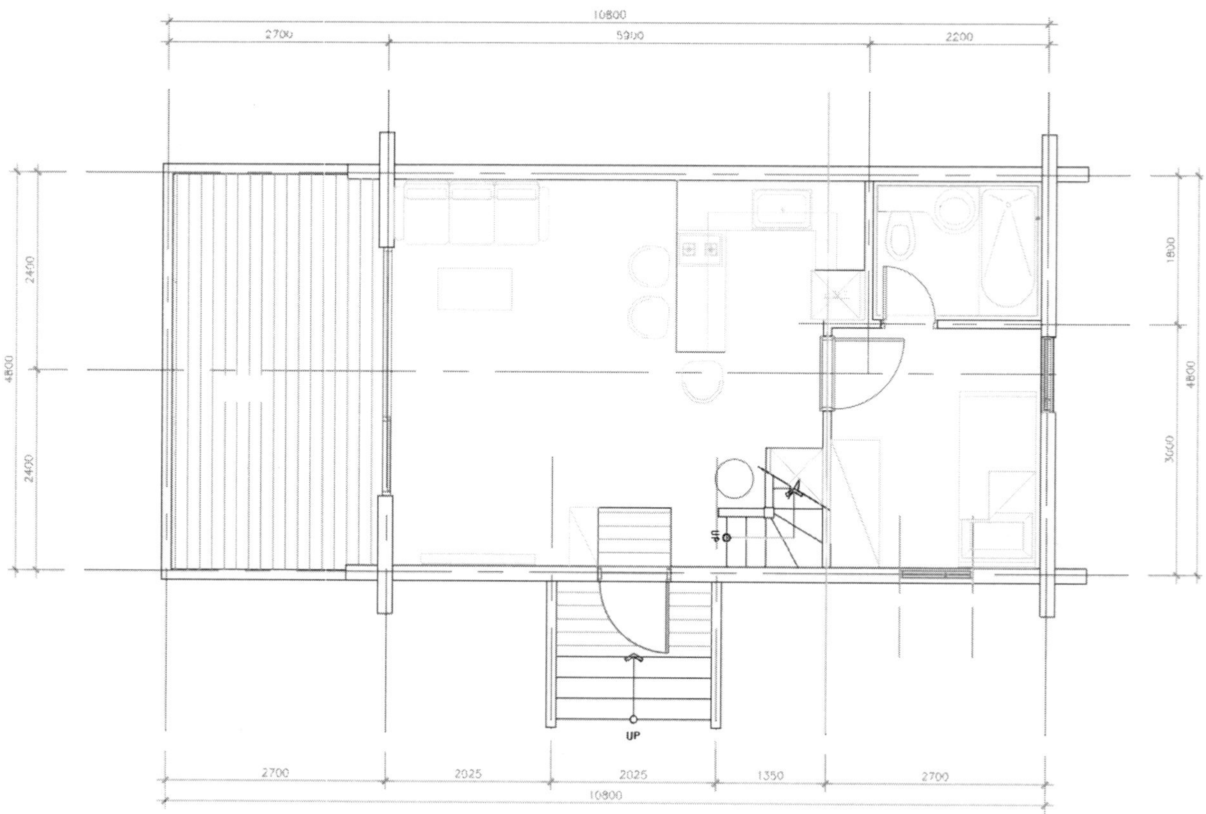

(5) 재료 기입하기

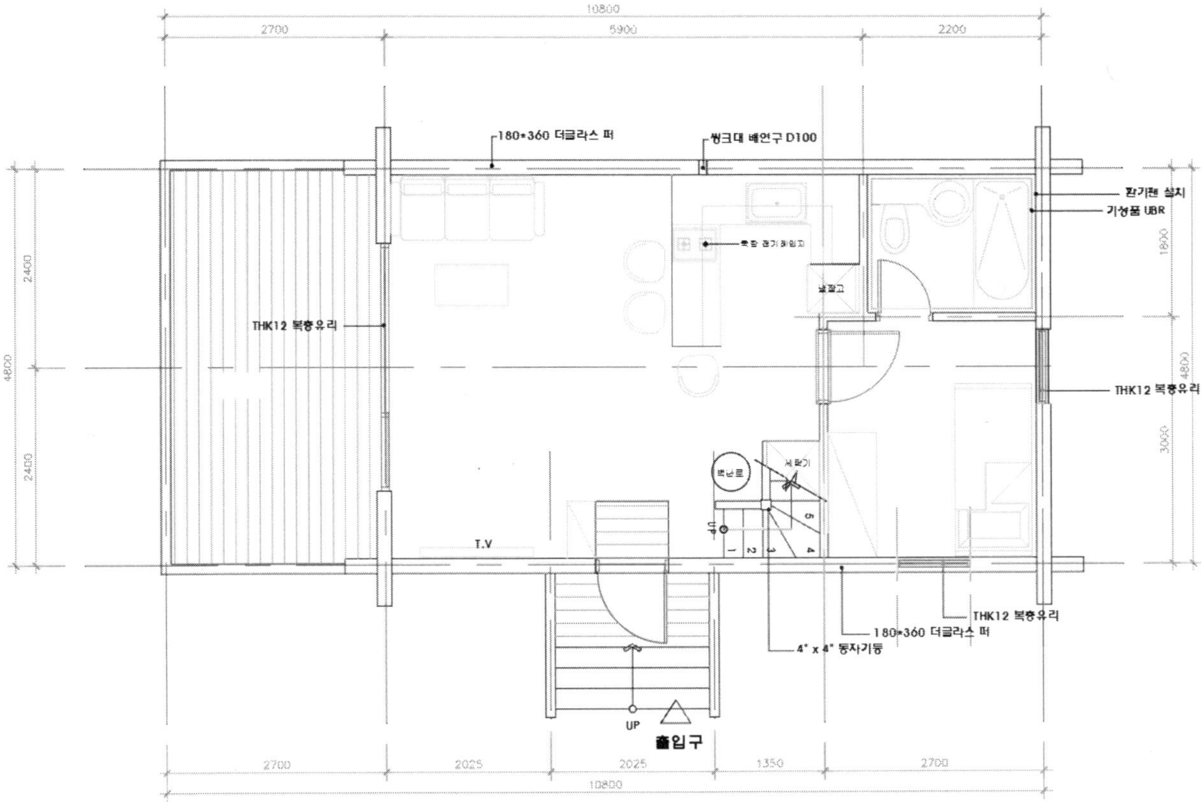

(6) 도면 완성하기

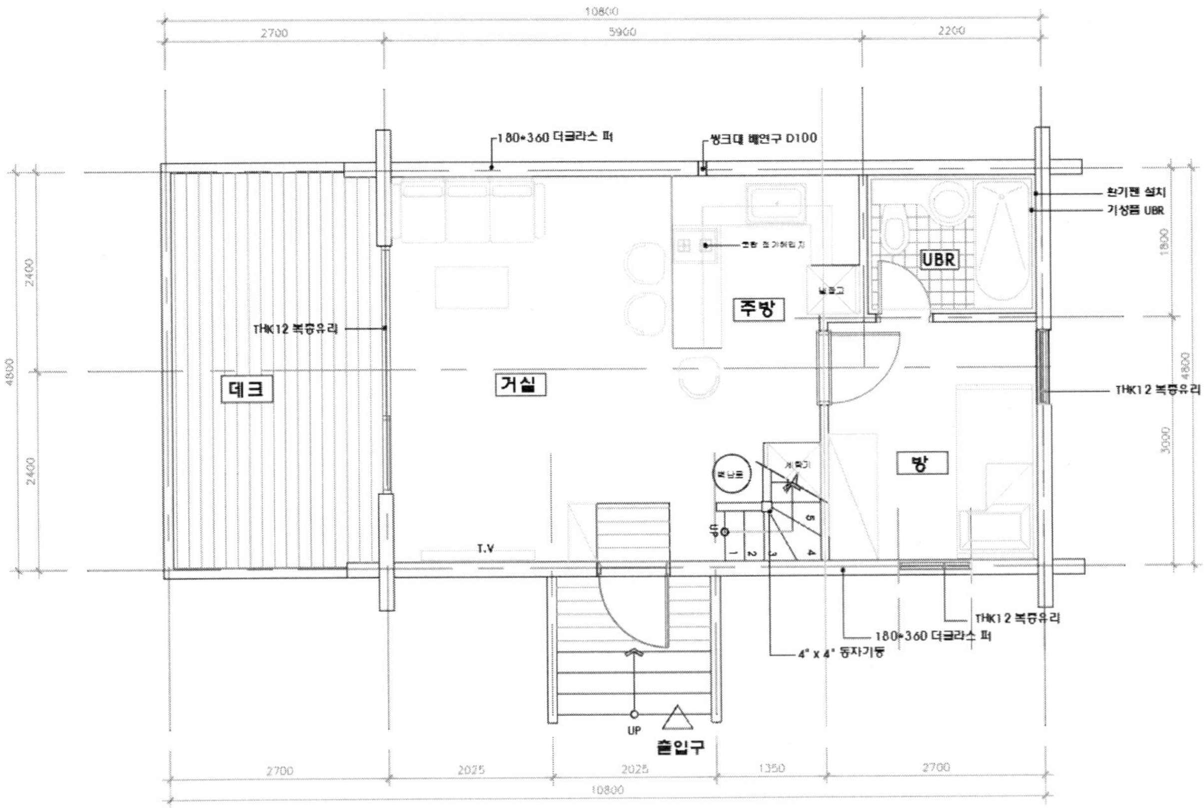

1층 평면도 scale : 1 / 50

2. 다락층 평면도 그리기

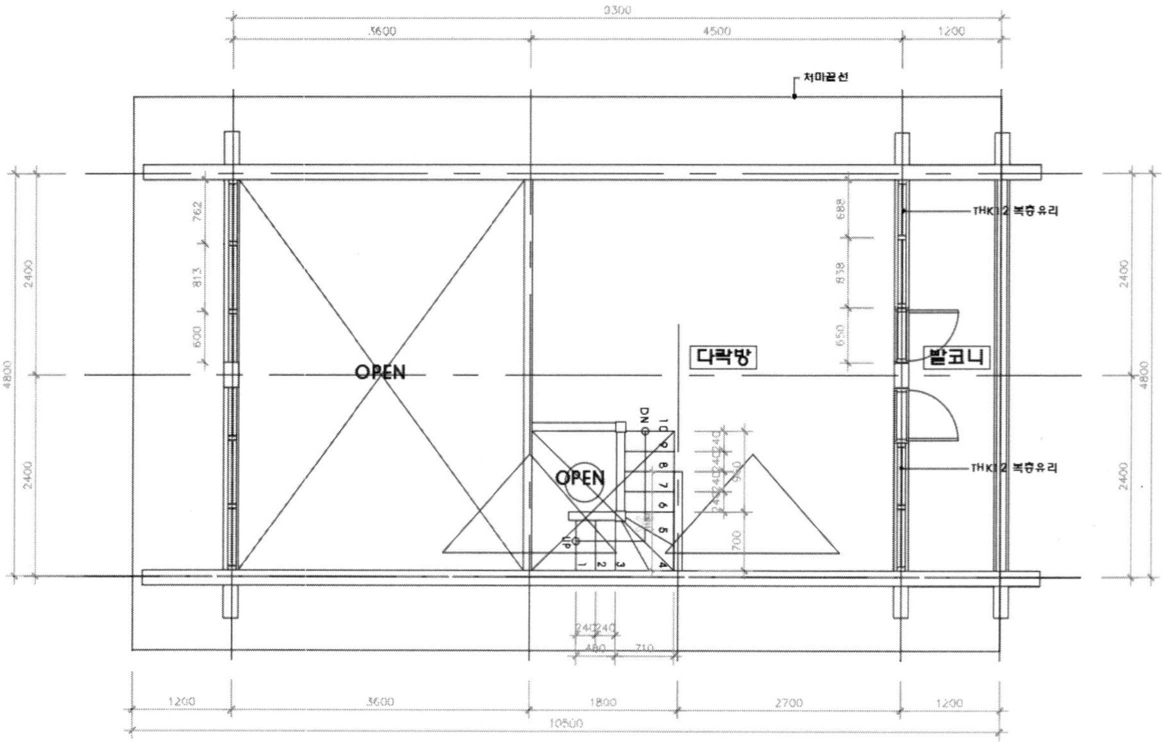

다락층 평면도 scale : 1 / 50

3. 지붕 평면도 그리기

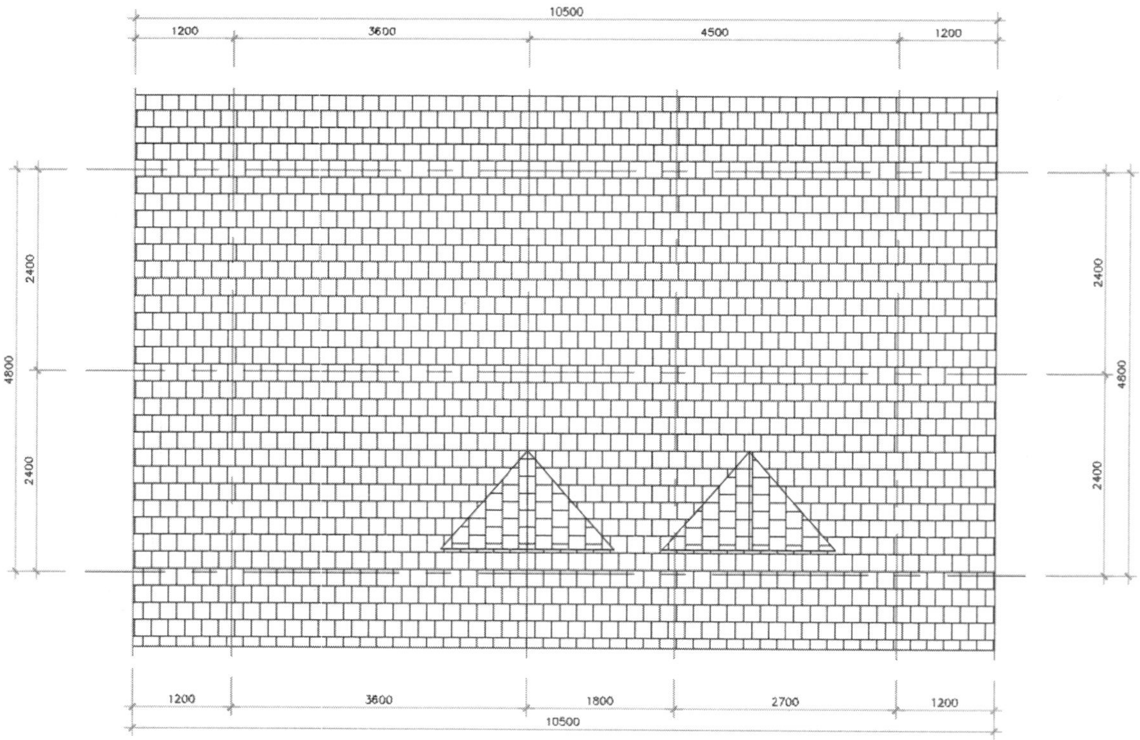

지붕 평면도 scale : 1 / 50

4. 입면도 그리기(정면, 좌측면, 우측면)

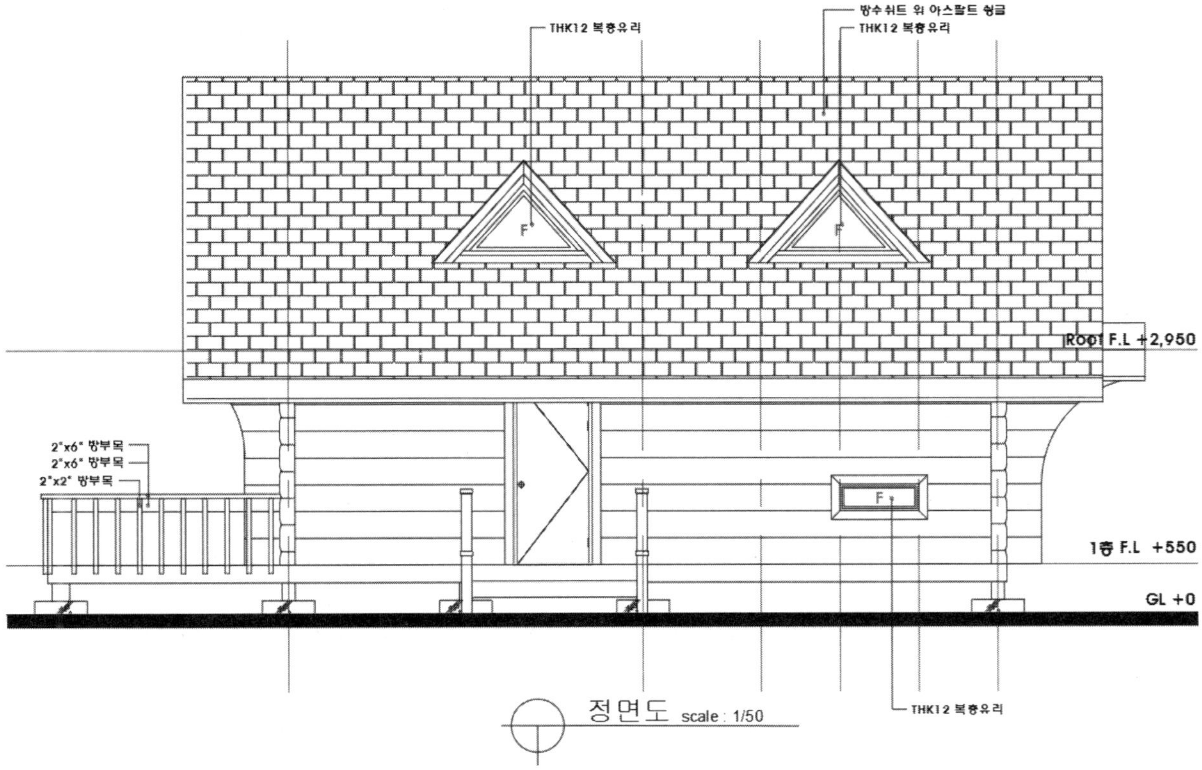

정면도 scale : 1/50

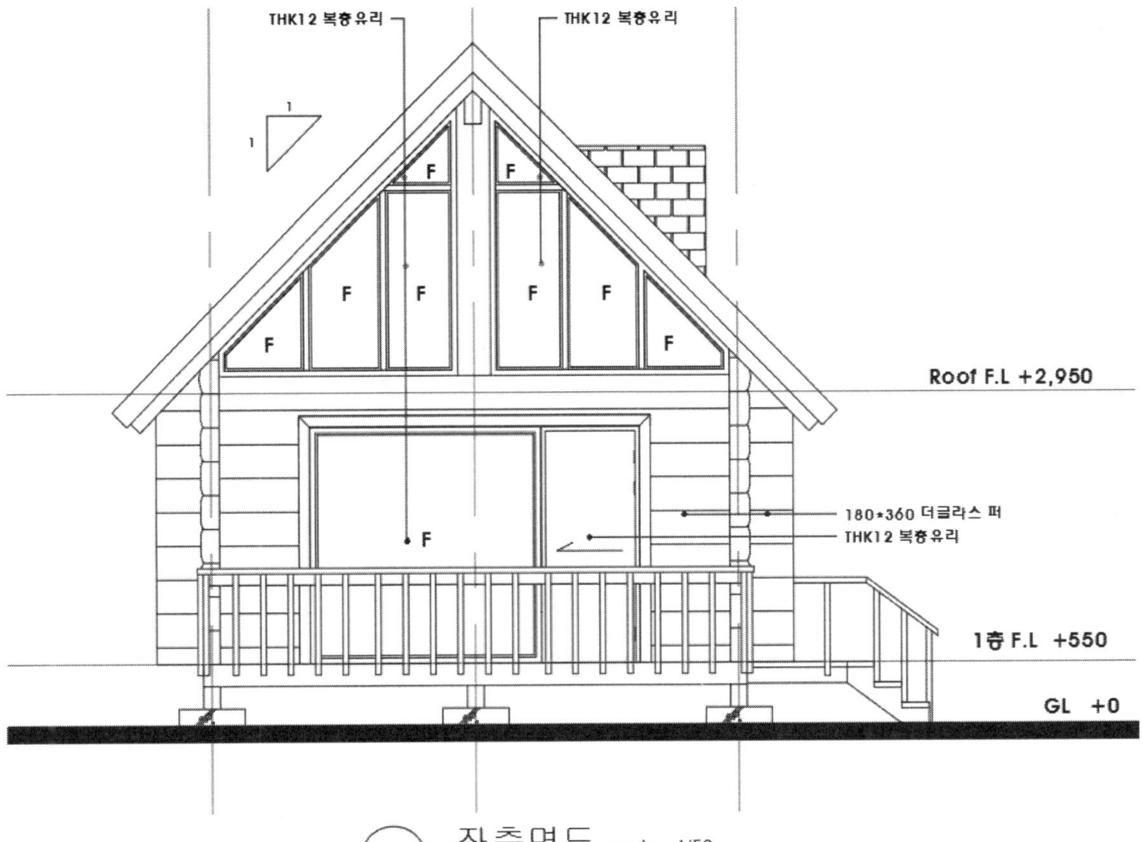

좌측면도 scale : 1/50

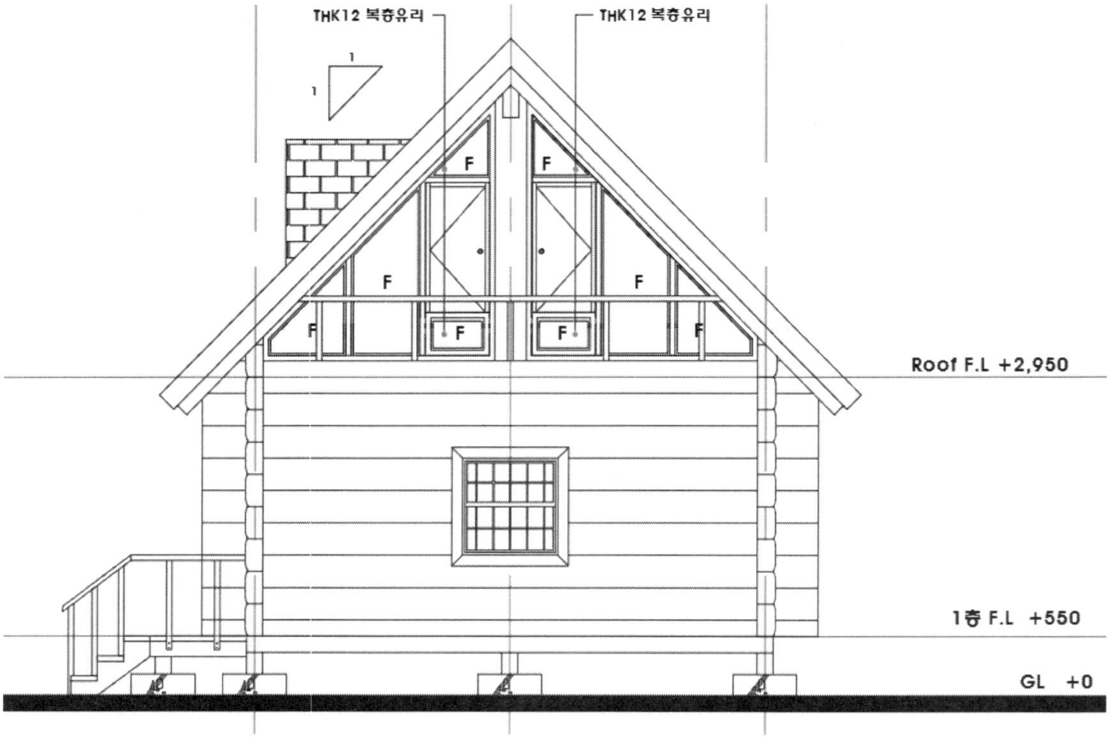

우측면도 scale : 1/50

5. 횡단면도 그리기

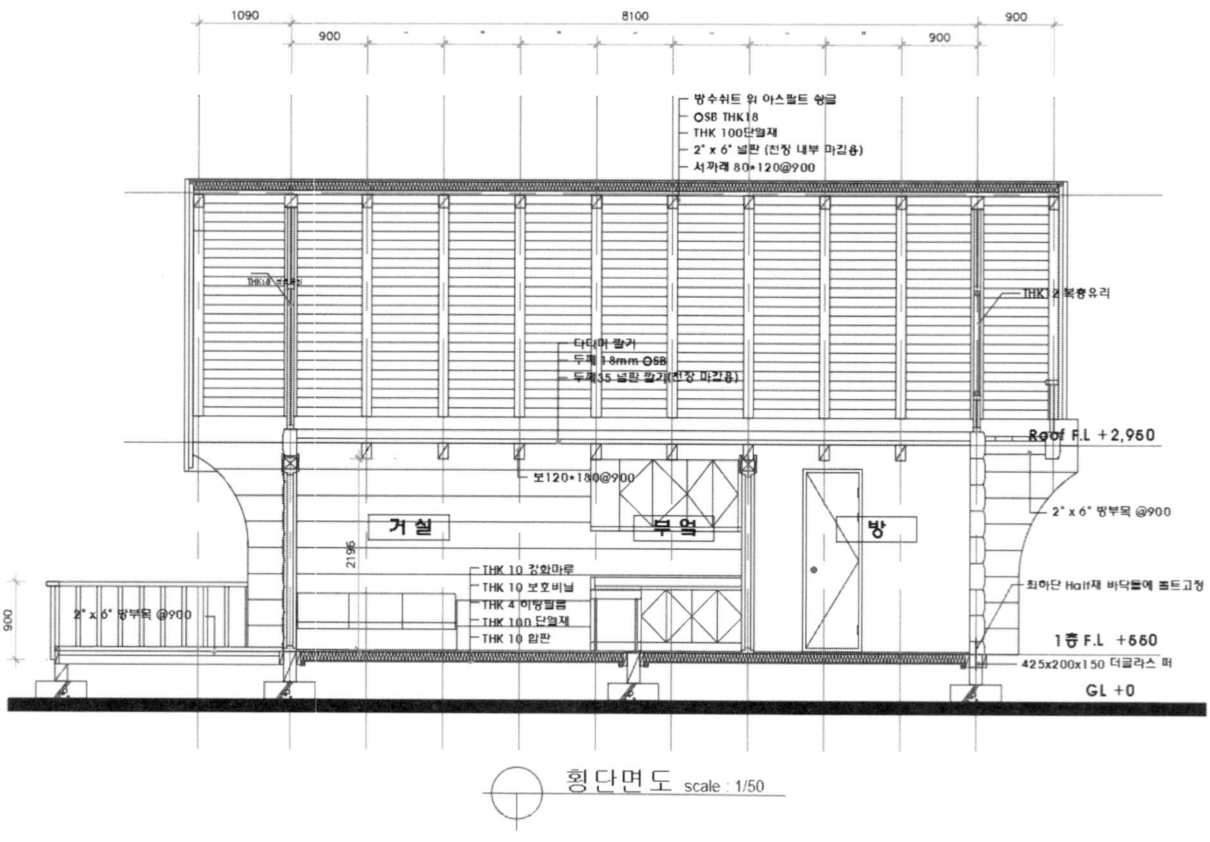

횡단면도 scale : 1/50

6. 종단면도 그리기

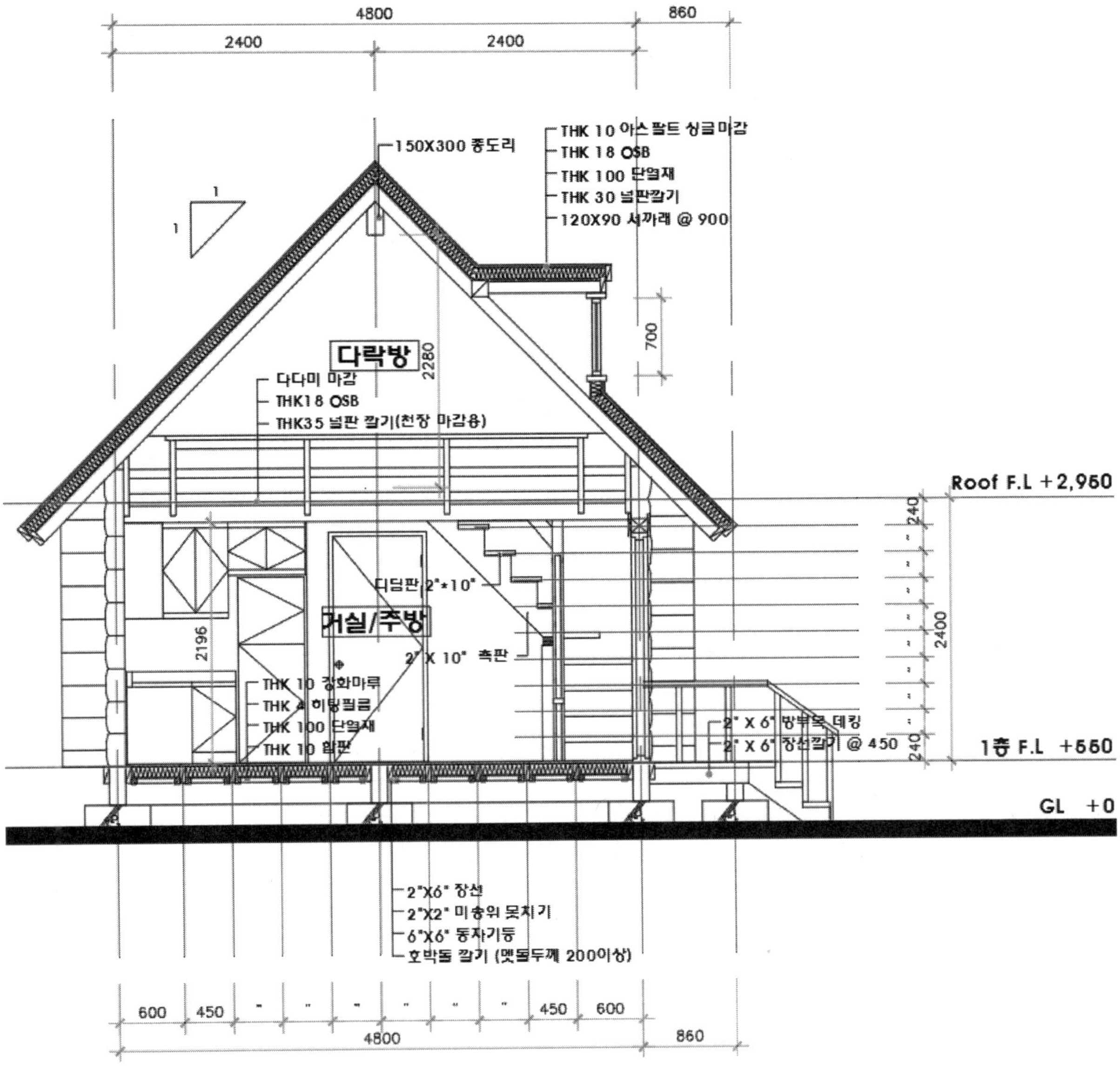

4800
860
2400
2400
150X300 종도리
THK 10 아스팔트 싱글마감
THK 18 OSB
THK 100 단열재
THK 30 널판깔기
120X90 서까래 @ 900
700
다락방
2280
다다미 마감
THK18 OSB
THK35 널판 깔기(천장 마감용)
Roof F.L +2,960
240
2400
디딤판 2"*10"
거실/주방
2196
2" X 10" 측판
THK 10 강화마루
THK 4 히팅필름
THK 100 단열재
THK 10 합판
2" X 6" 방부목 데킹
2" X 6" 장선깔기 @ 450
1층 F.L +560
GL +0
2"X6" 장선
2"X2" 미송위 못치기
6"X6" 동자기둥
호박돌 깔기 (멧돌두께 200이상)
600
450
450
600
4800
860

7. 1층 전개도 그리기

(1) 1층 전개도A

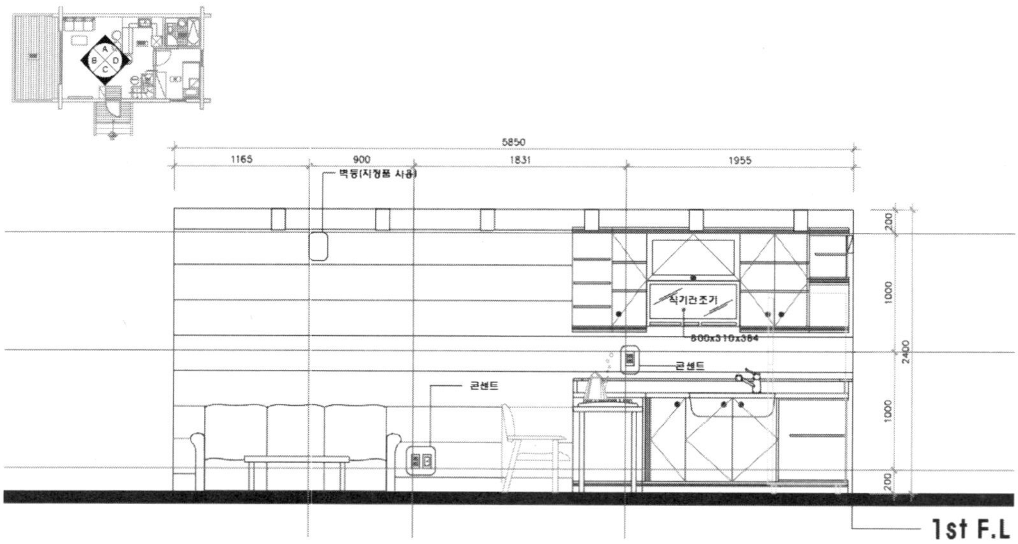

1층 전개도A scale : 1/30

(2) 1층 전개도B

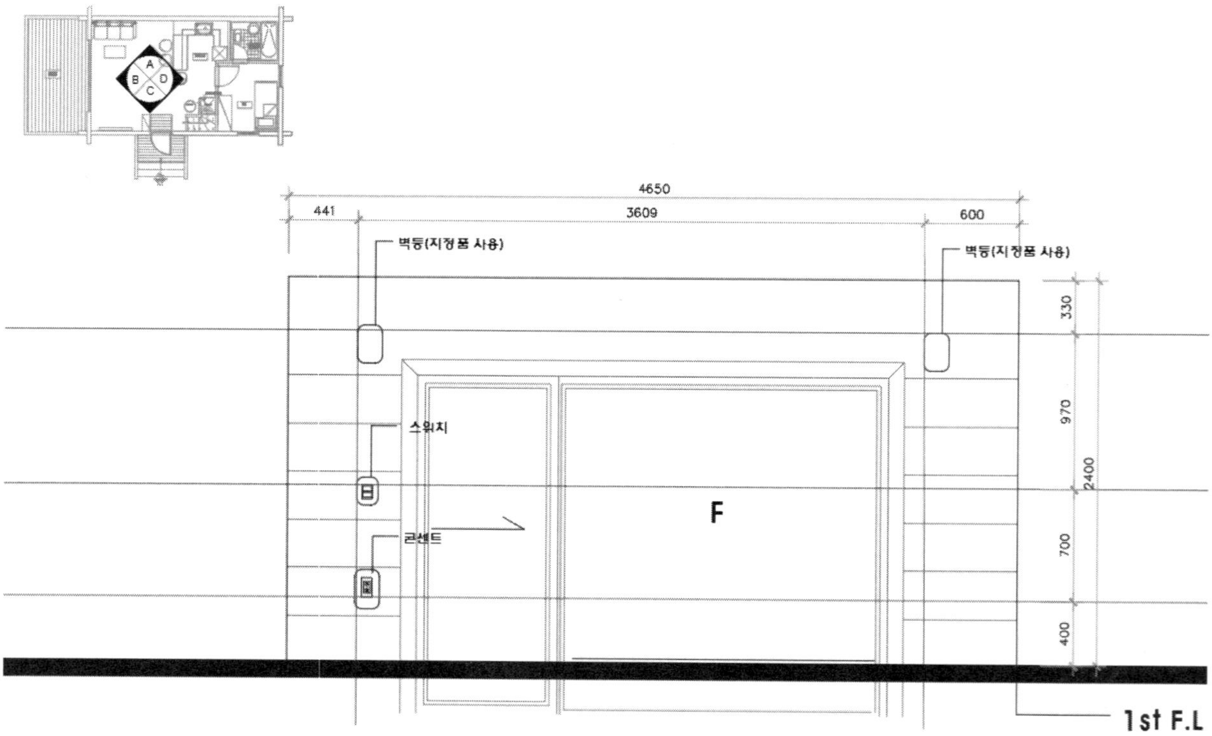

1층 전개도B scale : 1/30

(3) 1층 전개도C

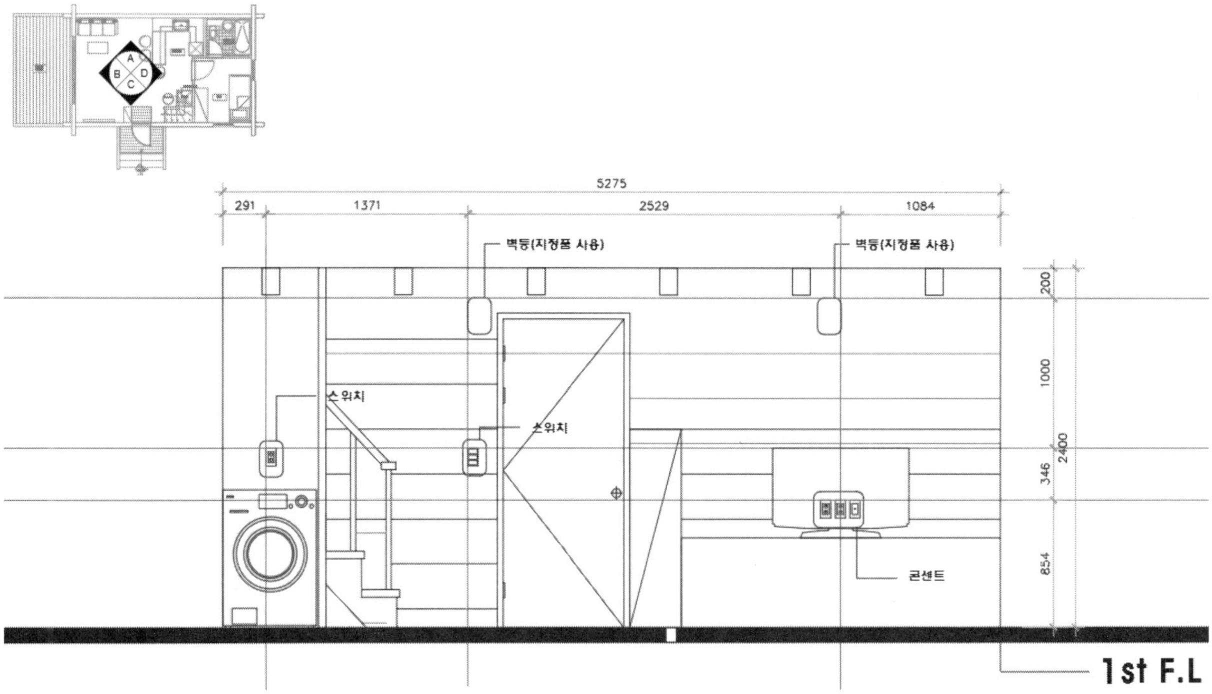

1층 전개도C scale : 1/30

(4) 1층 전개도D

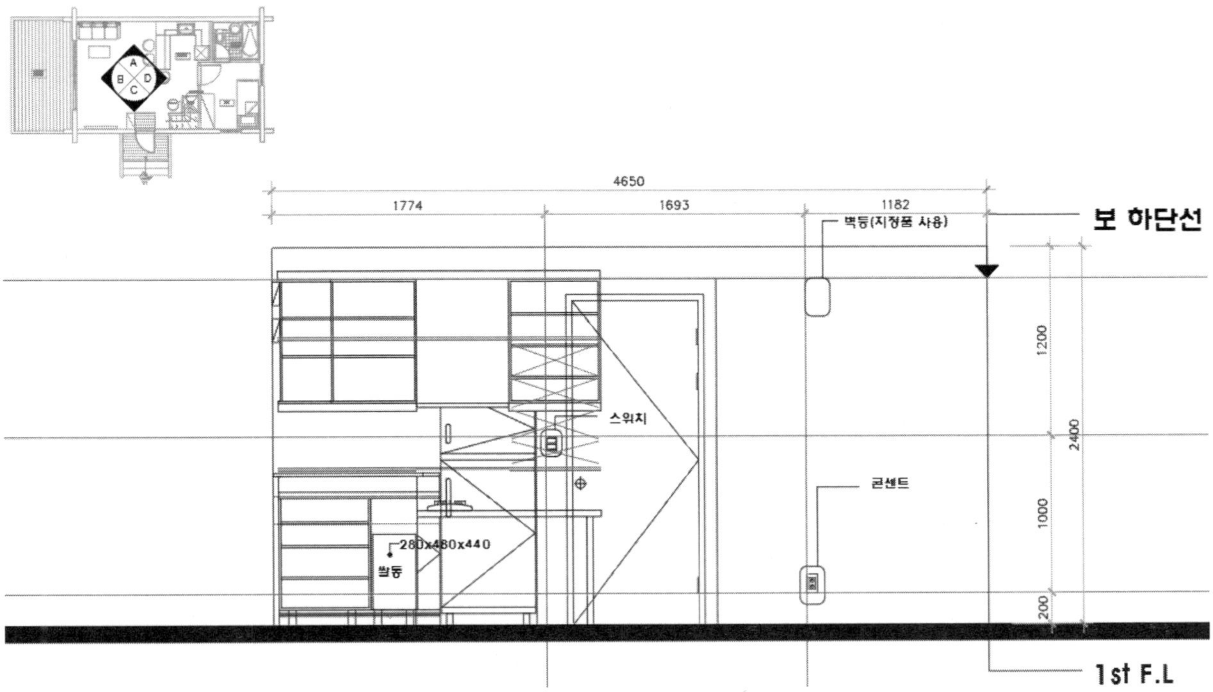

1층 전개도D scale : 1/30

건축설계실습

2019년 3월 5일 초판 인쇄
2019년 3월 10일 초판 발행

저 자 : 김 경 수
펴낸이 : 이 석 환
펴낸곳 : 도서출판 서우
등 록 : 제8-159호
주 소 : 서울시 은평구 대조동 188-8
전 화 : (02)383-1696, 1697
팩 스 : (02)387-9578
ISBN 979-11-6234-018-9 93530

값 22,000원